普通高等教育计算机类系列教材

数据库原理与开发技术

艾小伟　编著

本书配有以下教学资源：
- ✓ 电子课件
- ✓ 源代码
- ✓ 习题解答
- ✓ 试题试卷

机械工业出版社

本书紧跟数据库技术发展潮流，与时俱进，以当前数据库行业热门的 MySQL 8.0.25、SQL Server 2019 为例，介绍了数据库端的存储引擎、日志恢复、查询优化、存储过程、触发器、自动备份等技术，同时，以热门的编程语言 Python 3.9、Java 17 为例，介绍了它们与数据库的交互技术、不同数据库之间的数据迁移技术等。

本书可作为普通高等院校计算机、软件工程、大数据等专业的教材，也可供广大从事数据库应用系统开发的工程技术人员参考。

本书提供案例的源代码、支撑数据，可通过扫描本书"数据文件清单"中的百度网盘二维码下载。

本书配有电子课件，欢迎选用本书作教材的教师登录 www.cmpedu.com 注册下载，或发邮件至 jinacmp@163.com 索取。

图书在版编目（CIP）数据

数据库原理与开发技术/艾小伟编著. —北京：机械工业出版社，2022.12
（2024.2 重印）
普通高等教育计算机类系列教材
ISBN 978-7-111-71695-2

Ⅰ.①数…　Ⅱ.①艾…　Ⅲ.①数据库系统–系统开发–高等学校–教材　Ⅳ.
①TP311.13

中国版本图书馆 CIP 数据核字（2022）第 179824 号

机械工业出版社（北京市百万庄大街 22 号　邮政编码 100037）
策划编辑：吉　玲　　　　　责任编辑：吉　玲　侯　颖
责任校对：肖　琳　王　延　封面设计：张　静
责任印制：郜　敏
中煤（北京）印务有限公司印刷
2024 年 2 月第 1 版第 2 次印刷
184mm×260mm · 19.75 印张 · 488 千字
标准书号：ISBN 978-7-111-71695-2
定价：59.00 元

电话服务　　　　　　　　　网络服务
客服电话：010-88361066　　机 工 官 网：www.cmpbook.com
　　　　　010-88379833　　机 工 官 博：weibo.com/cmp1952
　　　　　010-68326294　　金 书 网：www.golden-book.com
封底无防伪标均为盗版　　　机工教育服务网：www.cmpedu.com

前　言

编程是一件苦中有乐之事，自己写的程序有人在用，这是一种成就。但没完没了的学习，又让人身心疲惫。记得在学校第一次接触的数据库是 dBase，暑假到企业去实习，用的是 Foxpro，第一次体会到了编程的滋味。

硕士毕业后应聘到软件公司，开发医院管理系统，前端开发语言为 PowerBuilder，后台数据库为 Sybase SQL Server。Sybase 的使用，让我真正感觉到了数据库的魅力——存储过程、触发器、缓存、临时表、线程、事务加锁、角色权限、模板数据库、系统表、索引、日志回滚等。原来网络上的任何数据请求，都是可以监控并写日志的。

后来，我继续从事各种企业管理系统的开发。后台数据库为 MS SQL Server，前端工具有 Delphi、Visual Basic、Visual Studio、JavaScript 等。不停地更换开发工具是软件行业技术发展使然，也是大多数软件开发工作的常态。

由于各方面原因，我进入高校从事教学工作，并断断续续把自己在编程中的一些经验、技巧进行了归纳、总结。鉴于自己求学及教学的经历，我一直想编写一本原理上通俗易懂、技术上自练自通的数据库实用教材。直到女儿考取了大学，学的也是计算机专业，才促使我集中精力把这些整理出来，于是就有了本书。

本书前 7 章是原理篇，后 5 章为技术应用篇，带 * 号的为选学内容，读者可根据需要选择学习。

本书主要兼顾了两方面的读者需求：一是数据分析，建议以 MySQL 与 Python 为学习重点，需要有 Python 编程基础；二是项目开发，建议以 SQL Server 与 Java 为学习重点，需要有 Java 编程基础。

为节省读者时间并方便读者学习，本书所用的软件、源代码、数据支撑文件等，均可通过扫描"教材使用说明"中的百度网盘二维码下载，其内容均来自官网。但毕竟软件更新换代太快，建议读者学习时，以官网最新稳定版为首选。

感谢本书的每一位读者，学习编程一定要多写源代码，希望您能从中受益。

由于作者水平有限，错误在所难免，欢迎您的批评指正，联系方式：627869587@ qq. com。

艾小伟
2021 年 9 月于南昌前湖

教材使用说明

本教材兼顾了读者对计算机不同层次的需求。带 * 的章节内容有一定难度，教师可根据自己的需要选择教学内容，也可以安排学生自学。

建议学时分配见下表。

序号	教学内容	学时分配	各项分配			
			讲授	实验	上机	实践
1	第1章　数据库概论	6	6			
2	第2章　关系数据库基础	2	2			
3	第3章　关系数据库语言 SQL	9	5		4	
4	第4章　关系数据库的规范化设计	3	3			
5	第5章　数据库设计	5	3		2	
6	*第6章　数据存储	1	1			
7	第7章　数据库保护技术	4	4			
8	第8章　MySQL 后台技术与 Python 编程	10	6		4	
9	第9章　MS SQL Server 数据库技术	6	4		2	
10	第10章　Java 与 SQL Server 数据库编程	6	2		4	
11	第11章　Java Web 与 MySQL 数据库编程	4	2		2	
12	*第12章　NoSQL 与 MongoDB 数据库		自学			自学
	合　计	56	38		18	

本书案例上机软件：MySQL 8.0.25、Python 3.9、Anaconda 3、SQL Server 2019、Java SE 17.0.2、Eclipse IDE 2021-12、MongoDB 5.0.5。读者可从官网下载安装文件，也可用手机微信扫描下面的百度网盘二维码，下载安装文件（内容均来自官网）。

数据文件清单

章　节	文件名及说明
第3章	insertSQL.txt（收录了部分数据的 Insert 语句，在 3.4 节查询前，先执行这些语句）
第5章	企业进销存管理软件需求说明书.doc
	企业进销存管理数据库设计.doc
	企业管理信息系统数据字典.doc
第8章	stock_20210630.zip（MySQL 8.0 数据库备份文件，收录沪深 A 股 2021 年 5 月 6 日至 2021 年 6 月 30 日之间的日交易数据）
	insertSql_Chinese.txt（收录了常见的 6836 个汉字编码的 insert 语句）
	insertSql_book.txt（收录了一些图书的 insert 语句）
	股票日交易数据 20120425.xls（收录了沪深 A 股股票 2012 年 4 月 25 日的日交易数据）
	股票日交易数据 20120426.xls（收录了沪深 A 股股票 2012 年 4 月 26 日的日交易数据）
	股票日交易数据 20120427.xls（收录了沪深 A 股股票 2012 年 4 月 27 日的日交易数据）
	我国部分城市汇总表.xls
第9章	insertSQL（教学用）.txt
	insertSql_Chinese.txt
	stock.bak（股票数据库 stock 的 SQL Server 2019 数据库备份文件，收录了沪深 A 股 2021 年 5 月 6 日至 2021 年 6 月 30 日之间的日交易数据。）
第10章	mssql-jdbc-9.2.1.jre11.jar（Java 17.0.2 连接 MS SQL Server 2019 驱动程序包）
第11章	mysql-connector-java-8.0.24.jar（Java 17.0.2 连接 MySQL 8.0.25 驱动程序包）
	jstl.jar（JSP 标签工具包）
	standard.jar（JSP 标签工具包）

教材各章
源代码及
素材文件

目 录

第*1*章　数据库概论

数据库技术，诞生于 20 世纪 60 年代末，崛起于 20 世纪 80 年代。随着 21 世纪大数据处理技术和物联网的发展，受数据和算法的驱动，机器学习进入深度学习阶段，计算机视觉、语音识别、人机对话、自动驾驶等迎来了"井喷"式发展。这些 AI 技术背后都有数据的支撑。

本章学习要点：
- 数据库四大基本概念：数据、数据库、数据库管理系统、数据库系统。
- 数据的独立性（逻辑独立性、物理独立性）、数据的逻辑结构和物理结构。
- 四种数据模型：概念模型、逻辑模型、外部模型、内部模型。
- 四种逻辑模型：层次模型、网状模型、关系模型、对象模型。
- 数据库管理系统的四大控制功能：恢复、并发、完整性、安全性。
- 数据库系统的体系结构：三层模式、两级映像。

1.1　数据库技术研究的核心问题

什么是数据库？它要研究和解决的核心问题是什么？它是如何将现实世界中的事物及其联系，一步一步地以 0-1 二进制形式存储在计算机内的？

1.1.1　信息与数据

自从语言以及文字诞生后，人类就从野蛮社会进入了文明社会，人们可以用语言进行交流、用文字记录信息。

所谓**信息**（Information），就是现实世界中，事物的存在方式或运动状态在人脑中的反映。例如，高岭土在 1100℃能烧制成陶器，加热到 1300℃，高岭土内部的分子结构发生变化，变成半液态，冷却后，就变成了瓷器。将沙子和苏打一起加热到 1000℃，会变成糊状物，冷却下来，就成了玻璃。

人除了吃饭和睡觉，大部分时间都用在和外界的信息沟通上。信息的处理和传承，需要一个媒介，媒介上所记录的符号，都可以称为数据（即广义数据）。例如，写在龟甲与兽骨上的甲骨文（见图 1-1）、画在岩石上的壁画、写在纸上的文字、录在唱片上的音乐等。

电子计算机发明后，人类进入了信息时代，记录信息的媒介成为计算机的存储器。此时，数据有比较明确的范畴（即狭

图 1-1　甲骨文

义数据）。

定义 1-1 **数据**（Data）是指描述事物的符号记录，它是数据库系统研究、处理的对象。数据的种类（也称数据的表现形式）有数字、文字、图形、动画、图像、声音等。只有在计算机中可以通过 0-1 二进制表示的信息，才能够称为数据。

数据与信息，既有区别，又有联系。其区别表现在，信息的含义比数据要广，无法在计算机中用 0-1 二进制表示的信息不能称为数据，例如，"桂花香"是信息，但不是数据，因为计算机无法存储味道。两者的联系表现在，数据是信息的载体，信息是数据的内涵，是对数据语义的解释。数据表示了信息，而信息只有通过数据形式表现出来，才能够被人们理解和接受。例如，单独一个数字"8"，是 8 岁呢？还是 8 个人？抑或销售量增长了 8 倍？一个脱离了信息含义的数据，是没有意义的。

在数据库中，数据有下面两个特征。

1）任何一个数据，都含有类型和取值之意。

2）数据受数据类型和取值范围的约束。不同类型的数据，其表示形式、存储方式以及能进行的操作运算各不相同。在使用计算机处理数据时，应特别重视数据类型，并为数据选择合适的类型。常见的数据类型有数值型、字符串型、日期型、逻辑型、二进制型（如图片、声音等数据在某些数据库中为二进制型）等。

由于计算机存储器本身的特点，人们不能直接将信息储存在计算机内，也不能将计算机内的数据直接表现为信息而呈现在人们面前。这就涉及数据与信息的两次"转换"，如图 1-2 所示。

图 1-2　数据与信息的两次转换

例如，字母"A"的 ASCII 码值为 65，转为二进制保存在计算机内为"01000001"；汉字"中"的 Unicode 码值为 20013，转为二进制保存在计算机内为"0100111000101101"，见表 1-1。

问：语言中的字符是如何保存在计算机内的？又是如何从磁盘中读出，并输出到显示器上的？

答：这涉及计算机输入与输出两个过程。早期的 ASCII 码字符占 1 个字节，但只能表示英文、数字、标点符号，于是有了国际通用的 Unicode 码。任一个字符都有唯一的 Unicode 码，每个英文字母、数字、标点符号、汉字一般占 2 个字节，生僻的字符占 3 个或 4 个字节。这样一来，如果文章中大部分为英文，保存在磁盘中，就极大地浪费了空间，于是有了"可变长编码"的 UTF-8 码。ASCII 码字符的 UTF-8 码占 1 个字节，汉字的 UTF-8 码占 3 个字节。此外，GB18030 是汉字国际通用码，汉字以 GB18030 码保存在磁盘上，一般占 2 个字节，生僻的字符占 4 个字节（编码长度）。语言中的字符与磁盘文件中的字符编码的相互转换如图 1-3 所示。

表 1-1　汉字"中"的各种编码

编码格式	十　进　制	十六进制	字节串（编码长度）
GB18030	54992	D6D0	\xd6\xd0
Unicode	20013	4E2D	\x4e\x2d
UTF-8	14989485	E4B8AD	\xe4\xb8\xad

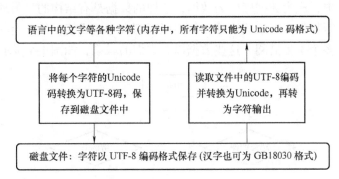

图 1-3　语言中的字符与磁盘文件中的字符编码的相互转换

1.1.2　数据处理与数据管理

围绕数据所做的工作，均可称为数据处理（Data Processing），又称信息处理，具体包括数据的收集、整理、组织、加工、存储、维护、检索、传输等。

例如，对已知数据的加工，可推导出一些新的数据，这些新的数据又表示了新的信息。例如，表 1-2 是学生基本信息及按性别统计的学生人数。

表 1-2　学生基本信息及按性别统计人数

学　号	姓名	性别	籍　贯	专　业	出生日期		分组计数	
							性别	人数
18078101	张山	男	江西南昌	计算机	2002. 07. 06	数据处理→	男	2
18078102	李四	女	广东汕头	计算机	2003. 01. 12		女	1
18071103	王二	男	河北邯郸	应用数学	2002. 09. 08			

数据管理（Data Management）是数据处理中最基本的工作，是其他数据处理的核心，具体可分为三项内容。

1）数据的组织、保存和转储。数据管理要将收集到的数据合理地进行分类组织，并将其存储在介质上，能长期保存。

2）数据的维护。根据需要，数据管理可对数据进行插入、修改、删除等操作。

3）数据的检索、统计。应满足各种应用需求。

1.1.3　数据库和数据库管理系统

定义 1-2　数据库（DataBase，DB）是指长期存储在计算机内、有一定组织的、统一管理的、相关数据的集合。数据库中的数据按照某种数据模型组织、描述和存储，具有较小的冗余度、较高的数据独立性和易扩展性，并能为各种用户共享。

归纳起来，数据库具有永久存储、有组织和可共享三个基本特点。

例如，人们可以用自然语言来描述一个学生的信息：张山同学，男，2003年8月20日出生，江西南昌人，计算机系，2021年9月入学。这条记录，在计算机中可以这样描述：

(张山,男,20030820,江西南昌,计算机系,202109)

把学生的姓名、性别、出生日期、籍贯、专业、入学时间等组织在一起，构成一条记录，保存在数据库中，成为数据库中的数据，这样的数据是有结构的。另外，张山同学选择了多门课程，有高等数学、大学英语等，每门课程都有考试成绩；他还会在图书馆借很多书看，每本书又可被多个学生借阅。这些数据以及它们的联系，如图1-4所示。

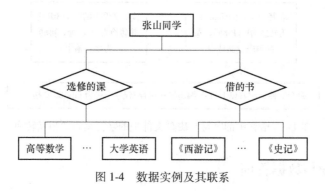

图1-4　数据实例及其联系

如何将这些数据以及它们的联系存储在计算机内？显然，仅有数据库是不够的。因为数据库本身只是一些相关数据的集合，要管理这些数据，必须要有专门的软件，这就是数据库管理系统。

定义1-3　数据库管理系统（DataBase Management System, DBMS）是指位于用户（User）与操作系统（Operating System）之间的数据管理软件。它为用户或应用程序提供访问DB的方法，包括DB的创建、查询、更新及各种数据控制。数据库应用系统的层次结构如图1-5所示。

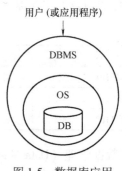

图1-5　数据库应用系统的层次结构

数据库技术是一门重要的计算机软件学科，是研究如何将现实世界中的信息转为数据库中的数据，并对数据库进行有效管理、存取和检索，同时向用户提供共享、安全、可靠的信息服务。

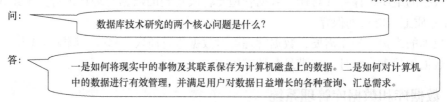

问：数据库技术研究的两个核心问题是什么？

答：一是如何将现实中的事物及其联系保存为计算机磁盘上的数据。二是如何对计算机中的数据进行有效管理，并满足用户对数据日益增长的各种查询、汇总需求。

数据库技术研究和处理的对象是数据，它涉及数据的各种结构。所谓**数据结构**，是指数据的组织形式及数据之间的联系。数据结构包括数据的逻辑结构和数据的物理结构两种。

数据的逻辑结构是指数据间的联系和表示方式，与数据的存储位置无关，具体可分为四种。

1）集合结构：数据结构中的元素同属一个集合。

2）线性结构：数据结构中的元素存在一对一的相互关系。

3）树形结构：数据结构中的元素存在一对多的相互关系。

4）图形结构：数据结构中的元素存在多对多的相互关系。

数据的物理结构也称为数据的存储结构，是指数据在计算机内的存储方式，主要有顺序存储、链接存储、索引存储、散列存储等。

逻辑结构用于设计算法，存储结构用于算法编码实现。

定义 1-4　数据库系统（DataBase System，DBS）是由数据库、数据库管理系统及其应用开发工具、应用程序和数据库管理员（DataBase Administrator，DBA）组成的数据处理系统。它包括四个组成部分：计算机硬件、软件、数据资源、数据库管理员。

在不引起混淆的情况下，人们一般把数据库系统简称为数据库。

1.1.4　数据库技术的由来和发展

计算机的数据处理应用，首先要把大量的信息以数据的形式存放在存储器中。存储器的容量、存储速率等直接影响数据管理技术的发展。这个发展过程大致可以分为三个阶段：人工管理阶段、文件系统阶段、数据库管理阶段。

1. 人工管理阶段（20 世纪 50 年代中期）

在这一阶段，计算机主要用于科学计算，外存设备只有磁带、卡片和纸带，软件只有汇编语言，没有操作系统和数据管理方面的软件。数据处理的方式基本上是人工管理的批处理方式。该阶段数据管理的特点主要表现在：

1）没有文件的概念。执行任务时，原始数据随程序一起输入内存，计算完成后将数据结果输出，然后退出计算机系统，所有数据一并释放。因此，数据的逻辑结构（指数据的表示方式）和物理结构（指数据的存储方式）没有区别。

2）数据没有独立性。这是因为数据是面向程序的，而每个应用程序都要考虑数据的存储结构、存取方法、输入/输出方式等内容。当数据的存储结构发生变化时，应用程序必须进行相应的修改。

3）数据无法进行共享。一组数据只对应一个程序，当多个程序需要使用同一组数据时，只有在各自的程序中自行输入。

2. 文件系统阶段（20 世纪 50 年代后期至 60 年代后期）

在这一阶段，随着数据量的增加，计算机不仅用于科学计算，还用于数据管理。外部存储器出现了磁盘和磁鼓。软件方面，出现了操作系统，并出现了世界上第一个高级编程语言——Fortran（由美国 IBM 公司于 1954 年发布）。数据处理的方式既有批处理，也有联机实时处理。该阶段数据管理的特点主要表现在：

1）数据以"文件"的形式可以长期保存在外存设备上，因此，可以对数据进行查询、插入、修改、删除等操作。

2）数据有了逻辑结构和物理结构之分，但数据的结构具备设备独立性而不具备逻辑独立性。这是因为数据以文件形式存在，应用程序可按文件名直接对数据记录进行访问，不必关心数据的物理位置，当改变存储设备时，不必改变应用程序。但是，数据文件是为特定应用服务的，文件的逻辑结构也对应于应用程序。一旦数据的逻辑结构发生改变，则必须修改对应的应用程序，这使得要想对现有的数据增加新的应用非常困难，程序也难以扩展。

3）数据面向应用，不面向程序，可重复使用。

文件系统阶段是数据管理技术发展中的一个重要阶段，它在数据结构和算法方面为数据库技术的产生和发展奠定了理论基础。

当然，随着数据管理规模的扩大，以及数据量的急剧增加，文件系统暴露出下面三个缺陷：

1）多个程序使用同一个文件时，都要进行重复存储，导致数据冗余（Redundancy）。

2）由于数据冗余，当进行数据更新时，可能使同一个数据在不同的文件中不一致（Inconsistency）。

3）数据间联系较弱（Poor Data Relationship）。

例如，某高校的人事处、财务处、教务处各自建立了自己的教工管理文件，内容分别为：

教工档案文件(教工编号,教工姓名,性别,出生日期,手机号,学历,职称)
教工工资文件(教工编号,教工姓名,手机号,档案工资,职称工资,职务工资)
教工任课文件(教工编号,教工姓名,手机号,所学专业,任教课程)

每一个教工的手机号在三个文件中重复出现，这就是"数据冗余"。如果要修改某教工的手机号，就要修改三个文件中的数据，否则会引起同一数据在三个文件中不一致。

3. 数据库管理阶段（20 世纪 60 年代后期至今）

为了克服和改进文件系统的缺陷，人们开始研究新的数据管理技术，恰好此时的磁盘技术取得了重要的进展，百兆容量、快速存取的磁盘陆续上市，这为数据库技术的产生提供了硬件条件。1963 年，美国 Honeywell 公司的集成数据存储（Integrated Data Store，IDS）系统投入运行，揭开了数据库技术的序幕，随后发生的三件大事，标志着数据库技术的正式诞生，并在数据库领域相继产生了四位计算机图灵奖获得者，如图 1-6 所示。

网状数据库之父　　关系数据库之父　　事务处理权威　　数据库的布道者

查尔斯·巴赫曼　　埃德加·科德　　吉姆·格雷　　迈克尔·斯通布雷克
（1924—2017）　　（1923—2003）　　（1944—2007）　　（1943至今）

图 1-6　数据库领域四位计算机图灵奖获得者

第一件大事：1961 年，美国通用电气公司（GE）的查尔斯·巴赫曼（Charles Bachman）成功地开发出世界上第一个数据库管理系统，也是第一个网状 DBMS——集成数据存储，奠定了网状数据库的基础。它的设计思想和实现技术被后来许多数据库产品所仿效。此外，巴赫曼还积极推动与促成了数据库标准的制定。1969 年，美国数据系统语言委员会（Conference on Data System Language，CODASYL）下属的数据库任务组（DBTG）提出了网状数据库模型以及数据定义和数据操纵语言的规范说明，于 1971 年推出了第一个正式报告——DBTG 报告，成为数据库历史上具有里程碑意义的文献。

巴赫曼被称为"网状数据库之父"。由于他的杰出贡献，1973 年，他获得了美国计算机协会（Association for Computing Machinery，ACM）授予的图灵奖。

第二件大事：1968 年，美国的 IBM 公司推出了层次模型的数据库管理系统 IMS（Information Management System）。

第三件大事：1970 年，美国 IBM 公司的埃德加·科德（Edgar F. Codd）在刊物 *Communication of the ACM* 上发表了论文《大型共享数据库的关系模型》（*A Relational Model of Data for Large Shared Data Banks*），文中首次提出了数据库的关系模型。后来，科德又陆续发表多篇文章，论述了范式理论和衡量关系系统的 12 条标准，用数学理论奠定了关系数据库的基础。他因在关系型数据库方面的贡献，被称为"关系数据库之父"，于 1981 年获得了图灵奖。

吉姆·格雷（Jim Gray）使关系模型的技术实用化，为关系型 DBMS 成熟并顺利进入市场起到了关键性的作用。他在事务处理方面取得了突出的贡献，成为该技术领域公认的权威。1998 年，格雷获得了图灵奖。

格雷进入数据库领域时，关系数据库的理论框架已经成熟，但在关系数据库管理系统的实现和产品开发中，各大公司都遇到了一些技术问题。例如，在数据量越来越大、用户共享访问数据库越来越多的情况下，如何保障数据的完整性（Integrity）、安全性（Security）、并发性（Concurrency），以及一旦出现故障后，数据库如何实现从故障中恢复（Recovery）。这些问题如果不能圆满解决，无论哪个公司的数据库产品都无法进入实用阶段，最终不能被用户所接受。正是在解决这些重大的技术问题，使 DBMS 成熟并顺利进入市场的过程中，格雷发挥了十分关键的作用。

第四位因在数据库领域研究和开发而获得图灵奖（2014 年度）的是迈克尔·斯通布雷克（Michael Stonebraker）。他是数据库领域的布道者、关系数据库软件 Ingres 和 PostgreSQL 的创始人。Ingres 在关系数据库的查询语言设计、查询处理、存取方法、并发控制和查询重写等技术上都有重大贡献。他在关系数据库方面的研究成果对现今市场上的产品有很深的影响，例如，两大主流数据库 Sybase 和 SQL Server 的技术构架和基础源代码都来自 Ingres。

归纳起来，在数据库阶段，数据管理的方式有如下四个特点：

（1）数据结构化程度高

在文件系统中，文件中的记录内部已有某些结构，但是这些记录之间缺乏联系。数据库系统采用数据模型表示整体的数据结构，它不仅描述数据本身的特点，还描述数据之间的联系。实现整体数据的结构化，是数据库的主要特征之一，也是数据库系统与文件系统的根本区别所在。

例如，针对某高校人事处、财务处、教务处各自建立的教工管理文件的弊端，用数据库管理，通过教工编号，以指针的形式指向教工工资记录、教工任课记录，如图 1-7 所示。

（2）数据的共享性好，冗余度低

数据库系统从全局的角度描述和处理数据，数据不再面向某个特定的应用，而是面向整个应用系统。因此，数据可以被多个用户、多个应用程序所共享。数据共享可以降低数据冗

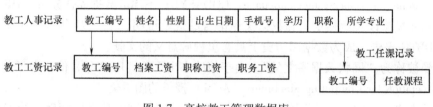

图 1-7　高校教工管理数据库

余、节约存储空间，能够避免数据之间的不相容性和不一致性，提高数据库系统的性能。

（3）数据独立性高，容易扩充

定义 1-5　数据独立性是指应用程序与数据库的数据结构之间相互独立。它包括物理独立性和逻辑独立性。在数据的物理结构改变时，尽量不影响到数据的逻辑结构及应用程序，这样就认为数据库达到了物理独立性。在数据的整体逻辑结构改变时，尽量不影响到用户的逻辑结构及应用程序，这样就认为数据库达到了逻辑独立性。

数据的独立性把数据的定义和管理从程序中分离出去，用户的应用程序既不用考虑数据的存储结构，也不用担心数据的整体逻辑结构的变化，只需要通过数据库系统提供的程序接口（Interface）操作数据库，从而简化了程序的编制，减少了应用程序的维护和修改成本。

（4）数据由 DBMS 统一管理和控制

数据库的共享会带来数据库的安全隐患，数据的并发会破坏数据库的完整性。为此，DBMS 提供了如下四大控制功能，也称四大保护功能：

1）数据的安全性：保护数据的安全，防止因不合法的使用而造成数据的破坏或丢失。

2）数据的完整性：保证数据库中的数据是正确的、有效的和相容的。例如，性别只能为男或女、考试成绩只能在 0～100 取值等。

3）并发控制：当多个用户同时操作数据库同一数据项时，可能发生相互干扰而得到错误的结果，或破坏数据库的完整性，因此，必须对多用户的并发操作进行控制和协调。

4）数据库恢复：当因软件故障、硬件故障或人为操作而导致数据库发生意外时，DBMS 能够把数据库恢复到最近某一时刻的正确状态。

1.2　数据模型

计算机不能直接处理现实世界中的客观事物，人们只有将现实事物转成数字化的数据，才能让计算机识别并处理。这就需要对客观事物进行抽象、模拟，以建立适合于数据库系统进行管理的数据模型。

1.2.1　数据模型的定义及组成

模型（Model）是对现实世界的抽象。它能形象、直观地揭示事物的本质特征。

定义 1-6　数据模型（Data Model，DM）是对现实世界数据特征的模拟和抽象。它是数据库系统的核心和基础。

埃德加·科德认为，一个基本的数据模型是一组向用户提供的规则，这些规则规定数据结构如何组织以及允许进行何种操作。通常，一个数据库的数据模型由数据结构、数据操作和数据的约束条件三部分组成，也称数据模型的三要素。

1）数据结构：描述数据的类型、内容、性质以及数据间的联系，是对系统静态特性的描述。

2）数据操作：用于描述系统的动态特征，包括数据的插入、修改、删除和查询。数据模型必须定义这些操作的准确含义、操作符号、操作规则及实现操作的语言。

3）数据的约束条件：数据的约束条件实际上是一组完整性规则的集合。完整性规则是指数据模型中的数据及其联系所具有的制约和存储规则，限制数据的取值类型及取值范围，以保证数据的正确、有效和相容。

1.2.2　信息的三种世界及描述

好的数据模型应满足三个方面的要求：一是能比较真实地模拟现实世界；二是容易为人所理解；三是便于在计算机内实现。仅靠一种数据模型要很好、全面地满足这三方面是非常困难的。比较可行的方法是，根据不同的应用层次进行不同的数据抽象，建立不同的数据模型。

信息的三种世界是指现实世界、信息世界和计算机世界（也称机器世界或物理世界）。数据库是计算机对现实世界中事物及其联系的模拟。数据库中存储的数据，来源于现实世界的信息流。在处理信息流前，必须先对其进行分析，并用一定的方法加以描述，然后将这些描述转换成计算机所能接受的数据。

1. 现实世界中的信息描述

现实世界泛指存在于人脑之外的客观世界，俗称自然世界。人们是通过客观存在的事物及其特性、事物之间的相互联系，及事物的发生与变化过程，来了解和认识现实世界的。例如，某高校有多个学院，每个学院都会开设多个专业，各专业会招收许多学生，每个学生会选修多门课程，等等。

2. 信息世界中的信息描述

现实世界的事物及其状态在人脑中的反映，并用语言进行描述，这就是信息世界，也称人脑世界。信息世界所涉及的描述概念主要有：

（1）实体（Entity）

现实世界中客观存在并可相互区别的事物，在信息世界中被称为实体。实体可以是具体的对象，如一个人、一辆车；也可以是抽象的对象，如一次购物、一场比赛等。

（2）实体集（Entity Set）

性质相同的同类实体的集合，称为实体集。例如，某高校所有的学生、图书馆所有的借书记录等。

（3）属性（Attribute）

实体有很多特性，一个特性称为一个属性，每一个属性都有类型和取值两层含义。例如，学生有学号、姓名、性别等属性；购物有购物日期、购物名称、单价、数量等属性。

（4）实体标识符（Identifier）

能唯一标识实体的属性或属性集，称为实体标识符，也称关键码（Key）或键。例如，学生的学号、购物的单据编号等。

3. 计算机世界中的信息描述

信息世界的信息在计算机中需要以数据形式存储，这就是计算机世界，也称机器世界。在计算机世界，对应于信息世界中的实体、实体集、属性以及实体标识符，都有对应的描述。

（1）字段（Field）

标记实体属性的命名单位称为字段或数据项，字段的命名一般与属性名相同。例如，学生有学号、姓名、性别等字段。

（2）记录（Record）

字段的有序集合称为记录。一般一条记录描述一个实体，所有记录又可以定义为能完整描述一个实体的字段集。例如，一个学生记录由有序的字段集组成（学号,姓名,性别）。

（3）文件（File）

同一类记录的集合称为文件。文件是用来描述实体集的。例如，所有的学生记录组成了一个学生文件。

（4）关键码（Key）

能唯一标识文件中每条记录的字段或字段集，称为关键码，简称键。

三种世界所采用的信息描述术语的对应关系见表1-3。

表 1-3 三种世界中描述术语的对应关系

现实世界（自然世界）	信息世界（人脑世界）	计算机世界（机器世界）
事物类	实体集	文件
事物	实体	记录
特性	属性	字段或数据项
—	实体标识符	关键码

4. 事物联系的描述

在现实世界中，事物是有联系的。这种联系必然要在信息世界、计算机世界有所反映，即实体不是孤立、静止存在的，实体与实体之间是有联系的。

定义 1-7 联系（Relationship）是实体之间的相互关系。与一个联系有关的实体集个数，称为联系的元数。

联系有一元联系、二元联系、多元联系，其中最常见的是二元联系。

二元联系有下面三种类型：

（1）一对一联系

如果对于实体集 E_1 中的每个实体，实体集 E_2 中至多有一个实体与之有联系，反之亦然，则称实体集 E_1 与实体集 E_2 之间的联系为"一对一联系"，记为 1:1。

例如，高校与校长之间的联系，一所高校只能有一个校长，一个校长只能在一所高校任职，这就是一对一联系，称为管理关系。

（2）一对多联系

如果实体集 E_1 中的每个实体与实体集 E_2 中任意一个（零个或多个）实体有联系，而 E_2 中每个实体至多与 E_1 中一个实体有联系，则称实体集 E_1 与实体集 E_2 之间的联系为"一对多联系"，记为 $1:n$。

例如，班级与学生之间的联系，一个班可以有多个学生，但一个学生只能属于一个班级，这就是一对多联系，称为属于关系。

（3）多对多联系

如果实体集 E_1 中的每个实体与实体集 E_2 中任意一个（零个或多个）实体有联系，反之亦然，则称实体集 E_1 与实体集 E_2 之间的联系为"多对多联系"，记为 $m:n$。

例如，一个学生可以选修多门课程，一门课程可以被多个学生选修，这样，学生与课程之间的联系就是多对多联系，称为选课关系。

类似地，可以定义三元联系或一元联系。例如，航空公司要排定航班飞行班次，每一个航行班次要一架飞机和两名驾驶员，这是一个三元联系，如图 1-8 所示。工厂里，零件的组合关系为一元联系，一个零件可以由多个子零件组成，而一个零件又可以为其他零件的子零件，如图 1-9 所示。

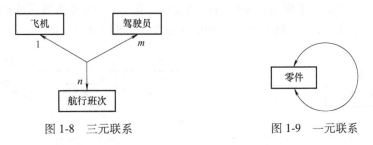

图 1-8　三元联系　　　　　　　　　图 1-9　一元联系

1.3　数据抽象的级别

1.3.1　三个世界的建模

一个可用的数据库系统必须高效地存储、检索和处理数据。这种高效性的需要促使设计者在数据库中使用复杂的数据结构来表示数据。从现实世界的信息到用户使用的数据再到数据库存储的数据，是一个逐步抽象的过程。根据数据抽象的级别定义了四种模型：概念模型、逻辑模型、外部模型和内部模型。其中，概念模型是从现实世界到信息世界的第一次抽象，逻辑模型是从信息世界到计算机世界的第二次抽象。

最后，由于数据库系统相关用户的层次不同，为了对用户屏蔽数据库系统的复杂性，数据库技术在逻辑模型的基础上，对计算机世界的建模又进行了两类抽象：一类是外部模型，它面向数据库应用层的开发人员，描述的是用户对数据库局部逻辑结构的需求；另一类是内部模型，它面向数据库低层的研发人员，描述的是数据在磁盘上的表示方式和存储方式。

三个世界的数据抽象级别与四种模型如图 1-10 所示。

数据抽象的过程也是数据库设计的过程，具体可分为四步：

第 1 步：根据用户的需求，设计数据库的概念模型，这是一个"综合"的过程。

第 2 步：依据转换规则，把概念模型转换为数据库的逻辑模型，这是一个"转换"的过程。

第 3 步：根据用户的业务特点，设计不同的外部模型，供程序员使用。也就是说，应用

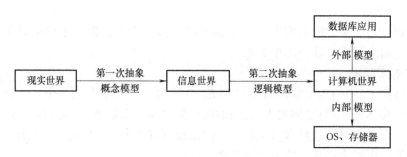

图 1-10　三个世界的数据抽象级别与四种模型

程序使用的是数据库的外部模型。

第 4 步：数据库实现时，要根据具体的计算机软件、硬件环境，将逻辑模型转换成内部模型。

一般来说，上述第 1 步称为数据库的概念设计，第 2、3 步称为数据库的逻辑设计，第 4 步称为数据库的物理设计。四种模型之间的相互关系如图 1-11 所示。

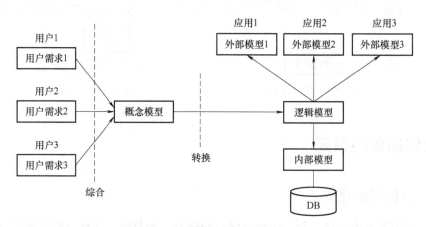

图 1-11　四种模型之间的相互关系

1.3.2　概念模型

定义 1-8　**概念模型**是指表达用户需求观点的数据库全局逻辑结构的模型。它用于信息世界的建模，是现实世界到信息世界的第一层抽象。

概念模型是从用户需求的观点出发的，这个阶段的建模，不需要考虑计算机硬件和软件，与 DBMS 无关。它是数据库设计人员与用户之间进行交流的工具。

概念模型的表示方法很多，其中最为常用的是由美籍华裔科学家陈品山（Peter Chen）于 1972 年提出的实体关系方法（Entity Relationship Diagram），这种方法主要用 E-R 图来描述现实世界的概念模型，故也称 E-R 模型或实体联系模型。

绘制 E-R 图的步骤如下：

第 1 步：确定所有实体集（或实体类型），用矩形框表示，框内标明实体名称。

第 2 步：确定每一个实体应包含的属性，用椭圆框表示，框内标明属性名，并通过实线连接到实体集。对于实体标识符的属性，应在属性名下画一条横线。

第 3 步：确定实体集合之间的联系类型，用菱形框表示，框内标明联系的名称，通过实线连接与之联系的每个实体集，并在实线端部标注联系的类型（$1:1$、$1:n$、$m:n$）。

下面通过例子说明设计 E-R 图的过程。

例 1-1　某高校要设计一个教学管理数据库，主要的实体有学生、课程、教师，分别命名为 Student、Course、Teacher。学生的属性有 sNo（学号）、sName（姓名）、Sex（性别）、dtBirthDate（出生日期）、Age（年龄），课程的属性有 cNo（课程编号）、cName（课程名称）、Credit（学分），教师的属性有 tNo（教师编号）、tName（教师姓名）、Title（职称）。规定：每个学生可以选修多门课、每门课可以被多个学生选修、学生选修的每门课都有一个成绩 Score；一个教师可以讲授多门课、排课时一门课程只能由一个教师讲授。其概念模型E-R 图如图 1-12 所示。

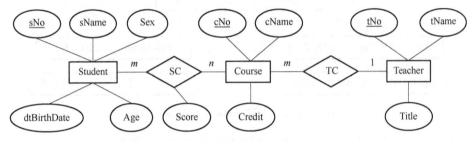

图 1-12　学生、课程和教师实体联系的 E-R 图

E-R 模型的优点如下：

1）简单，容易理解，能真实地反映用户的需求。

2）与计算机无关，用户容易接受，方便用户与数据库设计人员交流。

E-R 模型是对现实世界进行抽象和描述的有力工具。用 E-R 图表示的概念模型是独立于具体的 DBMS 所支持的数据模型的，它是各种数据模型的共同基础。

但是，E-R 模型只能说明实体间语义的联系，不能进一步说明详细的数据结构。因此，要解决一个具体的问题，一般是先设计好一个 E-R 模型，再把 E-R 模型转换为让计算机能实现的逻辑模型。

1.3.3　逻辑模型

定义 1-9　**逻辑模型**是指表达计算机实现观点的数据库全局逻辑结构的模型。它用于机器世界的建模，是信息世界到机器世界的第二层抽象。

任何一种 DBMS 都是基于某种逻辑模型的。根据对实体之间联系的处理方式的不同，常见的逻辑模型有下面四种。

1. 层次模型（Hierarchical Model，也称树状模型）

所谓**层次模型**，是指用树状（层次）结构表示实体类型以及实体之间联系的数据模型。

从图论的角度看，层次模型的结构其实就是一个树状结构。其数据结构特征表现在：它只有一个结点没有双亲，该结点称为根结点；每个非根结点有且只有一个父结点。树状的结点为记录类型，结点之间的连线表示记录之间的联系，上一层记录类型和下一层记录类型之间的联系是 $1:n$ 联系。

层次模型的优点主要表现在：

1）层次模型的数据结构简单清晰。只要知道每个结点的双亲结点（除根结点外），就能知道整个模型的整体结构。

2）层次数据库的数据查询效率较高。因为在层次模型中记录间的联系用有向边表示，这种联系非常适合用指针来实现。当要存取某个结点的记录值时，DBMS 沿着从根结点下来的这一条路径能很快找到该记录值，其性能优于关系数据库。

例如，高校的行政机构就是一种层次关系。系是根结点，它有两个子结点：教研室和班级。一个教研室有多个教师，一个班级有多名学生。教师与学生是叶结点，它们没有子女结点。其层次模型如图 1-13 所示。

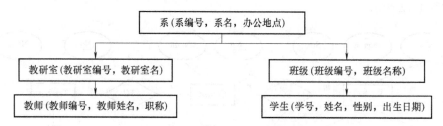

图 1-13　系别、教师、班级、学生层次模型

图 1-14 所示的是系别、教师、班级、学生层次模型的一个实例。

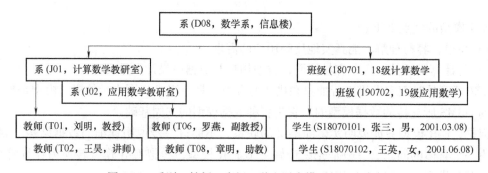

图 1-14　系别、教师、班级、学生层次模型的一个实例

层次模型的缺点主要表现在：

1）只能表示实体间的 $1:n$ 联系。如果要表示实体间 $m:n$ 联系，虽然可以通过引入冗余数据或虚拟结点来解决，但这样对插入、删除等操作的限制比较多，会导致数据不一致，应用程序的编写比较复杂。

2）由于数据结构严密，层次命令趋于程序化，所以程序的扩展性差。例如，当层次比较深时，记录的查询每次都要从根结点开始。如果要删除双亲结点，则对应的子女结点也同时会被删除。

层次模型是最早出现的数据模型，其典型代表是 1968 年美国 IBM 公司推出的 IMS（Information Management System）。层次模型虽然存在一些不足，但它的出现在整个数据库技术的发展史上是一个划时代的事件。

2. 网状模型（Network Model）

所谓**网状模型**，是指用网状结构表示实体类型及实体间联系的数据模型。

网状模型的数据结构特征为：它可以有一个以上的结点没有双亲，至少存在一个结点有多于一个的双亲。网状模型中的每个结点表示一个记录类型，结点之间用有向边表示记录类型之间的父子关系。

例如，将例 1-1 中的 E-R 图转换为学生选课数据的网状模型，如图 1-15 所示。

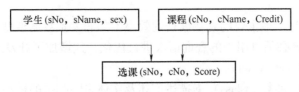

图 1-15　学生、课程及选课的网状模型

网状模型的优点是记录之间的联系可通过指针来实现，$m:n$ 联系也比较容易实现，查询效率较高。但是，它的缺点也是致命的，主要表现在数据结构复杂、编程复杂。

3. 关系模型（Relational Model）

由于层次模型和网状模型的应用程序编写复杂，因此从 20 世纪 80 年代中期起，其市场已被关系模型的产品所取代。关系型数据库已经成为当前数据库应用的主流。

用二维表结构来描述实体及其联系的数据模型，称为关系模型。关系模型的具体内容将在第 2 章进行详细介绍。

（1）关系模型的结构特征

在用户看来，一个关系模型的逻辑结构就是一张二维表框架。关系模型由若干个关系模式（Relational Schema）组成的集合。一个命名关系的属性名序列称为关系模式，它相当于前面提到的记录类型，它的实例称为关系（Relation）。每个关系就是一张二维表。

例如，将例 1-1 的 E-R 图转换为学生选课数据的关系模型，结果如下：

Student 模式为(<u>sNo</u>,sName,Sex,Age,dtBirthDate),带下画线的属性为主键
Teacher 模式为(<u>tNo</u>,tName,Title)
Course 模式为(<u>cNo</u>,cName,Credit,tNo),带波浪线的属性为外键
SC 模式为(<u>sNo</u>,<u>cNo</u>,Score)

进一步将 Student 模式实例化，如表 1-4 所示的学生信息表，就是一个学生关系。

表 1-4　学生信息表

学号（sNo）	姓名（sName）	性别（Sex）	年龄（Age）	出生日期（dtBirthDate）
18020101	张三	M	20	2000-08-09
18060206	李明	M	19	2001-02-18
…	…	…	…	…
19070101	刘燕	F	18	2002-10-06

（2）关系模型的数据操作与完整性约束

关系模型的数据操作主要包括数据查询和更新（插入、修改、删除），这些操作必须满足关系的三大完整性约束：实体完整性、参照完整性和用户定义的完整性。其具体含义将在第 2 章中介绍。

（3）关系模型的优缺点

与层次模型和网状模型相比，关系模型的优点主要表现在：

1）关系模型的结构简单，概念比较单一，用户易懂易用。

2）关系模型的存取路径对用户是透明的，从而提高了数据的独立性，也简化了程序员的开发工作。

关系模型也有不足，最主要的是数据查询效率不如非关系数据模型。因此，为了提高系统的统计性能，DBMS 必须对用户的查询请求进行优化，这增加了开发 DBMS 的难度。

4. 对象模型（Object Model）

用对象（Object）和类（Class）来描述实体及实体之间联系的模型，称为对象模型。

这里的对象，是指现实世界中实体的模型化，它把实体的状态和行为封装在一起。其中，对象的状态是该对象属性值的集合，对象的行为是在对象状态上操作的方法集。

将属性集和方法集相同的所有对象组合在一起，就构成了一个类。

对象模型能完整描述现实世界中的数据结构，表达能力丰富，但该模型的实现非常复杂，远未达到普及的程度。

1.3.4　外部模型

定义 1-10　表达用户观点的数据库局部逻辑结构的模型，称为**外部模型**。

在应用系统中，经常根据业务的特点分成若干个业务窗口，每一个业务窗口都有特定的约束和需求。在实际使用时，可以为不同的业务窗口设计不同的外部模型，其模式称为视图（View）。

再以例 1-1 为例，为了查看学生的选课信息，可以定义一个学生选课视图，即 SC_View（sNo,sName,cNo,cName,Score）。

1.3.5　内部模型

定义 1-11　表达数据库物理结构的模型，称为**内部模型**（也称物理模型）。它是数据库最底层的抽象，它描述了数据在存储器上的存储方式（文件的结构、空间的分配等）和存取方法（包括主索引和辅助索引）。

内部模型是与计算机硬件和软件密切相关联的。因此，从事这个级别的设计人员，必须具备全面的计算机硬件和软件知识。在计算机存储器中，常用的数据描述术语如下：

1）位（bit，b）。一个二进制位简称"位"，一个位只能取 1 或 0 两种状态。

2）字节（Byte，B）。8 个二进制位称为一个字节，字节是信息的基本单位。一个字节理论上可以表示 $2^8=256$ 个不同的字符，但由于首位被保留用作校验位，因此一个字节可以表示 $2^7=128$ 个字符，这就是常用的 ASCII 码。

3）字（Word）。数在计算机中的表示称为机器数，由于计算机存储一个参与运算的机器数所使用的电子器件的基本个数是固定的，通常把这种具有固定位数的二进制串称为字。字是由若干个字节组成的。一个字所含的二进制位的位数称为字长。字长是 CPU 一次能够处理的二进制数据的位数，它决定了 CPU 内的寄存器和总线的数据宽度。单位时间内处理的数据越多，处理器的性能就越高。常用的 PC 有 64 位、128 位等。

4）块（Block）。块也称物理块或物理记录。块是内存和外存交换信息的最小单位，每块的大小一般为 $2^{10}\sim2^{14}$ B。内、外存信息交换是由操作系统的文件系统实现的。

5）桶（Bucket）。桶是外存的逻辑单位。一个桶可以包含一个物理块或多个在空间上不一定连续的块。

1.4　数据库的体系结构：三层模式和两级映像

1.4.1　数据库模式的概念

数据库中的数据有"型"（Type）和"值"（Value）之分。"型"是指数据的类型和结构，"值"是"型"的具体赋值。例如，学生信息可以定义为（学号，姓名，性别，年龄），在逻辑模型中，被称为学生的型，而（18070101，张三，男，19）是某一学生的具体赋值，是一个实例。

定义 1-12　**模式**（Schema）是指 DB 中全体数据的逻辑结构和特征的语义描述。它仅涉及"型"的描述，不涉及具体的取值。模式的当前取值，称为模式的一个实例（Instance）。

在数据库的描述中，模式相对稳定，而数据库中的数据不断发生变化，故实例频繁变动。模式反映数据库的结构，实例反映数据库某一时刻的状态。

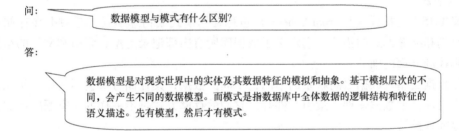

问：数据模型与模式有什么区别？

答：数据模型是对现实世界中的实体及其数据特征的模拟和抽象。基于模拟层次的不同，会产生不同的数据模型。而模式是指数据库中全体数据的逻辑结构和特征的语义描述。先有模型，然后才有模式。

1.4.2　三层模式体系结构

数据库的数据结构有三个层次：逻辑模型、外部模型和内部模型。这三个层次用 DB 的数据定义语言来定义，定义后的内容称为"模式"，对应为逻辑模式、外模式和内模式。

1. 逻辑模式

定义 1-13　**逻辑模式**（Schema）简称模式，是数据库中全体数据的逻辑结构和特征的描述。它不仅定义了数据的逻辑结构，包括数据项的名字、类型、取值范围，还要定义数据之间的联系，定义与数据有关的完整性、安全性等要求。

逻辑模式不涉及数据的存储方式、访问技术等细节，也与具体的应用程序、程序的开发工具无关。

例如，根据例 1-1，学生记录类型的逻辑模式见表 1-5。

2. 外模式

定义 1-14　**外模式**（External Schema）也称子模式或用户模式，是数据库用户（包括应用程序员和最终用户）能够看到和使用的局部数据的逻辑结构和特征的描述，是与某一应用有关的数据逻辑表示。它是某个或某几个用户所看到的数据库的数据视图，是与某一应用有关的数据的逻辑表示。

表 1-5　学生记录类型的逻辑模式

数 据 项	中文含义	类 型	长 度	约 束	默 认 值
sNo	学号	char	8	实体标识符	
sName	姓名	varchar	30	不能为空	
Sex	性别	char	1	只能取值 M 或 F	M
Age	年龄	integer	4	只取 0~100 之间的整数	0
dtBirthDate	出生日期	date	8		

外模式是逻辑模式的子集，每个用户需要通过一个外模式来使用数据库。由于不同的用户对应用程序的需求不同，则其对应的外模式描述也不同。因此，一个数据库可以有多个外模式。

外模式能极大地保护数据库的安全性。每个用户只能看到和访问所对应的外模式中的数据，数据库中的其余数据是无法看到的。

有了外模式后，程序员不用关心逻辑模式，只与外模式发生联系，按照外模式的结构存储和操纵数据。

3. 内模式

定义 1-15　内模式（Internal Schema）也称存储模式或物理模式，是数据在存储介质上的物理结构和存储方式的描述。它定义了数据库所有内部记录类型、索引和文件的组织方式以及数据控制方面的细节。

根据数据类型及数据之间联系的不同，不同的数据，其存储方式会不一样。例如，一个表有多个文件，如数据文件、索引文件等，它们的存储方式是不一样的，有顺序存储、散列存储或聚簇存储等。

一个数据库有多个外模式，但只有一个逻辑模式和一个内模式。逻辑模式对应于概念级，外模式对应于用户级，内模式对应于物理级。

1.4.3　数据库的两级映像

由于三层模式的数据结构可能不一样，为了能够在 DBMS 内部实现这三个抽象层次的联系和转换，DBMS 在这三层模式之间定义了两级映像：外模式/模式映像、模式/内模式映像。

文件管理系统的主要缺陷之一就是用户程序过分地依赖存储的数据及数据的逻辑结构，当数据的存储方式或逻辑结构发生变化时，程序不得不重新编写，以保证原来用户的要求。这种程序对数据依赖性的弊端在数据库系统中获得了极大的改进。其根本原因就在于 DBMS 提供了这两级映像功能。正是有了这两级映像，才保证数据库系统中的数据具备了较高的数据逻辑独立性和物理独立性。

**定义 1-16　**三层模式之间存在着两级映像：

1）外模式/模式映像存在于外模式和逻辑模式之间，用于定义外模式和逻辑模式之间的对应性，它放在外模式中描述。

2）模式/内模式映像存在于逻辑模式和内模式之间，用于定义逻辑模式和内模式之间的对应性，它放在内模式中描述。

DB 的三层模式和两级映像结构称为"数据库的体系结构"，又称"三层体系结构"或

"数据抽象的三个级别"。数据库的体系结构如图 1-16 所示。

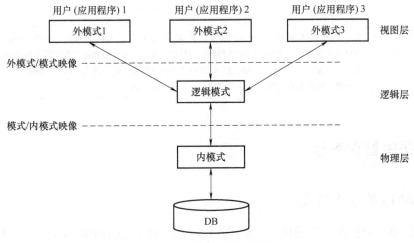

图 1-16 数据库的体系结构

1.4.4 高度的数据独立性

定义 1-17 **数据独立性**（Data Independence）是指应用程序和数据库的数据结构之间相互独立，不受影响。若在修改数据结构（逻辑结构或物理结构）时，尽可能不修改应用程序，则称该系统达到了数据独立性目标。

数据独立性分逻辑数据独立性和物理数据独立性两个级别。

（1）逻辑数据独立性

如果逻辑模式要修改，例如，增加记录类型、增加数据项、改变属性的数据类型等，只要对外模式/逻辑模式映像做相应的修改，就可以使外模式和应用程序尽可能保持不变，这时，称数据库达到了逻辑数据独立性，简称逻辑独立性。

（2）物理数据独立性

如果物理模式要修改，例如，硬件发生了变化，数据库的存储结构要发生改变，只要对模式/内模式映像做相应的修改，就可以使逻辑模式尽可能保持不变，即内模式的修改尽量不影响逻辑模式，当然对外模式和应用程序的影响更小，这时，称数据库达到了物理数据独立性，简称物理独立性。

数据和应用程序之间的独立性，可使数据的定义和描述从应用程序中分离出去。而且，由于数据的存取由 DBMS 管理，简化了应用程序的编制，极大地减少了应用程序的维护和修改成本。

数据库的三层模式结构确实是一个理想的结构，但是，它也给系统增加了两个额外的开销。第一，要在系统中保存三层模式结构、两级映像的内容，并进行管理；第二，用户与数据库之间的数据传输要在三层模式结构中来回转换，增加了时间开销。当然，随着计算机硬件性能的提高和操作系统的不断完善，数据库系统的性能会越来越好。

在数据库技术中，用户是指使用数据库的应用程序或联机终端用户。编写应用程序的语言称为主语言或宿主语言（Host Language），例如，C、C++、C#、Java、Python 等。

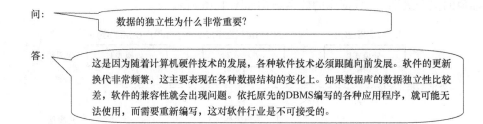

问： 数据的独立性为什么非常重要？

答： 这是因为随着计算机硬件技术的发展，各种软件技术必须跟随向前发展。软件的更新换代非常频繁，这主要表现在各种数据结构的变化上。如果数据库的数据独立性比较差，软件的兼容性就会出现问题。依托原先的DBMS编写的各种应用程序，就可能无法使用，而需要重新编写，这对软件行业是不可接受的。

1.5 数据库管理系统

1.5.1 DBMS 的工作模式

DBMS 是整个数据库系统的核心，对 DB 的一切操作，包括 DB 的定义、数据的查询和更新及各种控制，都是通过 DBMS 来完成的。DBMS 的工作示意图如图 1-17 所示。

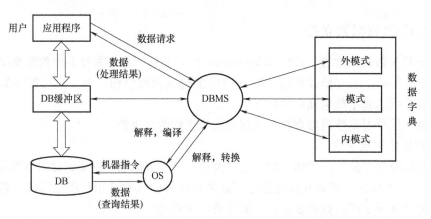

图 1-17 DBMS 的工作模式和用户访问数据的过程

概括起来，DBMS 的工作模式总结为如下五点：

1）接收应用程序对数据库的数据请求。

2）对用户的数据请求进行解释、编译，并将编译的结果返回给操作系统（OS）。

3）OS 按照接收的机器指令，对数据库进行数据操作，并将结果返回给 DBMS。

4）DBMS 对 OS 返回的结果进行解释、转换。

5）将转换的结果返回应用程序。

用户对数据库的操作，是 DBMS 通过外部层、逻辑层、内部层，最后通过 OS 操纵存储器中的数据而逐步完成的。同时，DBMS 为应用程序在内存中开辟了一个 DB 缓冲区，用于数据的传输和格式的转换。三层结构的定义则存放在 DBMS 的数据字典中。这里的数据字典是指数据模型中，对各种数据对象进行描述的信息集合。

1.5.2 DBMS 的主要功能

一般来说，DBMS 主要包括以下四个方面的功能：

1. 数据库的定义功能

DBMS 提供的数据描述语言（Data Definition Language，DDL），用来定义数据库结构的三层模式（外模式、逻辑模式、内模式）、两级映像（外模式/模式、模式/内模式）的内涵，定义数据的完整性约束、安全性控制等。

2. 数据库的操纵功能

DBMS 提供的数据操纵语言（Data Manipulation Language，DML），用来实现数据查询（Select）和数据更新（插入 Insert、修改 Update、删除 Delete）两类操作。

按照语言的级别，DML 可分为过程性 DML 和非过程性 DML 两种。

1）过程性 DML（Procedural DML）：是指用户编程时，不仅需要指定获取什么数据，还要指定如何获取这些数据。

2）声明式 DML（Declarative DML）：又称非过程性 DML，指用户编程时，只要求用户指定需要什么数据，而不需要关心如何获取这些数据。

3. 数据库的保护功能（也称 DB 的四大控制功能）

DBMS 提供的数据控制语言（Data Control Language，DCL），可以实现对数据库的运行控制，包括并发控制（即处理多个用户同时使用某些数据时可能产生的问题）、安全性检查、完整性约束条件的检查和执行、数据库的故障恢复等。所有对数据库的操作都要在 DCL 统一管理下运行，以保证数据的安全性、完整性、多用户对数据的并发使用及发生故障后的系统恢复。

4. 数据库的维护功能

数据库的结构建立之后，就可以向数据库进行数据的载入、转储（导入/导出）、转换等操作。这些功能通常由一些实用程序或管理工具来完成。

1.6　数据库系统

数据库系统是指采用了数据库技术的计算机系统。它由数据库、计算机硬件、软件和用户四部分组成。

1.6.1　DBS 的组成

1. 数据库

DBS 里的数据库是指与应用程序相关的全部数据的集合。它是整个 DBS 最宝贵的资源，具体包括两部分：第一部分是数据库中各种数据结构的描述；第二部分是应用数据的集合，这是数据库的主体。

2. 计算机硬件

与数据库技术相关的硬件包括 CPU、内存、外存、输入/输出等设备。在 DBS 中，特别要关注存储器的存取速度、存储性能的稳定性等指标，随着网络技术的发展，还应关注与互联网的数据通信能力。

3. 软件

DBS 中所包含的软件主要有 DBMS、OS、各种宿主语言和应用开发支撑软件等程序。

DBS 的核心软件是 DBMS，目前任何一种 DBMS 都必须在某一个 OS 平台的支持下才能运行。常用的 OS 平台主要有 Windows、UNIX、Linux 等。常用的关系型 DBMS 主要有 Oracle、IBM DB2、Sybase、MS SQL Server、MySQL、PostgreSQL 等。

一般来说，DBMS 对外提供了与数据库进行交互的接口（Interface），宿主语言通过这些接口可以操作数据库中的数据。

4. 用户

DBS 中的用户（User）主要有以下三类：

（1）终端用户

终端用户是指数据库系统的使用人员，一般不是计算机专业人员。

（2）应用程序员

应用程序员是根据用户的需求负责设计和调试应用程序的开发人员。他们懂得使用高级语言及数据库相关的基础知识。

（3）数据库管理员（DataBase Administrator，DBA）

在 DBS 中，数据库的创建、使用和维护等工作只靠 DBMS 软件是远远不够的，需要有专门的人员来负责，这类人员被称为数据库管理员。它是一种角色，可以是一个人，也可以是一组人，通常是由具有较高计算机技术水平和较好管理经验的专业人员担当。他们的主要职责包括：

1）定义数据库的内容。

2）决定数据库的存储方式和存储路径。

3）负责与用户之间的联络。

4）定义安全性规则，及用户访问数据库的授权。

5）定义完整性规则，监督数据库的日常运行。

6）负责数据库的转储和故障后的恢复工作。

1.6.2 DBS 体系结构的类别

从数据库应用管理系统的终端用户角度看，DBS 体系结构可以分成集中式、客户端/服务器式、浏览器/服务器式和分布式四种。

1. 集中式 DBS

所谓集中式 DBS，是指整个数据系统，包括 DBMS、应用软件、数据等都安装在一台计算机上，由一个用户独立使用，不与其他计算机共享。

这种系统是数据库的早期应用，现在已经很少见了。

2. 客户端/服务器（Client/Server，C/S）**式 DBS**

随着计算机网络技术的发展和计算机的广泛应用，C/S 式 DBS 得到了应用。其特点是：前端通过宿主语言编程，将一些功能放在客户端计算机上执行，另一些功能放在后台服务器上数据库端执行。这样可以减轻服务器端的负担。

前端应用程序的功能包括数据输入、图形界面、格式处理、报表输出等。后端功能包括数据存取方法、查询优化、并发控制、恢复、数据访问控制等。

C/S 式 DBS 的主要缺点：升级维护不方便，需要在每个客户机上安装客户应用程序。每当应用程序修改后，都要在所有的客户机上更新此应用程序。

3. 浏览器/服务器（Browse/Server，B/S）**式 DBS**

B/S 式 DBS 是为了解决 C/S 式 DBS 的弊端而提出来的。在 B/S 式 DBS 中，客户端不需要安装应用程序软件，只需要通过客户端浏览器以及中间业务逻辑层访问后台数据库。这种模式不受时间、地点的限制，升级维护也很方便。

4. 分布式 DBS（Distributed-DBS）

分布式 DBS 是利用计算机网络技术，把分布在不同地点的数据库系统联系在一起。整个系统中的数据，逻辑上是一个整体，但物理上却分布在计算机网络不同的结点上。网络中的每个结点，既可以处理本地数据库系统的数据，执行本地局部的应用，又可以访问多个异地结点数据库中的数据，执行全局的应用。

习　题　1

1-1　单选题

（1）信息的存储和传承离不开媒介。下列（　　）不能作为信息存储的媒介。

A. 牛皮纸　　　　　　B. 结绳　　　　　　C. 储存器　　　　　　D. 人脑

（2）有关数据和信息的概念，下列叙述正确的是（　　）。

A. 数据是信息的载体　　　　　　　　B. 数据是信息的内涵

C. 数据和信息互为载体　　　　　　　D. 数据和信息相互独立

（3）实体只用于表示（　　）。

A. 实际存在的事物　　　　　　　　　B. 概念性的事物

C. 事物与事物之间的联系　　　　　　D. 选项 A、B、C 都不对

（4）从"实体—联系"模型到数据模型实际上经历了三个领域的演变过程，即（　　）。

A. 信息世界→现实世界→数据世界　　B. 数据世界→信息世界→现实世界

C. 现实世界→数据世界→信息世界　　D. 现实世界→信息世界→数据世界

（5）下列有关数据库的描述，正确的是（　　）。

A. 数据库是一个 DBF 文件　　　　　B. 数据库是一个关系

C. 数据库是一个结构化的数据集合　　D. 数据库是一组文件

（6）关于数据的独立性，下列哪一个说法是对的？（　　）

A. 多个数据之间是相互独立的，不受影响

B. 数据的逻辑结构与物理结构相互独立

C. 数据与应用程序之间相互独立

D. 数据与存储设备之间相互独立

（7）数据独立性是指（　　）。

A. 用户与数据分离　　　　　　　　　B. 用户与程序分离

C. 程序与数据分离　　　　　　　　　D. 人员与设备分离

（8）关于数据库的特点，下列哪一个说法是错的？（　　）

A. 数据可以永久存储　　　　　　　　B. 数据库中的数据是有结构的

C. 数据库中的数据可供多个用户使用　D. 数据库中的数据与应用程序联系紧密

（9）在 E-R 模型中，下列（　　）属于一对多联系。

A. 学生与课程之间的选课关系　　　　B. 学生与班级之间的属于关系

C. 教工与学生之间的师生关系　　　　D. 班长与班级之间的关系

(10) 下列（　　）属于概念模型。

A. 层次模型　　　B. 网状模型　　　C. E-R 模型　　　D. 关系模型

(11) 下列（　　）不属于逻辑模型。

A. 层次模型　　　B. 网状模型　　　C. E-R 模型　　　D. 关系模型

(12) 有且仅有一个结点无父结点的数据模型是（　　）。

A. 层次模型　　　B. 网状模型　　　C. 关系模型　　　D. 数据模型

(13) 在关系模型中，一张二维表就称为一个（　　）。

A. 记录　　　　　B. 元组　　　　　C. 属性　　　　　D. 关系

(14) 数据库系统的核心是（　　）。

A. 数据库　　　B. 数据库管理系统　C. 数据模型　　　D. 软件工具

(15) 在数据库的三级模式结构中，描述全局逻辑结构和特征的是（　　）。

A. 外模式　　　　B. 内模式　　　　C. 存储模式　　　D. 模式

(16) 可以用"指针"实现实体之间联系的数据模型是（　　）。

A. 层次模型　　　B. 网状模型　　　C. 关系模型　　　D. 层次和网状模型

(17) 关于数据的逻辑独立性，下列哪一个是对的？（　　）

A. 数据的结构发生变化，不影响应用程序

B. 逻辑模式发生变化，不影响内模式

C. 逻辑模式发生变化，不影响应用程序

D. 内模式改变，不影响逻辑模式

(18) 关于数据的物理独立性，下列哪一个是对的？（　　）

A. 数据的结构发生变化，不影响应用程序

B. 内模式改变，不影响应用程序

C. 概念模式发生变化，不影响应用程序

D. 模式改变，不影响外模式

(19) 数据库系统的基本特征是（　　）。

A. 数据的统一控制　　　　　　　　B. 数据的共享性和统一控制

C. 数据共享性、独立性和冗余度小　　D. 数据共享性和独立性

(20) E-R 模型的三个基本要素是（　　）。

A. 实体、属性集、关系　　　　　　B. 实体、属性、联系

C. 实体、实体集、联系　　　　　　D. 实体、实体集、属性集

(21) 在数据库系统的组织结构中，把概念数据库与物理数据库联系起来的映射是（　　）。

A. 外模式/模式　　　　　　　　　B. 内模式/外模式

C. 模式/内模式　　　　　　　　　D. 模式/外模式

(22) 子模式 DDL 用来描述数据库的（　　）。

A. 总体逻辑结构　　　　　　　　　B. 局部逻辑结构

C. 物理存储结构　　　　　　　　　D. 全局概念结构

(23) 银行吸纳众多用户存款，用户可存款于多家银行，银行和储户间的联系是（　　）。

A. $1:1$　　　　B. $1:n$　　　　C. $m:1$　　　　D. $m:n$

（24）数据模型不用于描述（　　　）。

    A. 客观事物   B. 事物间的联系

    C. 数据存储   D. 事物及其相互间的联系

（25）顾客可到多个商场购物，商场有很多顾客购物，商场与顾客之间的联系是（　　　）。

    A. $1:1$ B. $1:n$ C. $m:1$ D. $m:n$

（26）用统一的结构描述实体和实体间联系的数据模型是（　　　）。

    A. 层次模型   B. 网状模型   C. 关系模型   D. E-R 模型

（27）在数据库系统中，关于 DBMS 与 OS 之间的关系，下列（　　　）说法是对的。

    A. DBMS 调用 OS   B. OS 调用 DBMS   C. 相互调用   D. 并行运行

1-2　填空题

（1）数据模型的三个组成部分是_____、_____、_____。

（2）DBMS 的四大保护功能是_____、_____、_____、_____。

（3）在数据库体系结构中，三层模式是指_____、_____、_____。

（4）在数据库体系结构中，两级映像是指_____、_____。

（5）在数据存储中，导致数据不一致的原因是_____。

（6）DBMS 是指位于数据库与_____之间的数据管理软件，它必须通过_____才能工作。

（7）对现实世界进行第一层抽象，所建立的模型，称为_____模型；从现实世界到信息世界进行第二层抽象，所建立的模型，称为_____模型。

（8）在数据库技术中，编写应用程序的语言，一般是 C、C++、C#、Java、Python 等高级语言，这些编程语言被称为_____语言。

（9）在数据库系统（DBS）中，最核心的软件是_____。

（10）在数据库技术中，需要解决的两个核心问题是_____和_____。

（11）文件系统与数据库系统的最大区别是在_____方面。

（12）内模式是描述数据如何在存储介质上组织存储的，又称之为_____模式。

（13）E-R 图中包括实体、属性和_____三种基本图素。

（14）数据库系统通常由_____、_____、_____、_____四部分组成。

（15）数据库系统的数据独立性包括_____独立性和_____独立性。

（16）对数据库全局逻辑结构的描述的模型称为_____。

1-3　简答题

（1）数据的类别有哪几种？

（2）简述 DBMS 的主要功能。

（3）DBS 主要由哪四部分组成？

（4）DBS 的用户有哪三类？

1-4　应用题

某高校需要开发一个教工和学生借（还）书管理系统，具体需求信息如下：

学生信息（S）：学号（sNo）、姓名（sName）、入学日期（BeginDate）。唯一标识符为学号。

教工信息（T）：教工编号（tNo）、教工姓名（tName）、职称（title）。唯一标识符为教工编号。

图书类别（Class）：类别编号（cClassNo）、类别名称（vcClassName）。唯一标识符为类别编号。

图书信息（Book）：图书编号（cBookNo）、书名（vcBookName）、状态（status，指在库或借出）、图书类别。唯一标识符为图书编号。

借（还）书信息（BorrowBook）：图书编号（cBookNo）、借阅人编号（cBorrowNo）、借阅人类别（cType，指教工或学生）、借书日期（BorrowDate）、是否已还（cReturn）。唯一标识符为图书编号、借阅人编号、借书日期属性集。

规定：每一个人（含学生或教工）可借多本书，每本书可被多人借，每本书只能属于一种类别，每一种类别可包含多本书。

试根据以上信息，回答下面问题：

（1）按需求设计 E-R 图。

（2）将该 E-R 图转为关系模式结构，并注明每个关系模式对应的主、外键。

第2章 关系数据库基础

关系数据库是用"数学方法"来处理数据库中的数据的。最早将这类方法用于数据处理的是 1962 年 CODASYL 协会发表的"信息代数"的论文,之后在 1968 年,大卫·蔡尔德(David Child)在 IBM 7090 机上实现了集合论数据结构。但严格而系统地提出关系模型的则是美国 IBM 公司的埃德加·科德(E. F. Codd),他奠定了关系数据库的理论基础。

由于关系数据库的数据结构简单,使用方便,功能强大,具有扎实的数学理论基础,20 世纪 70 年代末以后问世的 DBMS 产品大都是关系型的,并逐步替代层次、网状型数据库,成为当前国内外最重要、最主流的数据库管理系统。

本章学习要点:

- 关系模型的描述术语:元组、关系、属性、关系模式、主键、外键。
- 规范化的关系:关系的六条性质。
- 关系模型的三类完整性规则:实体完整性、参照完整性、用户定义的完整性。
- 关系代数运算:传统的集合运算、专门的代数运算(投影、选择、连接)。
- 关系代数表达式。

2.1 关系模型

在机器世界建模中,描述数据的术语有记录、文件、字段(或数据项)、关键码等,这些在关系模型中也有对应的术语。

2.1.1 基本术语

定义 2-1 用二维表格表示实体集,用关键码表示实体之间联系的数据模型,称为**关系模型**(Relational Model)。对关系模型的语义描述,称为**关系模式**(Relational Schema)。

通俗地讲,关系模式就是关系名及所含属性的有序集合。例如,表 2-1 是一张学生信息登记表,它是一个二维表格,它对应的关系模式为

学生模式(sNo,sName,Sex,Age,dtBirthDate,ID)

表 2-1 学生信息登记表

学号(sNo)	姓名(sName)	性别(Sex)	年龄(Age)	出生日期(dtBirthDate)	身份证号(ID)
18020101	张三	M	20	2000-08-09	360502…0001
18060206	李明	M	19	2001-02-18	360301…0002
19070101	刘燕	F	18	2002-10-06	360802…0003

** 数据库原理与开发技术

在关系模型中，实体的字段（Field）称为属性，一列（Column）就是一个属性；一行（Row）就是一条记录（Record），也称元组（Tuple），它表示一个具体的实体；元组的集合称为关系（Relation）或实例（Instance）；记录类型称为关系模式。

例如，表 2-1 是学生模式当前的一个实例，用元组集合表示为

```
学生实例={(18020101,张三,M,20,2000-08-09,360502…0001),
         (18060206,李明,M,19,2001-02-18,360301…0002),
         (19070101,刘燕,F,18,2002-10-06,360802…0003)}
```

为了描述方便，对表格进行数学化，用英文字母来表示表格的内容。一般用大写字母 $A,B,C,\cdots$ 表示属性或属性集，用小写字母 $a,b,c,\cdots$ 表示属性值。元组也称为行（Row），属性也称为列（Column）。

在关系中，属性的个数称为"元数"，也称"列数"，元组的个数称为"基数"，也称"行数"。

图 2-1 所示为信息世界建模的一般术语及对应的关系模型的术语，其中关系模式为 $R(A,B,C,D)$，关系的元数（列数）为 4，基数（行数）为 3。

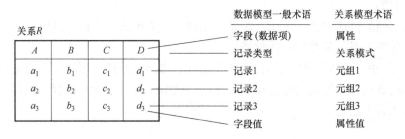

图 2-1　数据模型一般术语与关系模型术语

能唯一标识元组的一个属性或多个属性组成的集合，称为关键码（Key，也称键）。在关系模型中，有下列四种键：

1）超键（Super Key）。在关系中，能唯一标识元组的属性或属性集称为超键。超键不是唯一的，例如，在学生模式中，{sNo}、{sNo，sName}、{sNo，ID}、{ID} 均为超键。

2）候选键（Candidate Key）。没有多余属性的超键称为候选键。例如，{sNo，sName} 不是候选键，但 {sNo}、{ID} 均为候选键。候选键中的属性称为主属性；否则，称为非主属性。

3）主键（Primary Key）。用户指定元组唯一标识符的候选键称为主键。候选键可能不唯一，但任一关系模式有且只有一个主键。例如，{sNo}。

4）外键（Foreign Key）。如果关系模式 R 的属性 K 是另一个模式 T 的主键，则称属性 K 是模式 R 的外键，此时，称 T 为主表，R 为附表。如图 2-2 所示就是主键与外键的模式图。

在一个关系模式中，主键只能有一个，用 pk 标识，外键可以有多个，用 fk 标识。

2.1.2　关系模型的数据结构：集合论之形式化定义

由于关系模型是建立在集合代数基础上的，下面从集合论角度对关系数据结构进行形式化定义。

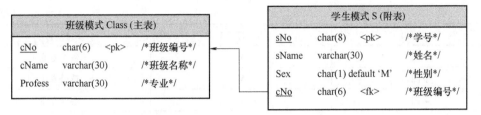

图 2-2　含有主键与外键的关系模式图（箭头指向主表所在的主键）

1. 域（Domain）

定义 2-2　域是指一组具有相同数据类型的值的集合。

例如，整数、浮点数、字符串集合、{1,0}、{男,女}、{18,19,20,21} 等，都可以是域。

在关系模型中，域必须命名。例如，姓名={张三,李四,王二,刘英}，性别={男,女}，年龄={18,19,20,21} 等。

2. 笛卡儿积（Cartesian Product）

定义 2-3　给定一组域 $D_1,D_2,\cdots,D_n$，这些域可以相同或不相同，$D_1,D_2,\cdots,D_n$ 的笛卡儿积定义为

$$D_1 \times D_2 \times \cdots \times D_n = \{(d_1,d_2,\cdots,d_n) \mid d_i \in D_i, i=1,2,\cdots,n\}$$

其中，笛卡儿积中的每一个元素 $(d_1,d_2,\cdots,d_n)$ 叫作一个 n 元组，简称元组（Tuple）。元组中每个 d_i 是域 D_i 的一个值，称为元组的一个分量。笛卡儿积中元素的个数称为笛卡儿积的基数。

例如，设有三个域：A={张三,李四}，B={M,F}，C={会计专业,数学专业,英语专业}。则 A、B、C 的笛卡儿积为

A×B×C = { (张三,M,会计专业),(张三,M,数学专业),(张三,M,英语专业),
　　　　　(张三,F,会计专业),(张三,F,数学专业),(张三,F,英语专业),
　　　　　(李四,M,会计专业),(李四,M,数学专业),(李四,M,英语专业),
　　　　　(李四,F,会计专业),(李四,F,数学专业),(李四,F,英语专业) }

$A \times B \times C$ 的基数 $=2 \times 2 \times 3 =12$，即该笛卡儿积有 12 个元组。这 12 个元组可列成一张二维表，见表 2-2。

表 2-2　A、B、C 的笛卡儿积

A（姓名）	B（性别）	C（专业）
张三	M	会计专业
张三	M	数学专业
张三	M	英语专业
张三	F	会计专业
张三	F	数学专业
张三	F	英语专业
李四	M	会计专业

（续）

A（姓名）	B（性别）	C（专业）
李四	M	数学专业
李四	M	英语专业
李四	F	会计专业
李四	F	数学专业
李四	F	英语专业

3. 关系（Relation）

定义 2-4 笛卡儿积 $D_1 \times D_2 \times \cdots \times D_n$ 的任一子集 R 称为域 $D_1, D_2, \cdots, D_n$ 上的一个关系，记为 $R(D_1, D_2, \cdots, D_n)$。

一般来说，域 $D_1, D_2, \cdots, D_n$ 上的笛卡儿积没有实际语义，只有受到某种约束下的真子集才有实际含义。

例如，在表 2-2 中，规定一个学生只能有一种性别、一个专业，这样对应的子集 R 称为学生关系，见表 2-3。

表 2-3　学生关系 R

A（姓名）	B（性别）	C（专业）
张三	M	数学专业
李四	F	会计专业

因此，关系虽然是一张二维表格，但它是一张规范化了的二维表格。在关系模型中，对关系做了如下规范性限制：

1）关系的每一列（属性）都有不同的名字。

2）在关系的每一列中，其属性值是同类型的数据，必须来自同一个域。

3）关系中的每个属性值都是不可分解的。

4）关系中不允许出现重复元组。

5）关系中不考虑元组间的顺序。

6）关系中的属性列在理论上也是无序的，但在使用时，按习惯考虑列的顺序。

以上六点也是关系的性质，是关系必须满足的规范条件。规范化的关系简称范式（Normal Form，NF），范式的概念将在第 4 章详细介绍。

2.1.3　关系模型的三类完整性规则

为了维护数据库中的数据与现实世界中的一致性，对关系数据库的数据进行插入、修改、删除等操作，必须遵循下列三类完整性规则。

1. 实体完整性规则（Entity Integrity Rule）

在关系中，主键的属性值不能为空（Null）。如果出现空值，则主键值就不能唯一标识元组。

2. 参照完整性规则（Reference Integrity Rule）

设属性或属性集 K 是关系模式 R 的主键，同时，K 也是关系模式 S 的外键，则在 S 的关系中，K 的取值要么为空，要么为 R 关系中的某个主键值。

该规则表明，"不允许引用不存在的实体"。

在上述规则中，主键所在的关系模式的关系称为参照关系，也称主表（或父表）；外键所在的关系模式的关系称为被参照关系，也称附表（或子表）。

如图 2-2 所示，一个班级有多个学生，一个学生只能属于某一个班级，班级关系就是参照关系，是主表，学生关系就是被参照关系，是附表。

参照完整性规则能够非常方便地处理实体与实体之间的 $1:n$ 联系。

3. 用户定义的完整性规则（User-defined Integrity Rule）

实体完整性规则和参照完整性规则适用于任何关系型数据库系统。除此以外，不同的关系型数据库系统根据其应用环境的不同，往往还需要一些特殊的约束条件。用户定义的完整性规则，就是这方面的反映。系统应提供定义和检验这类完整性规则的机制，以便用统一的系统方法来处理它们。

例如，在学生模式中，属性 sex（性别）只能取 {M,F}，可以按如下定义：

```
Check(Sex in {M,F})
```

学生的 Age（年龄）定义为 2 位整数，范围还是太大，可以限制为 15~28 岁，定义如下：

```
Check(Age Between 15 and 28) 或 Check(Age>=15 and Age <=28)
```

2.1.4　关系模型的形式定义和优点

任何一种数据模型都有三个重要组成部分：数据结构、数据操纵和数据完整性规则。关系模型也不例外。

1）数据结构：数据库中全部数据及其相互联系都被表示为"关系"（二维表格）的形式。

2）数据操纵：关系模型提供一组完备的高级关系运算，以支持对数据库的各种操作。

3）数据完整性规则：数据库中数据必须满足实体完整性、参照完整性和用户定义的完整性三类完整性规则。

与其他数据模型相比，关系模型的优点如下：

1）关系模型提供单一的数据结构形式，具有高度的简明性和精确性。

2）关系模型的逻辑结构和相应的操作完全独立于数据存储方式，数据独立性高。

3）关系模型使数据库的研究建立在比较坚实的数学基础上。

4）关系数据库语言与一阶谓词逻辑的固有内在联系，为以关系数据库为基础的推理系统和知识库系统的研究提供了方便。

2.1.5　关系模型的数据操纵

关系数据库的数据操纵语言（DML）的语句包括数据查询和数据更新两大类。数据查询的理论称为关系运算理论。关系查询语言根据其理论基础的不同分成三类：

1）关系代数语言：查询操作以集合操作为基础的运算。

2）关系演算语言：查询操作以谓词演算为基础的运算。

3）关系逻辑语言：查询操作以 if—then 逻辑操作为基础的运算。

*2.2 关系代数运算

关系代数是以集合代数为基础发展起来的，它是一种抽象的查询语言，它通过对关系的运算来表达查询的结果。

关系运算的运算对象和运算结果都是关系。关系的运算可分为两类：

1）传统的集合运算：包括集合的并、交、差和笛卡儿积运算。

2）专门的关系运算：包括选择、投影、连接和除法等运算。

关系运算必须要写关系运算表达式，其中涉及的关系运算符可以分为以下四类：

1）集合运算符：并（∪）、交（∩）、差（-）、笛卡儿积（×）。

2）关系运算符：投影（∏）、选择（σ）、连接（⋈）、除（÷）。

3）算术比较符：大于（>）、大于等于（≥）、小于（<）、小于等于（≤）、等于（=）、不等于（≠）。

4）逻辑运算符：与（∧）、或（∨）、非（¬）。

为了叙述方便，下面介绍两个概念：

1）设关系模式 $R(A_1, A_2, \cdots, A_n)$ 有 n 个属性。对于当前关系 R，用 $t \in R$ 表示 t 是 R 的一个元组，$t[A_i]$ 表示元组 t 中对应于属性 A_i 的一个分量（属性值）。

2）设 $A = (A_{i1}, A_{i2}, \cdots, A_{ik})$，其中 $A_{i1}, A_{i2}, \cdots, A_{ik}$ 表示 $A_1, A_2, \cdots, A_n$ 中的一部分，则称 A 为属性列。$t[A] = \{t[A_{i1}], t[A_{i2}], \cdots, t[A_{ik}]\}$ 表示元组 t 在属性列 A 上各分量的集合。

2.2.1 传统的集合运算

传统的集合运算要求参加运算的两个关系必须是同类关系，即两个关系具有相同的属性个数，且对应的属性值必须取自同一域。

设关系 R 和关系 S 是同类关系，则它们的并、交、差和笛卡儿积运算如下：

1）并运算：$R \cup S = \{t \mid t \in R \vee t \in S\}$。

2）交运算：$R \cap S = \{t \mid t \in R \wedge t \in S\}$。

3）差运算：$R - S = \{t \mid t \in R \wedge t \notin S\}$。

4）笛卡儿积运算：$R \times S = \{\widehat{t_r t_s} \mid t_r \in R \wedge t_s \in S\}$。其中，$\widehat{t_r t_s}$ 表示元组的连接或元组的串接。

例 2-1 关系 R 和 S 如图 2-3 所示，它们的笛卡儿积、并、交、差运算分别如图 2-4~图 2-7 所示。

A	B	C
a	b	c
d	a	f
c	b	d

关系 R

A	B	C
b	g	a
d	a	f

关系 S

图 2-3 关系 R 和 S

$R.A$	$R.B$	$R.C$	$S.A$	$S.B$	$S.C$
a	b	c	b	g	a
a	b	c	d	a	f
d	a	f	b	g	a
d	a	f	d	a	f
c	b	d	b	g	a
c	b	d	d	a	f

图 2-4 $R \times S$

A	B	C
a	b	c
d	a	f
c	b	d
b	g	a

图 2-5　$R \cup S$

A	B	C
d	a	f

图 2-6　$R \cap S$

A	B	C
a	b	c
c	b	d

图 2-7　$R-S$

2.2.2　专门的关系运算

1. 投影

投影（Project）也称选列，是指从 R 中选择若干属性列，并可重新安排列的顺序组成新的关系。记作

$$\Pi_A(R) = \{ t[A] \mid t \in R \}$$

其中，A 为 R 的属性列。

2. 选择

选择（Selection）也称选行，是指从关系 R 中选择满足给定条件的诸元组。记作

$$\sigma_F(R) = \{ t \mid t \in R \wedge F(t) = \text{true} \}$$

其中，F 为选择条件，它是一个逻辑表达式，取值为 true 或 false。

例 2-2　针对例 2-1 中的关系 R 和 S，图 2-8 表示 $\Pi_{C,A}(R)$，即 $\Pi_{3,1}(R)$。图 2-9 表示 $\sigma_{B='b'}(R)$。

C	A
c	a
f	d
d	c

图 2-8　$\Pi_{C,A}(R)$

A	B	C
a	b	c
c	b	d

图 2-9　$\sigma_{B='b'}(R)$

3. 连接

连接（Join）分为 θ 连接、等值连接及自然连接三种，分述如下：

1）θ 连接。它是从两个关系的笛卡儿积中选取属性间满足一定条件的元组。记作

$$R \underset{A \theta B}{\bowtie} S = \{ \widehat{t_r t_s} \mid t_r \in R \wedge t_s \in S \wedge t_r[A] \, \theta \, t_s[B] \}$$

其中，θ 是比较运算符，A 和 B 分别为 R 和 S 上度数相等且可比的属性组。

2）等值连接。当 θ 为 "=" 时，称为等值连接，记作

$$R \underset{A=B}{\bowtie} S = \{ \widehat{t_r t_s} \mid t_r \in R \wedge t_s \in S \wedge t_r[A] = t_s[B] \}$$

3）自然连接。它是一种特殊的等值连接，要求两个关系中进行比较的分量必须是相同的属性组，并且在结果中将重复属性列去掉。若 R 和 S 具有相同的属性组 B，则自然连接可以记作

$$R \bowtie S = \{ \widehat{t_r t_s} \mid t_r \in R \wedge t_s \in S \wedge t_r[B] = t_s[B] \}$$

两个关系 R 和 S 的自然连接操作具体计算过程如下：

① 计算 $R×S$。

② 设 R 和 S 的公共属性是 $A_1,\cdots,A_k$，挑选 $R×S$ 中满足 $R.A_1=S.A_1,\cdots,R.A_k=S.A_k$ 的那些元组。

③ 去掉 $S.A_1,\cdots,S.A_k$ 这些列。

需要特别说明的是，一般连接是从关系的水平方向运算，而自然连接不仅要从关系的水平方向，而且要从关系的垂直方向运算。因为自然连接要去掉重复属性，如果没有重复属性，那么自然连接就转化为笛卡儿积。

2.2.3　关系代数运算的应用实例

在关系代数运算中，把由四个传统的集合运算和三个专门的关系运算，经过有限次复合的式子称为关系代数表达式。这种表达式的运算结果仍是一个关系。我们可以用关系代数表达式表示各种数据查询操作。

例 2-3　设学生选课数据库中包含三个关系：学生关系 S、课程关系 C、学生选课关系 SC。其关系模式如下：

```
学生关系模式 S(sNo,sName,Age,Sex)    /*学号,姓名,年龄,性别*/
课程关系模式 C(cNo,cName,Credit)     /*课程号,课程名,学分*/
选课关系模式 SC(sNo,cNo,Score)       /*学号,课程号,考试成绩*/
```

这三个关系模式当前的实例如图 2-10 所示。

sNo	sName	Sex	Age
3001	王平	女	18
3002	张勇	男	19
4003	黎明	女	18
4004	刘明远	男	19
1041	赵国庆	男	20
1042	樊建玺	男	20

cNo	cName	Credit
C1	数据库	3
C2	数 学	4
C3	操作系统	4
C4	数据结构	3
C5	数字通信	3
C6	信息系统	4
C7	程序设计	2

sNo	cNo	Score
3001	1	93
3001	2	84
3001	3	84
3002	2	83
3002	3	93
1042	1	84
1042	2	82

图 2-10　学生关系 S、课程关系 C 及选课关系 SC 的实例

用关系代数表达式表达下面每个查询操作的要求。

1）检索学习课程号为 C2 的学生学号与成绩。

$$\Pi_{sNo,Score}(\sigma_{cNo='C2'}(SC))$$

表达式中也可以不写属性名，而写上属性的序号：

$$\Pi_{1,3}(\sigma_{cNo='C2'}(SC))$$

2）检索学习课程号为 C2 的学生学号与姓名。

$$\Pi_{sNo,sName}(\sigma_{cNo='C2'}(S \bowtie SC))$$

3）检索女同学、考试成绩不及格的学生学号、姓名、课程号及成绩。

$$\Pi_{sNo,sName,cNo,Score}(\sigma_{Sex='女' \wedge Score<60}(S \bowtie SC))$$

4）检索选修课程名为"数学"的学生学号和姓名。

$$\Pi_{sNo,sName}(\sigma_{cName='数学'}(S \bowtie SC \bowtie C))$$

第 4）项的查询结果分两步显示。先显示 S ⋈ SC ⋈ C 的自然连接，结果如图 2-11 所示。再显示选修"数学"的学生，如图 2-12 所示。

sNo	sName	Sex	Age	cNo	Score	sName	Credit
3001	王平	女	18	C1	93	数据库	3
3001	王平	女	18	C2	84	数　学	4
3001	王平	女	18	C3	84	操作系统	4
3002	张勇	男	19	C2	83	数　学	4
3002	张勇	男	19	C3	93	操作系统	4
1042	樊建玺	男	20	C1	84	数据库	3
1042	樊建玺	男	20	C2	82	数　学	4

sNo	sName
3001	王　平
3002	张　勇
1042	樊建玺

图 2-11　S ⋈ SC ⋈ C　　　　　　　　　图 2-12　选修数学的学生

2.2.4　关系代数表达式的启发式优化算法

在关系代数表达式中，存在对关系的操作步骤问题。对同一个查询任务，如何指定一个操作步骤，使其既省时间又省空间？这是一个查询优化问题。

这个问题在理论上还没有一个准确的结论。目前，一般是采用启发式优化方法对关系代数表达式进行优化。这种优化策略与关系的存储技术无关，主要是讨论如何合理安排操作的顺序，减少关系中元组的个数，以花费较少的空间和时间。

在关系代数表达式中，最花费时间和空间的运算是笛卡儿积和连接操作。为此，引出三条启发式规则，用于对表达式进行转换，以减少中间关系的大小。

1）尽可能早地执行选择操作。

2）尽可能早地执行投影操作。

3）避免直接做笛卡儿积，把笛卡儿积操作之前和之后的一连串选择和投影合起来一起做。

例 2-4　在例 2-3 的关系模式中，现有一个查询语句：检索选修课程名为"数学"的女生学号和姓名。该语句的关系代数表达式为

$$\Pi_{sNo,sName}(\sigma_{cName='数学' \wedge Sex='女'}(S \bowtie SC \bowtie C))$$

该表达式和下列关系代数表达式是等价的：

$$\Pi_{sNo,sName}(\sigma_{cName='数学' \wedge Sex='女' \wedge S.sNo=SC.sNo \wedge C.cNo=SC.cNo}(S \times SC \times C))$$

根据启发式优化方法，这两条语句都不是最优的。下面给出其优化的关系代数表达式：

$$\Pi_{sNo,sName}(\Pi_{sNo,sName}(\sigma_{Sex='女'}(S)) \bowtie SC \bowtie \Pi_{cNo}(\sigma_{cName='数学'}(C)))$$

习　题　2

2-1　单选题

（1）按指定条件从一个关系中挑选出指定的属性组成一个新关系的运算是（　　　）。

　　A. 选择　　　　　　　B. 投影　　　　　　　C. 连接　　　　　　　D. 自然连接

（2）进行自然连接运算的两个关系必然具有（　　　）。

　　A. 相同的属性个数　　　　　　　　　　B. 相同的关系名

　　C. 相同的属性名　　　　　　　　　　　D. 相同的关键字

2-2　填空题

（1）凡可作为候选关键字的属性称为_____。

（2）进行自然连接的两个关系必须具有_____属性。

（3）凡是不能作为候选关键字的属性叫_____。

2-3　简答题

（1）为什么关系中的元组没有先后顺序且不允许有重复元组？

（2）关系数据库的三类数据完整性规则是哪三类？

（3）外键值何时允许为空？何时不允许为空？

2-4　设有关系 R 和 S，如图 2-13 所示，计算 $R \bowtie S$，$R \underset{B<C}{\bowtie} S$。

A	B	C
3	6	7
2	5	7
7	2	3
4	4	3

关系 R

A	B	C
3	4	5
7	2	3

关系 S

图 2-13　题 2-4 关系 R 和 S

2-5　设学生选课数据库中包含三个关系：学生关系 S、课程关系 C、学生选课关系 SC。其关系模式如下：

学生关系模式 S(sNo,sName,Age,Sex)	/＊学号,姓名,年龄,性别＊/
课程关系模式 C(cNo,cName,Credit)	/＊课程号,课程名,学分＊/
选课关系模式 SC(sNo,cNo,Score)	/＊学号,课程号,考试成绩＊/

写出下列查询语句的关系代数表达式：

（1）检索年龄小于 17 岁女生的学号和姓名。

（2）检索男生所学的课程号和课程名。

（3）检索王平同学不选的课程的课程号。

第3章 关系数据库语言SQL

结构化查询语言（Structured Query Language，SQL）是一种用于和关系数据库进行交互和通信的计算机语言，是用于对存放在网络计算机数据库中的数据进行组织管理和检索的工具。

SQL 和一般的高级程序语言不同，它不是程序设计语言，它是高级的非过程化编程语言，允许用户在高层数据结构上工作。它不要求用户指定对数据的存放方法，也不需要用户了解具体的数据存放方式，因此，具有完全不同底层结构的不同数据库系统，都可以使用相同的 SQL 作为数据输入与管理的接口。本章 SQL 的例子，以 MySQL 8.0 为主。

本章学习要点：
- SQL 数据库的体系结构、SQL 的主要功能、SQL 语法基础。
- SQL 的常用数据类型和常用函数。
- SQL 的数据定义功能：创建（Create）、修改（Alter）、删除结构（Drop）等操作。
- SQL 的数据更新：插入（Insert）、更新（Update）、删除记录（Delete）。
- SQL 的数据查询：Select <列名> From <表名> Where <条件表达式>。

3.1 SQL 概述

3.1.1 SQL 的产生和发展

1970 年，美国 IBM 研究中心的 E. F. Codd 连续发表多篇论文，提出关系模型的概念。1972 年，IBM 公司开始研制实验型关系数据库管理系统 SYSTEM R，配制的查询语言称为 SQUARE（Specifying Queries as Relational Expression），在该语言中使用了较多的数学符号。1974 年，Boyce 和 Chamberlin 把 SQUARE 修改为 SEQUEL（Structured English Query Language）。后来，SEQUEL 简称为 SQL（Structured Query Language），SQL 的发音仍为"sequel"。

1986 年 10 月，美国国家标准局（ANSI）采用 SQL 作为关系数据库管理系统的标准语言（ANSI X3. 135-1986）。后来，国际标准化组织（ISO）也通过了这一标准。

此后，ANSI 不断修改和完善 SQL 标准，并于 1989 年公布了 SQL-89 标准，1992 年又推出了 SQL-92 标准。

1999 年，ISO 发布了标准化文件——《数据库语言 SQL》，有 1000 多页，习惯上称为 SQL3。最新的标准是 2010 年发布的 SQL2011。

自从 SQL 成为国际标准语言以后，世界各数据库厂商纷纷推出各自的 SQL 软件或与 SQL 兼容的接口软件。目前，主流的关系型数据库管理系统如 Oracle、MySQL、MS SQL

Server、IBM DB2、Sybase 等，都支持 SQL3 或推出了与 SQL3 兼容的接口。

本章将对 SQL 进行总体介绍。需要说明的是，许多具体的关系型数据库管理系统实现的 SQL 与标准的 SQL 有一定的区别，有些标准在具体的系统中还未实现，而具体的关系型数据库管理系统对 SQL 都有一定的扩充。

3.1.2　SQL 数据库的体系结构

SQL 数据库的体系结构，其术语与传统的关系模型术语有些不同，见表 3-1。SQL 数据库的体系结构也是三层结构，如图 3-1 所示。

表 3-1　关系模型与 SQL 数据库的体系结构术语对照

关 系 模 型	SQL 数据库
关系模式：属性、元组	基本表：列（Column）、行（Row）
存储模式、Schema	存储文件、Database
子模式	视图（View）

SQL 数据库的体系结构要点如下：

1）一个 SQL 模式（Schema）是表和约束的集合，在具体的 R-DBMS 中，模式一般叫作 DataBase。

2）一个表（Table）由若干行（Row）构成，一行就是一条记录，是列（Column）的序列，每列对应一个属性。

3）表有三种类型：基本表、视图和导出表。基本表是实际存储在数据库中的表；视图是由若干基本表或其他视图构成的表的定义，是虚拟表，它本身没有存储数据；而导出表是执行查询时产生的临时表，存储在内存或数据库缓冲区中。

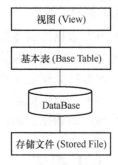

图 3-1　SQL 数据库的体系结构

4）一个基本表可以跨一个或多个存储文件，一个存储文件也可以存放一个或多个基本表。每个存储文件与外部存储器上的物理文件相对应。

5）用户可以用 SQL 对基本表和视图进行查询操作。在用户看来，两者的执行效果是一样的。

3.1.3　SQL 的组成

核心的 SQL 主要由四个部分组成，也称 SQL 的四大功能。

1. 数据定义功能

SQL 通过数据定义语言（Data Define Language，DDL）来定义 SQL 数据库（DataBase）、基本表（Table）、视图（View）、索引（Index）等结构，DDL 可以对这四种数据库对象进行创建（Create）、修改（Alter）、删除结构（Drop）等操作。

2. 数据操纵功能

SQL 通过数据操纵语言（Data Manipulation Language，DML）来实现，包括查询和更新两种操作。其中，更新包括数据插入（Insert）、更新（Update）、删除记录（Delete）三种操作。

3. 数据控制功能

数据控制是指对数据库的四大保护功能：数据库恢复、完整性、并发、安全性控制。SQL 通过数据控制语言（DCL）来实现四大保护功能的。具体内容将在第 7 章详细介绍。

4. 嵌入式 SQL 使用规则

这部分内容涉及 SQL 嵌入到宿主语言（如 C 语言）程序中的使用规则。

3.1.4　SQL 的作用

SQL 不是一个独立的产品，它是 R-DBMS 的一个组成部分，是用户和 DBMS 进行通信的工具。两者的交互模式如图 3-2 所示。

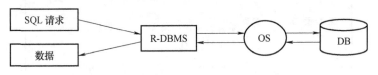

图 3-2　SQL 与 R-DBMS 的交互模式

SQL 与 R-DBMS 的交互是通过数据库引擎（DataBase Engine）来实现的。所谓数据库引擎，是 DBMS 的核心进程，负责存储器上数据的实际构造、存储和检索。它接收从其他 DBMS 部分发送的 SQL 请求，还接收来自用户的应用程序，甚至计算机系统的 SQL 请求。

例如，在 Windows 10 上，MySQL 8.0 安装成功后，如果要查看 MySQL 8.0 的核心进程，可进入计算机管理界面，如图 3-3 所示。

图 3-3　查看 MySQL 8.0 的核心进程

MySQL 8.0 的服务启动类型必须为自动，否则 MySQL 无法对用户的 SQL 请求做出反应。设置步骤如图 3-4 所示。

归纳起来，SQL 有下列作用：

1）SQL 是一种交互式查询（Interactive Query）语言。

2）SQL 是一种数据库编程（DataBase Programming）语言，程序员可以将 SQL 命令嵌入

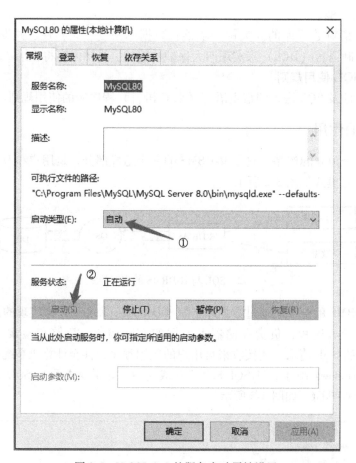

图 3-4 MySQL 8.0 的服务启动属性设置

到应用程序中，以存取数据库中的数据。

3）SQL 是数据库管理员（DataBase Administractor，DBA）的语言，DBA 利用 SQL 定义 DB 结构，控制数据存取。

4）SQL 是一种客户端/服务器（Client/Server）语言，具有网络通信功能。

5）SQL 是一种分布式数据库（Distributed DataBase）语言。

6）SQL 是一种数据库网关（DataBase Gateway）语言，在不同的 R-DBMS 产品之间，利用 SQL 进行通信。

3.1.5 SQL 语法基础

SQL 与其他计算机编程语言类似，也有一些组成要素。

1. 常量

SQL 的常量一般有字符串、整数、实数、逻辑常量（true、false）等。其中，字符串用一对单引号（' '）作为界定符。

2. 数据类型

SQL 常用的数据类型见表 3-2。SQL 更多的数据类型及语法形式在不同的 R-DBMS 中会有所差异，要以具体的关系数据库管理软件的版本为准。

表 3-2   SQL 常用的数据类型

序号	数 据 类 型	中 文 说 明	注　　释
1	tinyint	微整型	范围为-128~127，存储占 1 个字节
2	smallint	短整型	范围为$-2^{15}~2^{15}-1$（-32768~32767），存储占 2 个字节
3	int 或 integer	整型	范围为$-2^{31}~2^{31}-1$，存储占 4 个字节
4	long	长整型	字长 32 位，存储占 8 个字节
5	numeric(p,d)	定长浮点数	由 p 位数字（不含符号、小数点）组成，其中含 d 位小数
6	decimal(p,d)	定长浮点数	同上，或 dec(p,d)
7	float(n)	单精度浮点数	精度至少为 n 位数字，存储占 4 个字节
8	real 或 double	双精度浮点数	精度取决于所用计算机，存储占 8 个字节
9	char(n)	定长字符型	长度为 n 的字符串，不足自动补空格，占 n 个字节（n≤255）
10	varchar(n)	变长字符型	最大长度为 n 的变长字符串（n≤255）
11	text	非二进制字符型	最大长度不超过$2^{16}-1$（65535）个的变长字符串
12	blog	二进制字节字符	最大长度不超过$2^{16}-1$个字节，可以存储图片、视频等
13	datetime	日期时间型	中文格式为 yyyy-mm-dd hh:mm:ss，占 8 个字节

3. 空值（null）

空值（null）表示不知道内容。

4. 运算符

1）算术运算符：+、-、*、/，分别表示加、减、乘、除。

2）字符串运算符：+（两个字符串连接，MySQL 不支持，MS SQL Server 支持）。

3）比较运算符：<、<=、>、>=、<>、! =、=。

4）逻辑运算符：not、and、or。

5）集合运算符：union、join。

5. 谓词

1）between…and/ not between…and：介于两者之间/介于两者之外。

2）in/not in：在里面/不在里面。

3）like：用于字符串匹配查找，常用的匹配符有两个，即%（匹配任意长字符串）和_（匹配任意单个字符）。

4）is null/is not null：空/非空。

5）exists/not exists：存在量词/不存在量词。

6）any：任意一个存在量词。

7）all：全称量词。

6. 函数

SQL 提供了丰富的内部函数。下面以 MySQL 为例，列举其中的一部分，见表 3-3。

表 3-3　SQL 常用函数（以 MySQL 为例）

序号	函数名	函数说明	归属类别
1	Count(*)	对检索出的结果进行计数，即行数	聚集函数
2	Sum(列名)	对检索出的记录，按指定的列求和，该列必须为数值型	
3	Avg(列名)	对检索出的记录，按指定的列求平均，该列必须为数值型	
4	Max(列名)	对检索出的记录，按指定的列求最大值	
5	Min(列名)	对检索出的记录，按指定的列求最小值	
6	Char_length(str)	返回字符串 str 所含字符的个数	字符串函数
7	Concat(s1,s2,…)	返回连接后的字符串，参数中只要有一个为 null，则返回 null	
8	Lowse(str)	将字符串 str 中的字母全转为小写	
9	Upper(str)	将字符串 str 中的字母全转为大写	
10	Left(str,n)	返回字符串 str 中，从左边开始的 n 个字符	
11	Right(str,n)	返回字符串 str 中，从右边开始的 n 个字符	
12	Substring(str,n,len)	返回字符串 str 中，从左边第 n 个字符开始、长度为 len 的子字符串	
13	Ltrim(str)	删除字符串 str 左边的空格	
14	Rtrim(str)	删除字符串 str 右边的空格	
15	Trim(str)	删除字符串 str 左右两边的空格	
16	Now( )	获取当前日期和时间，返回格式为 yyyy-mm-dd hh:mm:dd	日期、时间函数
17	Year(d)	获取日期 d 中的年份数	
18	Month(d)	获取日期 d 中的月份数	
19	Day(d)	获取日期 d 中的日期数	
20	Datediff(d1,d2)	返回两个日期 d1、d2 之间相隔的天数	
21	If(expr,V1,V2)	若表达式 expr 为真，返回 V1；否则，返回 V2	条件判断

注：除序号 6、7、16 这三个函数外，其余函数是 SQL3 中的标准函数。

3.2　开源数据库管理系统 MySQL 概述

MySQL 诞生于 1994 年，由芬兰的 MySQL AB 公司开发、发布并支持，其主要创始人为芬兰的 Monty Widenius（蒙蒂·维德纽斯，1962 年出生）。2005 年 10 月，MySQL AB 公司发布了一个里程碑式的版本——MySQL 5.0，其中加入了游标、存储过程、触发器、视图和事务的支持。从此，MySQL 向高性能数据库的方向发展。由于开源、免费，MySQL 迅速成为互联网上最受欢迎的关系数据库管理系统。2009 年 4 月被 Oracle 收购后，发布了两种模式的版本：Community（社区版，免费，用于学习足够）、Enterprise（企业版，收费）。

3.2.1　MySQL 的下载及安装

进入官网（http://dev. mysql. com/downloads/）可下载 MySQL 数据库最新的社区版软件安装包（community）。具体见本教材配套资源中的 MySQL 下载和安装说明。

3.2.2　MySQL Workbench 的使用

MySQL 提供了一些管理工具，MySQL Workbench 因图形化界面成为初学者的首选。MySQL 安装成功后，重启计算机，单击屏幕左下角的设置按钮，选择 MySQL→MySQL Workbench 8.0 CE 选项。第一次使用 MySQL 时，最好先新建一个数据库连接。具体操作如图 3-5 和图 3-6 所示。

图 3-5　进入 MySQL Workbench 8.0，单击"⊕"按钮新建一个数据库连接

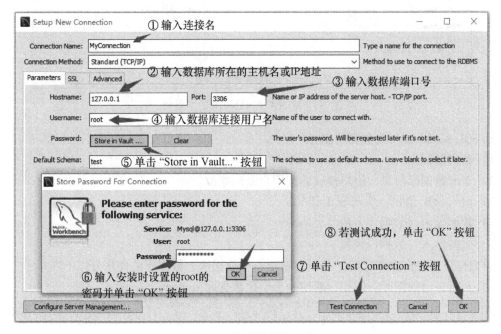

图 3-6　新建数据库连接

设置数据库连接信息：

1）Hostname：数据库所在的主机名，默认为 127.0.0.1（或 localhost），这个设置只能建立本机连接。如果要让网络上的客户端计算机连接到这个主机，则要设为%。

2）Port：数据库端口号，默认为 3306，也可以修改为别的四位数或五位数，只要没有被使用即可，如 3309。所谓端口号（Port），是指计算机程序与外界进行数据交互的编号。

3）Username：连接数据库的用户名，默认为 root（这个是数据库管理员，权限极大），也可以设为别的、已经存在的数据库用户。

4) Password：连接数据库的用户密码。单击"Store in Vault…"按钮，在弹出的界面中输入该用户的密码，并记住这个密码（注意：密码区分英文大小写）。

设置完毕，单击"Test Connection"按钮，如图 3-6 所示。如果成功，单击"OK"按钮，进入 MySQL Workbench 的主界面，如图 3-7 所示。

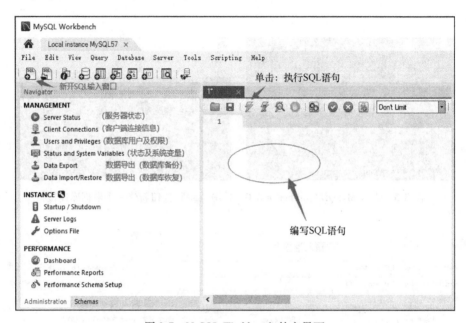

图 3-7　MySQL Workbench 的主界面

MySQL Workbench 的主要功能有：

1) 创建数据库。

2) 新增数据库用户、用户授权，及用户密码修改。

3) 输入 SQL 语句、执行 SQL 语句。

4) 数据导出（数据库备份）。

5) 数据导入（数据库恢复）。

对数据进行任何操作之前，必须先新建一个数据库。数据库的使用分以下四步：

1) 新建一个数据库。例如，新建一个学生数据库 student，语法为

```
Create database student;
```

2) 将新建的数据库设置为当前数据库。例如，将 student 设为当前数据库，语法为

```
use student;
```

3) 新建数据库基本表。语法为

```
Create table;
```

4) 编写数据更新（Insert、Update、Delete）和数据查询（Select）语句。

注意：MySQL 默认以分号作为每条语句的结束符，所以每条 SQL 语句都应输入一个英

文输入状态下的分号（；）作为结束。MySQL 的 SQL 语句以一对英文状态下的单引号作为字符串的界定符。

3.2.3　修改数据库用户的密码

如果系统管理员忘记了 root 密码，或要修改 root 密码，则可双击图 3-5 右图中的连接区域，进入 MySQL Workbench，再按图 3-8 所示进行设置即可。

MySQL 默认只允许本地计算机访问。若要网络上别的计算机能访问本 MySQL 数据库，只需将图 3-8 中 Limit Connectivity to Hosts Matching 列表框中的 localhost 修改为百分号"％"即可。

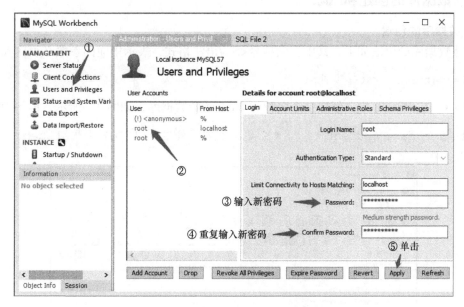

图 3-8　对系统管理员 root 密码进行修改

3.3　SQL 的数据定义功能

SQL 的数据定义功能包括定义数据库、基本表、视图、索引等，见表 3-4。

表 3-4　SQL 的数据定义语句

序号	操作对象	创　　建	修　　改	删　　除
1	数据库	Create Database 数据库名	Alter Database 数据库名	Drop Database 数据库名
2	基本表	Create Table 表名	Alter Table 表名	Drop Table 表名
3	视图	Create View 视图名	—	Drop View 视图名
4	索引	Create Index 索引名	—	Drop Index 索引名

由于视图是基本表的虚拟表，索引是依附基本表的，所以 SQL 一般不提供对视图、索引的修改功能。若用户想修改，可以先删除，再新建。

在 SQL 语句中，有关约定符号及语法规定的说明如下：

1）在语句格式中，尖括号"<>"中的内容，为用户必须输入的数据库对象名；中括号"[ ]"中的内容为任选项；大括号"{ }"或竖线"|"中的内容为必选项，即必选其中之一项。

2）在 SQL 语法中，多个数据项之间的分隔符为"，"，字符串常数的界定符为一对单引号"' '"，注释用"/＊注释内容＊/"，结束符为分号"；"。

3）在 SQL 语句中，英文字母大小写均可以，不敏感，一般首写字母用大写。所有的约定符号，只能在英文输入状态下输入，不能在中文状态下输入。

3.3.1 数据库的创建和删除

1. 数据库的创建

创建数据库的语法如下，其中，尖括号<>为语法格式，表示里面的参数必须输入：

```
Create database <数据库名>;
```

例 3-1 在 MySQL 中，创建一个名称为 Student 的数据库，如图 3-9 所示，语句为

```
Create database student;      /＊创建一个学生数据库,数据库名为 student ＊/
```

图 3-9　在 MySQL Workbench 中创建数据库

在 Windows 10 中，创建数据库成功后，MySQL 会在数据库系统的数据安装路径下，为该数据库新建一个目录，目录名就是该数据库名，该数据库的所有资源都会被置于该路径下。默认路径为"C:\ProgramData\MySQL\MySQL Server8.0\data\student"。

数据库创建成功后，如果要对该数据库进行操作，可以先使用 use 命令，设置其为当前数据库，比如"use student;"。

2. 数据库的删除

如果一个数据库不需要了，可将其删除，语句为

```
Drop database <数据库名>;
```

例如，删除例 3-1 创建的 student 数据库，语句为

```
Drop database student;
```

一个数据库被删除后，其所含资源全部被删除，如果事先没有做数据库备份，则将无法恢复。

3.3.2　基本表的创建、修改和删除

1. 基本表的创建

SQL 创建基本表的语法为

```
Create Table <表名>        /*-------------------- 表的中文说明 --------------------*/
(
    <列名1>  <数据类型>  <not null│null>  [default <默认值>],
    <列名2>  <数据类型>  <not null│null>  [列级完整性约束条件],
    …
    Constraint  <主键名>  Primary key(列名1,列名2,…,列名n)
                                                    /*主键定义*/
    [,Constraint <外键名1>  Foreign key(列名1)references <表名(列名1)>]
                                                    /*外键定义*/
    [,Constraint <外键名2>  Foreign key(列名2)references <表名(列名2)>]
                                                    /*外键定义*/
);
```

语法说明：

1）列级完整性约束条件，是针对单列属性值设置的限制条件，主要包括下列五种：

① null 或 not null：是否允许为空。主属性不允许为空。

② default <默认值>：为默认值约束。插入记录时，如果该列没有赋值，则自动取默认值。将列中的使用频率最高的属性值设为默认值，可减少数据输入的工作量。

③ Unique 约束：为取值唯一性约束，即不允许该列出现重复的属性值（null 除外）。

④ Check 约束：为用户自定义的约束，通过设置条件表达式来检查。

⑤ Primary key：单列主键约束。

2）表级完整性约束条件，是涉及多列属性值设置的限制条件，主要包括下列四种：

① Primary key：单列或多列主键约束。多列情况下，如果出现各列数据类型不同，则建议增加一个自动生成列（auto_increment）做主键。

② Foreign key：外键约束，用于定义参照完整性。一个表可以定义多个外键约束。

③ Unique 约束：可约束多列的组合不允许出现重复的属性值（null 除外）。语法格式为

```
Unique <列名1,列名2,…>
```

④ Check 约束：用户自定义的表级约束条件。

```
Constraint <约束名> Check(<约束条件表达式>)
```

例如，在学生信息表 S 中，男生的年龄只能取 18~30，女生的年龄只能取 16~26，可以

按如下定义（说明：从 MySQL 8.0.16（2019-04-25 GA）版本开始，才支持该功能）：

```
Check(If Sex='M'then Age between 18 and 30 else Age between 16 and 26)
```

3）对于表级约束，最好用"Constraint <约束名> <约束条件>"格式来给约束一个名称，这样一旦需求发生变化，可以通过约束名来修改约束或删除约束。

4）对于"Create Table( )"，括号内每一行都要有一个逗号作为结束，但最后一行不能有逗号。

5）对每一列的定义，其取值要么为 not null，要么为 null。

6）每一个表都要定义主键约束。单列主键约束，既可定义在列级，也可定义在表级；多列主键约束，只能定义在表级。

例 3-2 教学、借（还）书数据库的关系模式图如图 3-10 所示。其中，一个学生可以选修多门课程，学生选修的课都有一个成绩，每门课程可被多个学生选修，每门课只能安排一个教师上课，一个教师可以上多门课。一个学生或教师可以借多本书，一本书可以被多人借，但借出去的书，只有把书还回来后，才可以外借。请根据以上情况，创建基本表。

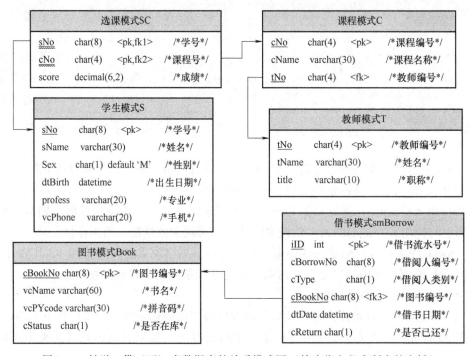

图 3-10 教学、借（还）书数据库的关系模式图（箭头指向父表所在的主键）

下面是创建表的 SQL 语句脚本。

```
1  Create Table T      /*------------------------- 教师基本信息表------------------------- */
2  (
3    tNo    char(4)    not null primary key,  /*教师编号,设为主键*/
4    tName  varchar(30) not null,              /*教师姓名*/
5    Title  varchar(10) null                   /*职称,最后一行不能有逗号*/
```

```
6   );
7   Create Table C        /*----------------------- 课程基本信息表----------------------- */
8   (
9     cNo        char(4)        not null primary key,    /*课程编号,设为主键*/
10    cName      varchar(30)    not null,                /*课程名称*/
11    tNo        char(4)        null,                    /*教师编号*/
12    constraint c_fk foreign key(tNo)references T(tNo)
13                                     /*定义外键,最后一行不能有逗号*/
14  );
15  Create Table S        /*----------------------- 学生基本信息表----------------------- */
16  (
17    sNo        char(8)        not null primary key,    /*学号,设为主键*/
18    sName      varchar(30)    not null,                /*姓名*/
19    sex        char(1)        not null default 'M',    /*性别:M - 男,F - 女*/
20    Age        int            not null default 0,      /*年龄*/
21    dtBirthDate date          not null,                /*出生日期*/
22    profess    varchar(20)    null,                    /*专业*/
23    check(sex in('M','F'))                 /*自定义约束:sex 只能取 M 或 F*/
24  );
25  Create Table SC       /*----------------------- 学生选课信息表----------------------- */
26  (
27    sNo        char(8)        not null,                /*学号*/
28    cNo        char(4)        not null,                /*课程编号*/
29    Score      decimal(6,2)   not null default 0,      /*考试成绩*/
30    Check(Score between 0 and 100),        /*MySQL 8.0 才支持 Check 功能*/
31    constraint sc_pk primary key(sNo,cNo),          /*定义主键*/
32    constraint sc_fk1 foreign key(sNo)references S(sNo),   /*定义外键:学号*/
33    constraint sc_fk2 foreign key(cNo)references C(cNo)    /*定义外键:课程号*/
34  );
35  Create Table Book     /*----------------------- 图书基本信息表----------------------- */
36  (
37    cBookNo    char(8)        not null primary key,    /*图书编号,设为主键*/
38    vcBookName varchar(60)    not null,                /*书名*/
39    vcPYCode   varchar(50)    null,                    /*拼音码*/
40    cStatus    char(1)        not null default '1'     /*当前状态:1-在库,2-借出*/
41  );
42  Create Table smBorrow     /*-------------学生、教师借(还)书信息表------------- */
43  (
```

```
44  iID       int       not null auto_increment,
45                                    /*自动流水号,从1开始,每插入1条记录加1*/
46  dtBorrowDate  datetime  not null default now(),  /*借书日期*/
47  cBookNo       char(8)   not null,                /*图书编号*/
48  cBorrowNo     char(8)   not null,                /*借阅人编号*/
49  cType         char(1)   not null default '1',    /*借阅人类别:1-学生,2-教师*/
50  cReturn       char(1)   not null default '0',    /*是否还书:1-yes,0-no*/
51  dtReturnDate  datetime  null,                    /*还书日期*/
52  constraint smBorrow_pk primary key(iID),         /*定义主键*/
53  constraint smBorrow_fk foreign key(cBookNo)references Book(cBookNo)
54                                    /*定义外键:书号*/
55  );
```

通过 SQL 语句,创建基本表,如图 3-11 所示。先输入 "use student;" 将已经存在的数据库 student 设置为当前数据库,再输入例 3-2 中的 SQL 语句,单击图中的执行图标即可。

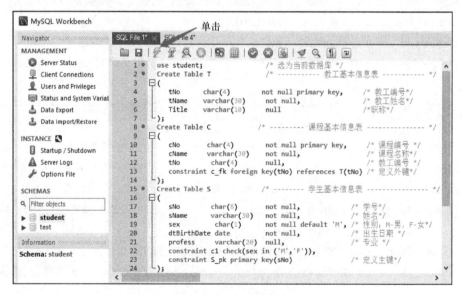

图 3-11　基本表的创建

2. 基本表的修改

随着应用环境和需求的变化,有时已经投入运行的数据库系统,需要修改基本表的结构。例如,某些列的长度不够,或约束需要修改,或要增加新的列,或删除已有的完整性约束等。SQL 可通过 Alter Table 语句来完成,其语法为

```
Alter Table <表名> Add <新列名> <数据类型> < not null|null >[default <默认值>]
                                  /*增加列名*/
Alter Table <表名> Modify <列名> <数据类型> < not null|null >[default <默认值>]
                                  /*修改列名*/
```

```
Alter Table <表名> Drop  <约束条件>              /*删除约束*/
```

例如，将例 3-2 中的课程名称的长度修改为 50 个字符，语法为

```
Alter Table C modify cName varchar(50)not null;
```

在学生表中增加一列 vcMemo，用来记载学生的备注信息，语法为

```
Alter Table S add vcMemo varchar(250)  null;
```

3. 基本表的删除

当一张表不再需要时，可用 SQL 语句 Drop Table 将其删除。基本表一旦被删除，依附在该表中的数据、约束、索引都将被删除，且不可恢复。语法为

```
Drop Table <表名> [Restrict|Cascade]
```

选项 Restrict 表示，如果被删除的表存在约束，则不允许直接删除，需要先把相关约束全部删除；选项 Cascade 则不需要，它可把表上的相关约束及表一次性全部删除。

如果该表是参照表，即它的主键是另一表的外键，则不允许删除。必须先把被参照表的外键删除，才允许删除参照表。

例如，要删除例 3-2 中的课程基本信息表 C，可运行语句"Drop Table C Cascade;"，但检查发现，该表主键 cNo 是选课信息表 SC 的外键，则必须先把表 SC 的外键删除，才允许删除表 C。

3.3.3 索引的创建和删除

当表的行数比较大时，数据检索会比较耗时。建立索引可以加快数据查询速度。数据库中的索引相当于图书的目录，可以快速定位要查找的内容。

表的主键是一个天然的索引。另外，用户可以对基本表查询频繁的属性列创建多个索引。每创建一个索引，都会在存储内部增加一个索引文件。因此，索引虽然会加快数据查询的速度，但同时也会占用存储空间，增加系统开销。当基本表中的数据发生插入、更新、删除时，表上所有索引文件都要随之发生变化，以便与表中的数据保持一致。所以，对于信息量少、查询不频繁的属性列，不要创建索引。

1. 索引的创建

SQL 创建索引的语法为

```
Create[Unique][Cluster]Index <索引名> on <表名>(<列名>[Asc|Desc][,<列名>
[Asc|Desc]]…)
```

参数说明：

1）一个索引可以建在表的多个列上，列与列之间用逗号","隔开。

2）每个列名后可以用 ASC 或 DESC 来指定是按升序还是按降序排列，默认为 ASC（按升序排列）。

3）Unique 表示此索引的每一个索引值只对应唯一的记录值。

4）Cluster 表示要建立的索引是聚簇索引。所谓聚簇，就是把这些属性上具有相同值的

元组存放在连续的物理块中。例如，学生表中有 20 万条记录，其中计算机专业有 900 条记录、数学专业有 300 条记录，则可在专业上创建聚簇索引，将同一专业的学生元组集中存放，这样，当按专业查询学生时，可以减少访问磁盘的次数，提高查询速度。

聚簇索引的代价是比较大的。一张表上一般最多只能建一个聚簇索引。对于经常更新的列，不宜建聚簇索引。

例 3-3 针对例 3-2 中的学生基本信息表 S，在专业上创建一个聚簇索引。语法为

```
Create Cluster Index S_profess on S(profess Asc);
```

这样，专业相同的学生元组会各自保存在磁盘上连续的物理块中，如果按专业查询学生，查询速度会大大提高。

2. 索引的删除

索引一经建立，就由系统使用和维护，用户无须干预。对于作用不大的索引，可以将其删除，语法为

```
Drop Index  <索引名>;
```

3.4 SQL 的数据更新

基本表创建后，里面没有数据，可输入下面的 SQL 语句查看：

```
Select * from S;        /*简单的查询语句:查询学生表 S 中的记录*/
```

执行语句后，返回一个空集，如图 3-12 所示。

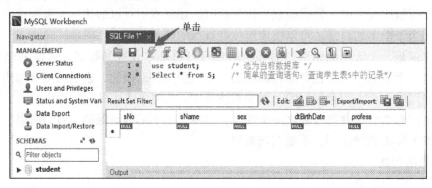

图 3-12 查询学生基本信息表 S 中的记录

下面分别介绍对基本表中的数据进行插入（Insert）、更新（Update）、删除（Delete）的操作方法。

3.4.1 插入数据

SQL 的数据插入语句有两种形式：插入一个元组（即一条记录）；通过子查询的结果，一次性插入多个元组（即多条记录）。

1. 插入一个元组

语法格式为

```
Insert into <表名>(<列名1>[,<列名2,…>])Values(<值1>[,<值2,…>]);
```

上述语句的功能是将指定的元组插入指定的表中。其中，列名与顺序无关，但后面的值必须与列名相对应。这里有三点需要说明：

1）对于有外键的表（也称子表），如果要插入外键所对应的属性值，该值必须先在参照表中，以主键值的形式插入。

2）对于有默认值列名，如果没有出现在 Insert 语句中，则系统自动赋予定义时的默认值。

3）其他没有出现在 Insert 语句中的属性列，新元组将在这些列上去空值（null），但是，在表定义时有"not null"的属性列，必须出现在 Insert 语句中，否则出错。

例 3-4　针对例 3-2 中的关系模式，插入以下记录。

1）学生元组：学号"18071188"，姓名"张三"，性别"F"，出生日期"2001-01-08"。

```
Insert into S(sNo,sName,sex,dtBirthDate)Values('18071188','张三','F',
'2001-01-08');
```

2）教师元组：教师编号"T01"，姓名"高山"，职称"教授"。

```
Insert into T(tNo,tName,Title)Values('T01','高山','教授');
```

3）两门课程：一门是"C01，数据库"，高山老师教；一门是"C02，C 语言"。

```
Insert into C(cNo,cName,tNo)Values('C01','数据库','T01');
                              /*教师编号 T01 必须在 T 表中*/
Insert into C(cNo,cName)Values('C02','C 语言');
                              /*暂时还没有安排任课教师*/
```

4）插入两条选课记录，注意赋值时，外键 sNo、cNo 的值必须来自各自的父表。

```
Insert into SC(sNo,cNo,Score)Values('18071188','C01',90);
Insert into SC(sNo,cNo,Score)Values('18071188','C02',120);
                              /*注意:成绩不满足触发器条件*/
```

* 2. 通过子查询的结果，一次性插入多个元组

子查询不仅可以嵌套在 Select 子句中（后面在 3.5 节中介绍），也可以嵌套在 Insert 语句中，用以生成要插入的多条记录。语法格式为

```
Insert into <表名>(<列名1>[,<列名2,…>])Select 子查询;
```

其中，子查询的属性值必须与前面的列名相对应。需要注意的是，该语句在处理数据分析时非常实用，但在实际的应用程序开发中一定慎用，因为它容易导致锁表。有关锁表的技术将在 7.3 节中介绍。

例如，假若学生基本信息表 S 中，计算机专业的学生有 2 人，他们都要选修编号为"C01"的"数据库"这门课，则可以通过下面的语句，一次性插入到学生选课信息表 SC 中。

```
Insert into S(sNo,sName,sex,dtBirthDate,profess)Values('18071181','刘
燕','F','2001-06-08','计算机');
```

```
Insert into S(sNo,sName,sex,dtBirthDate,profess)Values('18071182','王
强','M','2001-02-28','计算机');
Insert into SC(sNo,cNo)Select sNo,'C01'as cNo from S Where profess='计
算机';
```

上机练习时，为了查看这条语句的执行效果，可以将没有选修"C02"课程的所有学生，一次性全部插入到 SC 表中，其中'C02'为常数列：

```
Insert into SC(sNo,cNo)Select sNo,'C02'as cNo from S Where sNo not in
(Select distinct sNo from SC);
```

3.4.2 更新数据

SQL 更新数据的语句格式为

```
Update <表名> Set <列名1>=<值1>[,<列名2>=<值2>,…][Where 条件表达式];
```

该语句的功能：在指定的表中，将满足 Where 条件表达式的所有元组，用赋予的值替换对应的列名值。如果省略 Where 条件表达式，则将修改所有元组对应的列名值。

另外，在 Where 条件表达式中，可以嵌套子查询。

例 3-5 针对例 3-2 中的关系模式，修改下列数据。

1）将学号为"18071188"的学生姓名改为"张山"，出生日期改为"2001-03-18"。

```
Update S Set sName='张山',dtBirthDate='2001-03-18'Where sNo='18071188';
```

2）将学生选课信息表 SC 中，课程编号为"C01"的考试成绩，全部修改为 0。

```
Update SC Set Score=0Where cNo='C01';
Update SC Set Score=-8Where cNo='C01';
                                    /*若将成绩修改为负数,则违反 Check 规则*/
Error Code:3819.Check constraint 'sc_chk_1'is violated.
```

3）将学生选课信息表 SC 中，课程编号为"C01"且不及格的女生的考试成绩提高 5%。

```
Update SC Set Score=Score*1.05Where cNo='C01'and Score<60
    and sNo in(Select sNo from S Where Sex='F');
```

3.4.3 删除数据

SQL 删除数据的语句格式为

```
Delete from <表名>[Where 条件表达式];
```

该语句的功能：在指定的表中，将满足 Where 条件表达式的所有元组全部删除。如果省略 Where 条件表达式，则将指定表中的记录全部删除。

另外，在 Where 条件表达式中，可以嵌套子查询。

例 3-6 针对例 3-2 中的关系模式，删除下列记录。

1）将学号为 "18071188" 的学生记录删除。

```
Delete from S Where sNo='18071188';
```

2）将学生选课信息表 SC 中，课程编号为 "C01" 的记录全部删除。

```
Delete from SC Where cNo='C01';
```

3）将学生选课信息表 SC 中，课程编号为 "C01" 且成绩 10 分以下的男生记录全部删除。

```
Delete from SC Where cNo='C01'and Score < 10 and sNo in(Select sNo from S
Where Sex='M');
```

3.5　SQL 的数据查询

数据查询是关系运算理论在 SQL 中的具体实现。Select 语句属于非过程化语句，即只需要告诉 SQL 要什么数据，不需要知道如何获取这些数据。其一般语法格式为

```
Select[All|Distinct]<列名或列名表达式1>[,<列名或列名表达式2,…>]
                                              /*默认为All*/
    from <表名或视图名1>[as <表的别名1>,<表名或视图名2 [as <表的别名1>],…>]
    [Where <条件表达式>]
    [Group by <列名>[having <聚合条件表达式1>]]      /*分组聚合*/
    [Order by <列名1>[Asc|Desc][,<列名2>[Asc|Desc]]]
                                              /*排序:默认为 Asc (升
序)*/
```

其中，All 表示查询符合条件的所有记录，Distinct 表示在符合查询条件的记录中只显示不相同的记录。

Select 语句是 SQL 语句中功能最强大的，也是最复杂的语句。下面分单表查询、聚合查询、对聚合结果分组、多表连接查询、带 in 的子查询、带 Union 的多表连接查询六个方面进行介绍。

为了查询演示方便，本章源代码附件 "insertSQL. txt" 收录了部分数据的 Insert 语句，在查询前先执行这些语句。

3.5.1　单表查询

单表查询是指仅涉及一个数据表的查询。其语法格式为

```
Select <列名或列名表达式1 [as <列别名1>]>[,<列名或列名表达式2,…> [as <列
别名2>]]
    from <表名[as <表别名>]> [Where 条件表达式];
```

1. 查询指定表中的若干列（选列）

1）查询指定列：可以指定多列，各列之间用逗号 "," 分开。

2）查询全部列：用星号"＊"显示所有列。

3）列名用别名显示：格式为"列名 as'别名'"，其中"as"可省略。

4）对特殊的属性值，可用 Case 语句处理。语法格式为

```
Case when 列名=值1then '显示1'  when 列名=值2then '显示2'…else '其他'end as
'别名'
```

5）调用 SQL 中的函数或运算符，将查询出来的属性列经过某种计算后列出结果。

例 3-7　针对例 3-2 中的关系，查询下列记录。

1）查询所有学生的学号、姓名、性别，结果如图 3-13 所示。

```
Select sNo,sName,Sex from S;
```

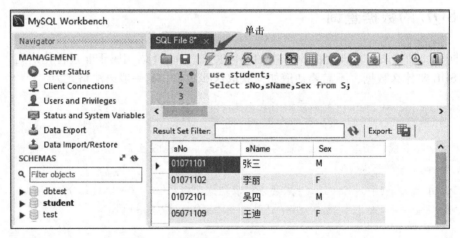

图 3-13　查询所有学生的学号、姓名、性别

2）上面查询显示的列标题、性别为英文，下面用别名显示列标题，性别利用 Case 语句转为中文。其中用"as"定义别名时，"as"可省略。结果如图 3-14 所示。

```
Select sNo '学号',sName as '姓名',
   Case when Sex='M' then '男' when Sex='F' then '女' else '' end as '性别'
from S;
```

学号	姓名	性别
01071101	张三	男
01071102	李丽	女
01072101	吴四	男
05071109	王迪	女

图 3-14　查询的列标题和性别显示为中文

3）如果表的列名比较多，或不知道具体列名，则可用星号"＊"查看所有列。

```
Select * from S Where Sex='M';                /*查看男生的所有属性值*/
```

4）函数 now( ) 返回系统当前日期，year(d) 返回日期 d 的年份，通过调用这两个函数，查看 2000 年以后出生的学生的年龄，结果如图 3-15 所示。其中，函数 date_format(d，format）将日期 d 按指定格式转为字符串。

```
Select sNo,sName,date_format(dtBirthDate,'%Y-%m-%d')'出生日期',
    year(now())-year(dtBirthDate)'年龄'from S
  Where date_format(dtBirthDate,'%Y-%m-%d')>'2000-01-01';
                                            /*大写的Y表示4位年份*/
```

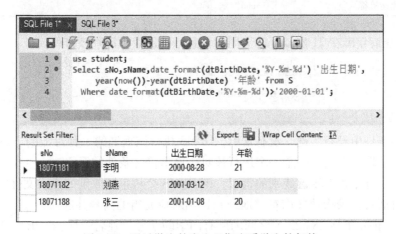

图 3-15　通过学生的出生日期查看学生的年龄

5）在学生表中，分别不使用 distinct 和使用 distinct 查询学号前 6 位的取值，体会两者的区别。结果如图 3-16 所示。

```
Select left(sNo,6)from S Where sNo > '01';
Select distinct left(sNo,6)from S;
```

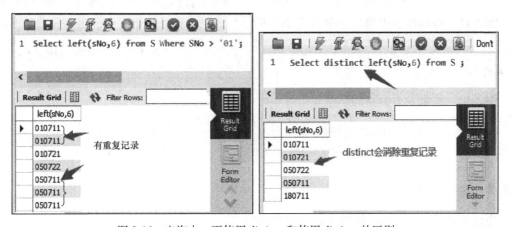

图 3-16　查询中，不使用 distinct 和使用 distinct 的区别

2. 查询表中若干元组（选行）——带 Where 组合条件的查询
常用的 Where 组合条件查询运算符见表 3-5。

表 3-5　常用的 **Where** 组合条件查询运算符

序号	查 询 条 件	运算符、谓词
1	比较运算符	<, <=, =, >, >=, <>, !=
2	确定范围	between…and…, not between…and…
3	确定集合	in, not in
4	字符匹配	like,%（与零个或多个字符匹配），_（与单个字符匹配）
5	空值判断	is null, not is null
6	逻辑运算符	and, or, not

　　例 3-8　查询年龄在 21 岁以下的男同学信息，按出生日期降序排列。

```
Select sNo,sName,sex,dtBirthDate from S
    Where sex = 'M' and year(now())- year(dtBirthDate) < 21 Order by
dtBirthDate Desc;
```

　　如果查询条件中没有主键、没有索引，DBMS 执行该查询的一种可能的方案是：对 S 表进行全表扫描，取出元组，一个一个进行核对，输出符合条件的元组。

　　如果查询条件中含有主键或别的索引，则 DBMS 会从主键或别的索引文件中查找满足条件的记录，再通过记录指针（即存储地址）读出对应元组的内容并返回。

　　例 3-9　查询年龄在 18~22 岁之间的所有同学的学号、姓名、性别、出生日期。

```
Select sNo,sName,sex,dtBirthDate from S
    Where year(now())- year(dtBirthDate)between 18 and 22;
```

　　例 3-10　查询计算机专业或数学专业姓"张"的学生，按姓名升序排列。

```
Select * from S Where profess in('计算机专业','数学专业') and sName like
'张%'Order by sName;
```

　　例 3-11　查询姓名中第二个字为"小"的学生，且不在计算机专业，也不在数学专业。

```
Select * from S Where profess not in('计算机专业','数学专业') and sName like
'_小%';
```

　　例 3-12　查询专业为空的学生。

```
Select * from S Where profess is null;              /*专业为空*/
Select * from S Where profess not is null;          /*专业非空*/
```

3.5.2　聚合查询

　　为便于统计汇总，SQL 提供了六个聚合函数。
- Count(*)：对元组个数进行计数。
- Count([All|Distinct]<列名>)：对元组个数进行计数。
- Sum([All|Distinct]<列名>)：按列求和（该列必须为数值型）。

- Avg（[All | Distinct]<列名>）：按列求平均（该列必须为数值型）。
- Max（[All | Distinct]<列名>）：按列求最大值。
- Min（[All | Distinct]<列名>）：按列求最小值。

如果列名前带参数 Distinct，则计算时会取消指定列中的重复记录数，即重复元组中只按一个元组计算。如果没带参数 Distinct（系统默认为 All），则不取消重复记录数。

例 3-13　统计男同学的人数。下面两条语句，效果是一样的。

```
Select count(*)from S Where Sex='M';
Select count(sNo)from S Where Sex='M';
```

例 3-14　统计选修了课程的女生人数。下面两条语句，效果是不一样的。当一个人选修了多门课时，第二条语句消除了重复学号。

```
Select count(*)from SC Where sNo in(Select sNo from S Where Sex='F');
                                              /*in后面为子查询*/
Select count(Distinct sNo)from SC Where sNo in(Select sNo from S Where
Sex='F');
```

例 3-15　求选修课程表中，课程编号为"C01"的总成绩、平均成绩、最高分、最低分。

```
Select sum(score),Avg(score),Max(score),Min(score)from SC Where cNo=
'C01';
```

3.5.3　对聚合结果分组

Group by 子句可以将查询的结果按一列或多列的值分组，值相等的分为一组，即每一组都有一个聚合函数值。它可以细化聚合函数的作用对象，并结合 Having 条件表达式，满足用户更多个性化的要求。

例 3-16　按课程号统计各门课程的选课人数。查询结果可能如图 3-17 所示。

```
Select cNo,count(*)from SC Group by cNo;
```

如果想对聚合的结果进行条件查询，例如，在例 3-16 中查询选课人数低于 5 人的课程，语法如下所示，结果如图 3-18 所示。

```
Select cNo,count(*)from SC Group by cNo Having count(*)<5;
```

cNo	count(*)
C21	2
C22	5
C24	2
C25	2
C26	1

图 3-17　统计各门课程的选课人数

cNo	count(*)
C21	2
C24	2
C25	2
C26	1

图 3-18　带 Having 条件的分组聚合查询

如果在一条 Select 语句中，同时出现了 Where 子句和 Having 子句，要注意它们的区别，区别在于它们的作用对象不同。Where 子句作用于基本表或视图，从中选出满足条件的元组进行聚合；Having 子句作用于组，从聚合的结果中选择满足条件的组。

例 3-17 按课程号统计各门课程中男生的选课人数，查询结果可能如图 3-19 所示。

```
Select cNo,count(*)from SC Where sNo in(Select sNo from S Where Sex =
'M')Group by cNo;
```

在上述查询结果的基础上，查询选修课程的男生人数多于 1 人的，结果如图 3-20 所示。

```
Select cNo,count(*)from SC Where sNo in(Select sNo from S Where Sex =
'M')Group by cNo
   Having count(*)>1;
```

cNo	count(*)
C22	3
C24	2
C21	1

cNo	count(*)
C22	3
C24	2

图 3-19　带 Where 子句的分组查询　　　图 3-20　带 Where 子句和 Having 子句的分组查询

例 3-18 按课程号统计各门课程的选课人数、平均分、最高分、最低分，结果按平均分降序排，列标题用中文显示。查询结果可能如图 3-21 所示。

```
Select cNo '课程编号',count(sNo)'人数',avg(Score)'平均分',max(Score)'最
高分',
   min(Score)'最低分'  from SC Group by cNo Order by avg(Score)desc;
```

课程编号	人数	平均分	最高分	最低分
C26	1	80.000000	80.00	80.00
C24	2	70.000000	70.00	70.00
C21	2	66.000000	80.00	52.00
C25	2	66.000000	72.00	60.00
C22	5	62.000000	90.00	50.00

图 3-21　按课程分组统计选课人数、平均分、最高分、最低分，结果按平均分降序排

在例 3-18 中，如果想增加一列"课程名称"，则需要用到下面的多表连接查询，因为"课程名称（sName）"在课程表 C 中。

3.5.4　多表连接查询

如果一个查询涉及一个以上的表，则称为连接查询。这是 SQL 中最常用的查询。其语法格式一般为

```
Select 列名1,列名2,… from 表名1[as <别名1>],表名2[as <别名2>][,…]
   Where 条件表达式[Group by 子句[Having 子句]]
   [Order by <列名>[Asc|Desc]]
```

在多表查询语句中，如果同一个列名在多个表中出现，表与列名通过"表名.列名"进行关联。如果表名比较长，可以用别名。用别名时，as 可以省略，表名与别名之间有一个空格。

例如，在例 3-18 的基础上，增加一列"课程名称"。查询语句如下所示，查询结果如图 3-22 所示。

```
Select SC.cNo '课程编号',C.cName '课程名称',count(sNo)'人数',avg(Score)
'平均分',
    max(Score)'最高分',min(Score)'最低分'from SC,C
Where SC.cNo=C.cNo Group by C.cNo,C.cName Order by avg(Score)desc;
```

课程编号	课程名称	人数	平均分	最高分	最低分
C26	C语言程序设计	1	80.000000	80.00	80.00
C24	离散数学	2	70.000000	70.00	70.00
C21	MATHS	2	66.000000	80.00	52.00
C25	DataBase	2	66.000000	72.00	60.00
C22	高等代数	5	62.000000	90.00	50.00

图 3-22 增加"课程名称"列

在多表连接查询中，最常用的是两个表具有公共属性的等值连接。

例 3-19 查询目前所有学生选修的所有课程，要求显示学号、姓名、课程号、课程名、成绩，先按课程排升序，再按成绩排降序。查询语句如下所示，结果如图 3-23 所示。

```
Select C.cNo,C.cName,S.sNo,S.sName,Score from S,SC,C
    Where S.sNo=SC.sNo and SC.cNo=C.cNo Order by C.cNo,Score Desc;
```

cNo	cName	sNo	sName	Score
C21	MATHS	01071102	李丽	80.00
C21	MATHS	05071112	韦家成	52.00
C22	高等代数	01071101	张三	90.00
C22	高等代数	01071102	李丽	60.00
C22	高等代数	05071112	韦家成	60.00
C22	高等代数	01072101	吴四	50.00
C22	高等代数	05072201	田东青	50.00
C24	离散数学	01071101	张三	70.00
C24	离散数学	05071116	刘新进	70.00
C25	DataBase	05072202	江晓琼	72.00
C25	DataBase	05072203	李云娟	60.00
C26	C语言程序...	05071109	王迪	80.00

图 3-23 查询所有学生的所有选课记录，先按课程号排升序，再按成绩排降序

3.5.5 带 in 的子查询

在 SQL 语句中，一个 Select…from…Where 语句称为一个查询块。将一个查询块嵌套在另一个查询块的 Where 子句中，称为嵌套查询或子查询。由于谓词 in 是在一个集合中查找，因效率高效而常被采用。

例 3-20 查询刘老师所任教的课程编号和课程名称。

```
Select cNo,cName from C Where tNo in(Select tNo from T Where tName='刘老师');
```

DBMS 执行这条语句时，先执行里面的子查询，把子查询的结果返回给外层的父查询。这样执行的话，效率较高。

例 3-21 查询女同学所选修的课程编号和课程名称。

```
Select SC.cNo,C.cName from SC,C Where SC.cNo=C.cNo and
    sNo in(Select sNo from S Where Sex='F');
```

*3.5.6 带 Union 的多表连接查询

在多表连接查询中，如果同一个字段关联到不同的表，则可以利用 Union 将不同的元组合成一个新的元组，相当于求两个集合的并。

例 3-22 在借（还）书信息表 smBorrow 中，既有学生的借书记录，也有教师的借书记录。当借阅人类别 cType 为 "1" 时，借阅人编号 cBorrowNo 为学生的学号 sNo，当借阅人类别 cType 为 "2" 时，借阅人编号 cBorrowNo 为教师的教师编号 tNo。

如果只查询学生的借书记录，其查询语句如下：

```
Select A.dtBorrowDate,A.cBorrowNo,S.sName,A.cBookNo,B.vcBookName from
smBorrow A,Book B,S
    Where A.cBorrowNo=S.sNo and A.cBookNo=B.cBookNo and A.cType='1';
```

如果只查询教师的借书记录，其查询语句如下：

```
Select A.dtBorrowDate,A.cBorrowNo,T.tName,A.cBookNo,B.vcBookName from
smBorrow A,Book B,T
    Where A.cBorrowNo=T.tNo and A.cBookNo=B.cBookNo and A.cType='2';
```

如果要将学生和教师的借书查询记录合在一起，则可以用 Union 实现：

```
Select A.dtBorrowDate,A.cBorrowNo,S.sName,A.cBookNo,B.vcBookName from
smBorrow A,Book B,S
    Where A.cBorrowNo=S.sNo and A.cBookNo=B.cBookNo and A.cType='1'
Union
Select A.dtBorrowDate,A.cBorrowNo,T.tName,A.cBookNo,B.vcBookName from
smBorrow A,Book B,T
    Where A.cBorrowNo=T.tNo and A.cBookNo=B.cBookNo and A.cType='2';
```

合并后的查询结果如图 3-24 所示。

	dtBorrowDate	cBorrowNo	sName	cBookNo	vcBookName
▶	2021-06-19 05:35:24	01071101	张三	A0000001	三国演义(上)
	2021-06-19 05:35:24	01071101	张三	A0000002	三国演义(下)
	2021-06-19 05:35:24	T01	郑老师	B0000002	线性代数
	2021-06-19 05:41:21	T02	李老师	B0000001	高等数学

图 3-24 用 Union 合并的学生、教师借书记录

3.6　视图的定义、使用和删除

视图是子模式（或用户模式）的主要表现形式，它是从一个或多个基本表（或已定义的视图）导出的虚表。数据库中只存放视图的定义，不存放视图对应的数据。这些数据存放在对应的基本表中。如果基本表中的数据变化了，那么从视图中查询出的数据会随之变化。

视图定义后，就可以同基本表的使用一样，进行数据查询。

3.6.1　视图的定义和使用

SQL 定义视图的语法格式为

```
Create View <视图名>[(<列名1>[,<列名2>]…)]
  As  <子查询>
[With Check Option];
```

该语句将子查询的元组作为视图的内容。如果定义时，省略了视图的各个属性列名，则会将子查询的 Select 子句的全部目标列定义为视图的属性列。

例 3-23　根据学生的出生日期，定义一个学生年龄的视图。

```
Create View S_Age(sNo,sName,Age)
  As
Select sNo,sName,Year(Now())-Year(dtBirthDate)as Age from S;
```

视图创建后，可以像基本表一样被使用。例如，查询例 3-23 创建的视图中，年龄小于 21 岁的学生。

```
select * from S_Age Where Age < 21;
```

例 3-24　根据学生的选课情况，定义一个成绩低于 60 分的学生选课视图。

```
Create View SC_Score(sNo,sName,cName,Score)
As
Select S.sNo,S.sName,C.cName,SC.Score from S,SC,C
   Where S.sNo=SC.sNo and SC.cNo=C.cNo and SC.Score < 60;
```

针对上面的视图，查询女同学不及格的选课情况：

```
Select * from SC_Score Where sNo in(Select sNo from S Where Sex='F');
```

3.6.2　视图的删除

一个视图不需要时，可以将其删除。或者，如果想修改一个视图，可以先将其删除，再新创建一个视图。删除视图的语法格式为

```
Drop View <视图名>;
```

3.6.3 视图的作用

有了基本表的查询,为什么还要定义一个使用方法类似的视图呢?这主要是由于视图有下面几点作用:

1) 视图可以隐蔽数据的复杂性,简化用户对数据的操作。
2) 视图可以使用户以不同的方式看待同一数据。
3) 视图对数据库的重构提供了一定程度的逻辑独立性。
4) 视图可以为机密的数据提供安全保护。

习 题 3

3-1 单选题

(1) SQL 属于 (　　) 数据库语言。

    A. 层次型　　　　　　B. 网状型　　　　　　C. 关系型　　　　　　D. 面向对象型

(2) 在 Select 语句中,与关系代数中运算符 ∏ 对应的子句是 (　　)。

    A. Select　　　　　　B. From　　　　　　　C. Where　　　　　　D. Group by

(3) 在 Select 语句中,与关系代数中运算符 σ 对应的子句是 (　　)。

    A. Select　　　　　　B. From　　　　　　　C. Where　　　　　　D. Group by

(4) DML 的基本操作不包括 (　　)。

    A. 插入　　　　　　　B. 修改　　　　　　　C. 保护　　　　　　　D. 查询

(5) 在 Where 子句的条件表达式中,可以用 (　　) 通配符与所在位置的零个或多个字符相匹配 (　　)。

    A. ?　　　　　　　　B. *　　　　　　　　C. _　　　　　　　　D. %

(6) 在 Where 子句的条件表达式中,可以用 (　　) 通配符与所在位置的单个字符相匹配 (　　)。

    A. ?　　　　　　　　B. *　　　　　　　　C. _　　　　　　　　D. %

(7) 与 "Where Age between 16 and 22" 完全等价的是 (　　)。

    A. Where Age >= 16 and Age < 22　　　　B. Where Age > 16 and Age <= 22

    C. Where Age >= 16 and Age <= 22　　　　D. Where Age > 16 and Age < 22

3-2 填空题

(1) 数据定义语言 (DDL) 对数据对象的三种基本操作是_____、_____、_____,对应的英文单词是_____、_____、_____。

(2) 数据操纵语言 (DML) 有_____、_____两种类型。

(3) DML 最基本的四种操作为_____、_____、_____、_____,对应的英文单词是_____、_____、_____、_____。

(4) SQL 创建主键的语法是_____。

(5) SQL 创建外键的语法是_____。

3-3 SQL 中表达完整性约束的规则主要有哪几种?

3-4 设教学数据库中有下列四个关系模式:

S 模式 (<u>sNo</u>,sName,Sex,Age,dtBirthDate)　　/*学号、姓名、性别、年龄、出生日期*/

T 模式 (<u>tNo</u>,tName,Title)　　　　　　/＊教师编号、教师姓名、职称＊/
C 模式 (<u>cNo</u>,cName,Credit,tNo)　　　/＊课程编号、名称、学分、教师编号＊/
SC 模式 (<u>sNo</u>,<u>cNo</u>,Score)　　　　　/＊学号、课程编号、考试成绩＊/

写出下列查询条件的 SQL 语句：

（1）查询年龄（Age）不超过 19 岁的女同学的学号、姓名。

（2）查询姓"刘"的学生的学号、姓名、性别，其中使用 Case 语句将"性别"用中文显示。

（3）查询出生日期在"2008-01-01"之后的学生姓名、出生日期、当前日期及真实年龄信息，按出生日期降序排列。其中，真实年龄等于系统日期（now()）的年份减出生日期的年份，要求真实年龄的列名用中文别名"实际年龄"显示。

（4）查询姓名中含有"华"的男同学选修的课程编号、课程名称，按课程名称排序。

（5）查询"刘老师"所授课程的课程编号、课程名称。

（6）查询女同学所选课程不及格的记录，列名用中文显示：学号、姓名、课程编号、课程名称、考试成绩。

（7）统计学生信息表中不同性别的学生人数。

（8）统计学生信息表中，出生日期在"2000-01-01"至"2005-12-01"之间的不同性别的学生人数。

（9）查询女同学所选课程的课程编号、最高成绩、平均成绩。

（10）查询"刘老师"所授课程的课程编号、平均成绩。

（11）查询每门课程的课程编号、课程名称、选课人数。

（12）查询每门课程的课程编号、课程名称、选课人数，只显示选课人数小于 5 人的。

3-5 针对题 3-4 中的关系模式，写出下列数据更新的 SQL 语句：

（1）用自己的信息，在学生信息表 S 中插入一条记录。

（2）至少插入两条自己的选课记录。

（3）将任课教师为空（null）的选课记录，全部删除。

（4）将女同学选修的、课程编号为 C6 的、不及格的考试成绩，全部提高 10%。

（5）用 Case 语句实现如下功能：在学生选课记录中，将不及格的考试成绩按如下方式修改，成绩在 55~59 的，在原成绩基础上增加 10%；成绩在 50~55 的（不含 55），直接修改为 60；其他不及格的，在原成绩基础上增加 20%。

3-6 沪深 A 股部分日交易数据见表 3-6。一只股票可多日交易，但每日只有一条交易记录。

表 3-6　沪深 A 股部分日交易数据

股票代码	股票名称	交易日期	开盘价	最高价	最低价	收盘价	涨幅 %
SH600000	浦发银行	2012/4/25	9.34	9.44	9.33	9.35	-0.32
SH600005	武钢股份	2012/4/25	2.91	2.95	2.89	2.94	0.685
SH600007	中国国贸	2012/4/25	10.72	11.06	10.7	10.98	1.573
SZ000001	深发展 A	2012/4/26	16.88	16.91	16.46	16.58	-1.661

（续）

股票代码	股票名称	交易日期	开盘价	最高价	最低价	收盘价	涨幅 %
SZ000002	万科 A	2012/4/26	8.9	9.02	8.85	8.95	0.788
SZ000009	中国宝安	2012/4/26	11.41	11.5	11.24	11.31	−0.528
SZ000011	深物业 A	2012/4/26	8.55	8.85	8.1	8.13	−5.465
SH600004	白云机场	2012/4/27	7.1	7.12	7	7.06	−0.282
SH600005	武钢股份	2012/4/27	2.92	2.95	2.9	2.93	0.687
SH600007	中国国贸	2012/4/27	11.12	11.37	10.95	10.97	−0.454

根据表 3-6 中的数据，完成下列操作：

（1）画出沪深 A 股日交易数据库的 E-R 图。

（2）将 E-R 图转为对应的关系模式。

（3）根据关系模式写出对应的 Create Table 语句，要有主、外键，并要求涨幅取值范围为 −0.1~0.1，收盘价不能大于最高价，也不能小于最低价。

第4章 关系数据库的规范化设计

关系数据库是由一组关系（即二维表格）构成的。关系中数据结构的语义描述就是关系模式。关系模式的好坏直接影响关系数据库的性能，包括数据库存储的冗余度、数据的一致性和数据的完整性等。

因此，要设计一个好的关系模式，必须要有相应的理论为基础。这就是本章要讲的关系数据库设计理论。它主要包括三方面的内容：数据依赖、范式和模式设计方法。数据依赖研究数据之间的联系，范式是关系模式的标准。

本章学习要点：
- 关系模式的设计问题：数据冗余、数据操作异常和数据不一致。
- 函数依赖：部分依赖、传递依赖、平凡依赖。
- 关系模式的范式：1NF、2NF、3NF、BCNF。
- 关系模式的规范化：消除局部依赖、消除传递依赖。

4.1 数据依赖与关系模式的设计问题

数据依赖是指数据之间存在的各种联系，它是通过一个关系中属性间值的相等与否体现出来的。人们提出了很多种数据依赖，其中最重要的是函数依赖（Functional Dependency，FD）和多值依赖（Multi-Valued Dependency，MVD）。

例如，在学生模式 S(sNo,sName,Sex,vcPhone) 中，非主属性 sName、Sex、vcPhone 对主属性 sNo 就存在一种依赖，即学生的学号一经确定，其他属性的值就全部确定了，记作 sNo $\longrightarrow$ sName，sNo $\longrightarrow$ Sex，sNo $\longrightarrow$ vcPhone。但是，sNo 不依赖于 sName，即 sName 确定了，sNo 不一定确定，因为学生可能同名。

通常，一个关系模式由下列一个三元组组成：

$$R(U,F)$$

其中，R 为关系名，U 为 R 的所有属性的集合，F 为属性间的函数依赖集。为叙述方便，本章对符号的使用作如下三点规定：

1）首部的大写英文字母 A,B,C,… 表示单个属性。

2）尾部的大写英文字母…,X,Y,Z 表示属性集。

3）r 为关系模式 R(U,F) 当前的一个关系，此时，r 在 U 上满足依赖关系 F。

一个关系模式如果设计得不好，会产生很多问题。例如，数据冗余的产生就与数据依赖有关。所谓数据冗余，是指同一个数据在数据库系统中重复出现。数据冗余必然会导致数据操作异常、数据不一致等问题。

例 **4-1**　设教学数据库有一个关系模式 R(sNo,cNo,cName,tName)，四个属性分别表示学号（sNo）、课程号（cNo）、课程名（cName）、任课老师姓名（tName）。

根据教学实际情况，有如下需求：

1）每个学生可选修多门课，每门课可被多个学生选修。

2）每门课只有一个课程号。

3）排课时，每门课只能由一个教师任教，一个教师可任教多门课。

由此，可得属性集 U＝{sNo,cNo,cName,tName} 上的一组函数依赖：

$$F=\{(sNo,cNo)\longrightarrow cName,cNo\longrightarrow tName,cNo\longrightarrow cName\}$$

该关系模式的一个具体实例如图 4-1 所示。

从这个实例可以看出，这不是一个好的关系模式。因为它在使用中会出现如下几个问题：

1）数据冗余。如果一门课被多个学生选修，就会出现多个元组，这样每个元组中都会出现"课程名"和"任教教师姓名"这些重复的属性值。

2）数据操作异常。由于数据冗余，在操作数据时，必然会出现异常，具体包括：

sNo	cNo	cName	tName
S01	C1	数据库	李老师
S01	C2	C 语言	刘老师
S06	C2	C 语言	刘老师
S08	C2	C 语言	刘老师
S08	C1	数据库	李老师
S08	C3	英语	彭老师
S09	C5	概率论	李老师

图 4-1　关系模式 R 的实例

① 插入异常。如果学校要开设一门新课（C9,大数据,陈老师），还没有学生选修，这时要把这个元组插入到关系中去会出现异常。因为属性 sNo（学号）的值是空的，而 sNo 是主属性，不允许为空。

② 修改异常。例如，课程 C2 这门课有三个学生选修，对应有三个元组。如果要把这门课的教师修改为"牛老师"，则这三个元组中的教师姓名都要修改。如果有一个教师姓名没有修改，就会产生同一门课的任教教师不唯一，从而出现数据不一致的情况。

③ 删除异常。如果要删除图 4-1 中学号为 S09 的元组，那么同时也会把（C5,概率论,李老师）这条课程元组记录删除。

3）数据不一致。所谓数据不一致，是指本应同样的数据，却取不同的值。这主要是由修改异常导致的。

上述关系模式 R 之所以存在上面这些问题，是由模式中的某些数据依赖引起的。关系规范化理论可以通过"模式分解"的方法，来消除关系模式中存在的各种问题。例如，可将上面的关系模式 R 分解为下面两个关系模式：

R1(sNo,cNo)
R2(cNo,cName,tName)

此时，分解后对应的实例关系分别如图 4-2 和图 4-3 所示。这样分解后，关系模式 R 中存在的数据冗余和操作异常问题就基本消除了。每门课程的课程名和任教教师只存放一次，一门课即使没有被学生选修，也可以插入到关系 R2 中。

"模式分解"是解决数据冗余问题的有效方法，是规范化的一条准则："关系模式若有冗余，就分解它"。

在例 4-1 中，将 R 分解为 R1 和 R2 两个模式，是不是最佳的分解呢？分解会不会产生新的问题呢？例如，要查询学生选修课程的任教老师时，分解前可直接在模式 R 的关系中进行查询，而分解后就要对 R1 和 R2 两个模式对应的关系做连接操作，而连接的代价是很大的。

那么，什么样的模式是最优的？其标准是什么？下面来讨论这些问题。

sNo	cNo
S01	C1
S01	C2
S06	C2
S08	C2
S08	C1
S08	C3
S09	C5

图 4-2　关系模式 R1 的实例

cNo	cName	tName
C1	数据库	李老师
C2	C 语言	刘老师
C3	英语	彭老师
C5	概率论	李老师

图 4-3　关系模式 R2 的实例

4.2　函数依赖

在关系数据库中，属性值之间会存在一些约束（即规则）。例如，每个学生只有一个姓名，一个学生可以选修多门课程，排课时，一门课只能一个教师任教，每个学生每门课只有一个成绩等。这就是属性间的函数依赖（FD）。

定义 4-1　设有关系模式 $R(U)$，X、Y 为属性集 U 的两个子集，r 为 R 的任一当前关系。对 r 中的任意两个元组 s、t，如果 $s[X] = t[X]$，必有 $s[Y] = t[Y]$，则称 X 函数决定了 Y，或 Y 函数依赖于 X，记作：$X \longrightarrow Y$。

例如，在图 4-1 中，$R(\underline{sNo}, \underline{cNo}, cName, tName)$，设 $X = \{sNo, cNo\}$，$Y = \{cName, tName\}$，显然 $X \longrightarrow Y$。进一步，还可得：$cNo \longrightarrow cName$。

如果 X 为关系模式 $R(U)$ 的主键，则 $X \longrightarrow U$。

从 FD 的定义可以看出，FD 是关键码概念的推广。

定义 4-2　给定关系模式 $R(U)$，X 为 U 的子集。如果 $X \longrightarrow U$ 在 R 上成立，就称 X 为 R 的一个超键。如果 $X \longrightarrow U$ 在 R 上成立，但对于 X 的任一真子集 X_1，都有 $X_1 \longrightarrow U$ 在 R 上不成立，就称 X 为 R 的一个候选键。

在一个关系模式 $R(U)$ 中，候选键可能有多个，但主键有且只有一个。包含在任一候选键中的属性，称为主属性。不含在任一候选键中的属性，称为非主属性。

函数依赖分下面几种：

1）部分依赖与完全依赖。对于 $X \longrightarrow Y$，如果存在 X 的真子集 W，使 $W \longrightarrow Y$ 成立，则称 $X \longrightarrow Y$ 为局部依赖；否则，称 $X \longrightarrow Y$ 为完全依赖。

例如，在关系模式 $R(\underline{sNo}, \underline{cNo}, cName, tName, Score)$ 中，每个学生的每门课都有唯一的考试成绩（Score），则 $(sNo, cNo) \longrightarrow Score$ 是完全依赖，$(sNo, cNo) \longrightarrow cName$ 是局部依赖。这是因为 $(sNo, cNo) \longrightarrow cName$，$cNo \longrightarrow cName$。

2）传递依赖。如果 $X \longrightarrow Y$，$Y \longrightarrow A$，且 $Y \not\longrightarrow X$，$A \notin X$，则称 $X \longrightarrow A$ 为传递依赖（A 传递依赖于 X）。

例 4-2　设有课程关系模式 C(cNo, cName, tNo, tName)，四个属性分别表示课程编号、课程名称、教师编号、教师姓名。其中，cNo 为主键，每门课只能安排一名教师任教，每个教师都有唯一的编号。由于 cNo $\longrightarrow$ tNo，tNo $\longrightarrow$ tName，可得 cNo $\longrightarrow$ tName 为传递依赖。

3）平凡依赖与非平凡依赖。对于 X $\longrightarrow$ Y，如果 Y 是 X 的真子集，则称 X $\longrightarrow$ Y 为平凡依赖，否则称为非平凡依赖。例如，(sNo, cNo) $\longrightarrow$ cNo 为平凡依赖。

4.3　关系模式的范式

评判关系模式好坏的标准就是模式的范式（Normal Forms，NF）。范式与函数依赖有直接的联系。满足不同程度要求的范式，称为不同的范式。共有 6 种范式：1NF、2NF、3NF、BCNF、4NF、5NF。

所谓"第几范式"，一般是指范式的某一级别，越往后，级别越高，其要求也越高。

一个低一级范式的关系模式通过模式分解，化为几个高一级范式的关系模式，这个过程称为关系模式的规范化（Normalization）。

4.3.1　第一范式

定义 4-3　如果关系模式 R 的每一个关系，其属性值都是不可分的原子值，则称 R 是第一范式的模式（1NF）。

满足 1NF 的关系称为规范化的关系，否则称为非规范化的关系。关系数据库中所说的关系，都满足 1NF。

4.3.2　第二范式

定义 4-4　设关系模式 R 为 1NF，如果 R 的每个非主属性都完全函数依赖于候选键，则称 R 是第二范式的模式（2NF）。

不满足 2NF 的关系模式，一定存在非主属性对主键的局部依赖，进而存在数据冗余，如图 4-4 所示。

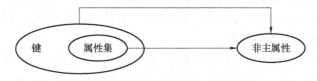

图 4-4　不满足 2NF 的局部依赖的关系模式

例 4-3　设有学生选课关系模式 SC(sNo, cNo, Score, cName)，其属性分别表示学号、课程编号、考试成绩、课程名称。(sNo, cNo) 为主键。

在 SC 上，有两个 FD，即 (sNo, cNo) $\longrightarrow$ cName，cNo $\longrightarrow$ cName，非主属性 cName 局部依赖于主属性 cNo，因此该模式不满足 2NF，如图 4-5 所示。

解决办法：将模式分解，使其局部依赖被消除。例如，将 SC 分解为如下两个模式：

```
R1(sNo,cNo,Score)
R2(cNo,cName)
```

图 4-5　课程名称（cName）局部依赖于课程编号（cNo）

如此，分解后的 R1、R2 均满足 2NF。

4.3.3　第三范式

定义 4-5　设关系模式 R 为 1NF，如果 R 的每个非主属性都不传递依赖于候选键，则称 R 是第三范式的模式（3NF）。

定理 4-1　如果 R 是 3NF，则 R 一定是 2NF。

证明： 采用反证法。设关系模式 R(U) 的一个候选键为 W。假定 R 不是 2NF，则至少存在某个非主属性 A，$A \notin W$，使得 A 部分依赖于 W，即存在 W 的真子集 X，使

$$W \longrightarrow X, X \longrightarrow A$$

这表明，A 传递依赖于候选键 W，这与 R 为 3NF 矛盾。证毕。

定理 4-1 表明，一个关系模式 R，如果不存在非主属性的传递依赖，则一定不存在非主属性的部分依赖。但反过来，如果 R 是 2NF，则 R 不一定是 3NF。

例 4-4　设有课程关系模式 C(<u>cNo</u>,cName,tNo,tName)，其属性分别表示课程编号、课程名称、教师编号、教师姓名。cNo 为主键，规定：每门课程只能安排一个教师任教。

在 C 上，有两个 FD，即 cNo$\longrightarrow$tNo，tNo$\longrightarrow$tName，如图 4-6 所示。非主属性 tName 传递依赖于主属性 cNo，因此该模式不满足 3NF。但该模式不存在非主属性的部分依赖，它满足 2NF。

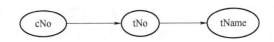

图 4-6　教师姓名（tName）传递依赖于课程编号（cNo）

解决办法：将模式分解，使其传递依赖被消除。例如，将 C 分解为如下两个模式：

```
R3(cNo,cName,tNo)
R4(tNo,tName)
```

如此，分解后的 R3、R4 均满足 3NF。

4.3.4　BCNF

在 3NF 中，并没有排除主属性对候选键的传递依赖。因此，有必要提出更高一级的范式 BCNF（Boyce-Codd NF），它是由 Boyce 和 Codd 共同提出的，该范式是 3NF 的改进形式。

定义 4-6　设关系模式 R 为 1NF，如果 R 的每个属性都不传递依赖于 R 的候选键，则称 R 满足 BCNF。

从定义 4-6 中可以看出，如果 R 是 BCNF，则 R 一定是 3NF。反之，则不一定成立。

例 4-5 设有关系模式 R(BookNo, BookName, AuthorNo),其属性分别表示图书编号、书名、作者编号。(BookNo, AuthorNo)为主键,规定:每一本书可由多名作者编著,每个作者参与编著的书名各不相同。因此,(BookName, AuthorNo)也可作候选键。

这样,在 R 上,有下面两个 FD:

```
(BookName,AuthorNo)——→BookNo
BookNo——→BookName
```

三个属性均为主属性,不存在非主属性的传递依赖,故 R 是 3NF。但是,主属性 BookName 传递依赖于候选键(BookName, AuthorNo),故 R 不满足 BCNF。

解决办法:将模式分解,使其主属性传递依赖被消除。例如,将 R 分解为如下两个模式:

```
R5(BookNo,BookName)
R6(BookNo,AuthorNo)
```

如此,分解后的 R5、R6 均满足 BCNF。当然,这个分解不是完美的,因为它丢失了函数依赖:(BookName, AuthorNo)——→BookNo。

4.3.5 多值依赖与第四范式

一般的关系模式如果满足 3NF 或 BCNF,已经足够能够表达现实中的实体及实体间的联系。但是,在现实世界中,还存在一种属性间的其他类型的约束,例如多值依赖,此时仅满足 BCNF 就不够了。

例 4-6 设有关系模式 R(课程,学生,先修课程),每一门课程可被多个学生选修,每门课程有多门先修课程,如图 4-7 所示。这个模式中,属性"学生"与"先修课程"没有直接的联系,一个学生要选修一门课程,则必须先选修该门课程的所有先修课。

图 4-7 中的属性为多值属性,它不是 1NF 关系。若要表示为 1NF 的关系,必须将其转为图 4-8 所示的形式。此时,R 的键为全部属性,因而 R 是 BCNF 模式。但显然,这个模式存在大量的数据冗余。

这时,如果把 R 分解为 R7(课程,先修课程)和 R8(课程,学生),就能消除冗余。

课程	学生	先修课程
数据库	张三 李明	C 语言 数据结构 离散数学

图 4-7 属性为多值依赖

课程	学生	先修课程
数据库	张三	C 语言
数据库	张三	数据结构
数据库	张三	离散数学
数据库	李明	C 语言
数据库	李明	数据结构
数据库	李明	离散数学

图 4-8 将多值依赖表示为 1NF 的关系

其实,只要两个独立的多值属性出现在同一个模式中,就会出现多值依赖的情况。

定义 4-7 多值依赖(Multi-valued Dependency, MVD):设关系模式 R(U)为 1NF,X、Y 为 U 的子集,Z=U-X-Y,如果 R 的任一关系 r,对于 X 的任一给定值,Y 必有多个值与之对应，Y 的这组值与 Z 的值无关，则称 Y 多值依赖于 X，或 X 多值决定 Y，记作 X $\longrightarrow\longrightarrow$ Y。

定义 4-8　对于属性集 U 上的多值依赖 X $\longrightarrow\longrightarrow$ Y，如果 Y 是 X 的子集，或 X∪Y=U，则称 X $\longrightarrow\longrightarrow$ Y 为平凡的多值依赖，否则为非平凡的多值依赖。

例如在例 4-6 中，就有课程 $\longrightarrow\longrightarrow$ 先修课程，课程 $\longrightarrow\longrightarrow$ 学生。

性质 4-1　设关系模式 R(U) 为 1NF，W 为 R 的候选键，W≠U，Z=U−W，若 Z 上不存在取值唯一限制，则 Z 一定多值依赖于 W，即 W $\longrightarrow\longrightarrow$ U−W。

例如，有学生关系模式 S(sNo,sName,Sex)，显然 sNo $\longrightarrow\longrightarrow$ {sName,Sex}。

定义 4-9　设关系模式 R(U) 为 1NF，F 为 R 上成立的 FD 和 MVD 的集合。如果 F 中任一非平凡的多值依赖 X $\longrightarrow\longrightarrow$ Y 的左部 X 都是 R 的超键，则称 R 是第四范式模式（4NF）。

定理 4-2　如果 R 是 4NF，则 R 一定是 BCNF 模式。

证明： 采用反证法。假定 R(U) 是 4NF 模式，但 R 不是 BCNF 模式，从而 R 必存在传递依赖，即 W $\longrightarrow$ X，X $\longrightarrow$ Y，其中 W 为 R 的一个候选键，X 不是超键。此时，可得 X $\longrightarrow\longrightarrow$ Y，这与 R 是 4NF 模式矛盾。证毕。

第四范式（4NF）是 BCNF 的直接推广，它适用于具有多值依赖的关系模式。

4.3.6　范式小结

如果 R 是 4NF，则 R 一定不存在非平凡的多值依赖。如果 R 是 BCNF 模式，则 R 可能存在平凡的多值依赖。例如，学生模式 S(sNo,sName,Sex,Age) 是 4NF 模式，其多值依赖 sNo $\longrightarrow\longrightarrow$ sName，sNo $\longrightarrow\longrightarrow$ Sex，sNo $\longrightarrow\longrightarrow$ Age 都是平凡的多值依赖。它的一个实例如图 4-9 所示。

在关系模式中，函数依赖和多值依赖是最重要的两种依赖。如果只考虑函数依赖，则满足 3NF 或 BCNF 的关系模式就比较完美了。如果要考虑多值依赖，则满足 4NF 的关系模式就可以了。

除了函数依赖和多值依赖外，还有一种数据依赖，称之为连接依赖，对应的级别为第五范式（5NF）。但是，在现实世界中，连接依赖很少见，一般的数据库设计几乎不考虑这种依赖，故这里不介绍 5NF。

sNo	sName	Sex	Age
S01	张三	男	20
S02	李明	男	19
S03	李明	男	18
S04	刘英	女	19
S06	章芳	女	19

图 4-9　存在平凡多值依赖的 4NF

4.4　关系模式的规范化步骤

对于不好的关系模式，一般采取"模式分解"的方法逐步消除部分依赖、传递依赖，使其达到 3NF 或 BCNF。

设 R 为 1NF 关系模式，其规范化步骤如下：

1）如果 R 不满足 2NF，则对 R 进行投影，消除原模式中非主属性对键的部分依赖。

2）如果 R 满足 2NF，但不满足 3NF，则对 R 进行投影，消除原模式中非主属性对键的传递依赖。

3）如果 R 满足 3NF，但不满足 BCNF，则对 R 进行投影，消除原模式中主属性对键的传递依赖。

习 题 4

4-1 单选题

(1) 关系数据库中引入规范化的目的，是为了解决数据库中的（　　）。

　　A. 数据冗余问题　　　　　　　　　B. 数据查询速度问题

　　C. 减少数据操作的复杂性　　　　　D. 数据的安全性和完整性问题

(2) 在关系模式 R 中，函数依赖 X ⟶ Y 的含义是（　　）。

　　A. 在 R 的任一两个关系中，若属性 X 上的值相等，则 Y 上的值也相等

　　B. 在 R 的当前关系中，若属性 X 上的值相等，则 Y 上的值也相等

　　C. 在 R 的任意关系中，若属性 Y 上的值相等，则 X 上的值也相等

　　D. 在 R 的当前关系中，若属性 Y 上的值相等，则 X 上的值也相等

(3) 在关系模式 R 中，如果任一非主属性对候选键完全函数依赖，则 R 是（　　）。

　　A. 2NF　　　　　　B. 3NF　　　　　　C. 4NF　　　　　　D. BCNF

(4) 在关系模式 R 中，如果消除了任意属性对候选键的传递依赖，则 R 是（　　）。

　　A. 2NF　　　　　　B. 3NF　　　　　　C. 4NF　　　　　　D. BCNF

(5) 设关系模式 R 满足 2NF，如果（　　），则 R 必满足 3NF。

　　A. 消除 R 中非主属性对键的部分依赖

　　B. 消除 R 中非主属性对键的传递依赖

　　C. 消除 R 中主属性对键的部分依赖

　　D. 消除 R 中主属性对键的传递依赖

(6) 在关系规范化过程中，将 1NF 变为 3NF 要消除（　　）。

　　A. 部分依赖和完全依赖　　　　　　B. 部分依赖和传递依赖

　　C. 完全依赖和传递依赖　　　　　　D. 所有的函数依赖

(7) 关系模式的规范化过程主要是为克服数据库逻辑结构中存在的插入异常、删除异常以及（　　）。

　　A. 数据不一致性　　B. 结构不合理　　C. 数据冗余度大　　D. 数据丢失

(8) 数据库系统对数据冗余的处理策略是（　　）。

　　A. 不允许　　　　　B. 彻底根除　　　C. 加以控制　　　　D. 听之任之

(9) 一个 2NF（　　）。

　　A. 可能是 3NF　　　B. 可能是 1NF　　C. 必定是 3NF　　　D. 不可能是 1NF

4-2 设关系模式 R(A,B,C)上有函数依赖集 F={AB⟶C,C⟶⟶A}，问 R 满足第几范式？为什么？

4-3 设有关系模式 R(sNo,cNo,Score,tNo,tName,Title)，其属性分别表示学生学号、课程编号、考试成绩、教师编号、教师姓名、教师职称。主键为(sNo,cNo)，并规定：每个学生每门课只有一个成绩、每门课只有一个任教教师、教师编号决定了教师姓名和职称。

(1) 写出关系模式 R 的函数依赖集 F。

(2) 把 R 分解为 2NF 模式，并说明理由。

(3) 把 R 分解为 3NF 模式，并说明理由。

第5章 数据库设计

数据库系统（DBS）已经广泛应用于人们生产、生活的各个方面，它的开发主要包括两个部分：后台选定一个 DBMS，进行数据库设计；前台选定某种宿主语言，进行用户界面开发。这两部分既相互独立，逻辑上又是一个整体，不可分割。随着互联网技术的发展，为了提高整个数据库系统的扩展性和安全性，逐步从前台和后台中又发展出一个中间业务逻辑层，主要负责后台和前台的技术衔接问题。

严格来讲，数据库应用系统的开发是一个复杂的工程问题。现在一般采取软件工程的模式对其进行管理和开发。

所谓软件工程，是研究和应用如何以系统性的、规范化的、可定量的过程化方法去开发和维护软件，以及如何把经过时间考验而证明正确的管理技术和当前能够得到的最好的技术方法结合起来的一门综合学科。它涉及程序设计语言、数据库、软件开发工具、系统平台、标准、设计模式等多方面。

数据库设计（DataBase Design）是软件工程项目开发中核心的部分之一，它的性能直接关系到软件项目的成败。

本章学习要点：

- 数据库设计概述：概念、目标、方法和原则，及数据库设计的一般步骤。
- 需求分析：组织机构图、业务流程图、系统功能图、数据流程图、数据字典。
- 概念设计：局部 E-R 模型、全局 E-R 模型、评审。
- 逻辑设计：将 E-R 模型转为关系模型的规则、关系模型的优化。
- 物理设计：确定数据库的物理结构、评价数据库的物理结构。
- 数据库实施：导入基础数据。
- 数据库运行和维护。

5.1 数据库设计概述

在数据库领域，一般把使用了数据库的信息系统称为数据库应用系统。例如，银行、保险、电商、办公自动化等管理系统。开发一个好的数据库应用系统，其核心是要设计一个好的数据库，其性能主要表现在：

1）数据访问效率高。
2）能减少数据冗余，节省存储空间，便于系统进一步扩展。
3）可以使应用程序的开发变得容易。

5.1.1 数据库设计的概念、目标、方法和原则

1. 数据库设计的概念

数据库设计是指对于一个给定的应用环境，设计一个优化的数据库逻辑模式和数据物理

结构，建立数据库及应用系统，使之能够有效地存储和管理数据，以满足用户对数据的各种查询要求和处理要求。

2. 数据库设计的目标

数据库设计有两大目标：一是满足用户对系统的应用功能需求，二是数据库具有良好的性能。

满足用户的应用功能需求，主要是指把用户当前的应用需求，以及可预知的潜在的应用需求所需要的数据及其联系，全部准确地存储在数据库中，并根据用户的实际环境条件，满足用户对数据的插入、修改、删除及查询等操作。

良好的数据库性能，是指设计的数据库应具有良好的存储结构，保证数据的完整性、一致性和安全性等要求。

3. 数据库设计的方法

大型数据库的设计是一个系统工程，它要求从业人员不但要具备多方面的学科知识和计算机技术，还要具备丰富的行业经验。具体说来，主要包括：

1）计算机的基础知识，包括计算机应用原理、操作系统、计算机网络技术。

2）软件工程的开发原理和方法。

3）程序设计的方法和经验积累。

4）数据库的基础知识。

5）数据库设计的技术和经验。

6）应用领域的行业知识。

只有具备这些知识和经验的专业技术人员（俗称系统分析员），或在系统分析员的组织下，才能设计出符合要求的数据库及高效的数据库应用系统。

早期数据库设计主要采用手工与经验相结合的方法进行，质量难以保证，一般通过与需求方不停地磨合、二次修改，对系统进行完善。

随着开发经验的积累和行业的规范，人们开始运用软件工程的思想，并提出了各种准则，来规范数据库设计。目前，常用的规范设计方法有：

1）新奥尔良法。1978 年 10 月，来自欧美国家的数据库专家在美国的新奥尔良市讨论数据库设计问题，并提出了相应的工作规范。该方法将数据设计分为需求分析、概念设计、逻辑设计和物理设计四个阶段。

2）基于 E-R 模型的设计方法。

3）第三范式（3NF）设计方法。

4）统一建模语言（Unified Model Language，UML）方法。

数据库工作者一直在努力研究和开发数据库设计工具，以提高数据库开发人员的工作效率。目前，常用的数据库设计工具软件有 MS Visio、PowerDesigner 等。

MS Visio 是由微软公司研发的一个软件开发设计工具，官方没有提供免费下载。

4. 数据库设计的一些原则

（1）索引的使用原则

在表上创建索引（Index）一般有两个目的：一是维护索引列上取值的唯一性，二是加快表中数据的访问速度。操纵基本表中的数据，对应于索引列上的数据在物理上会进行同步维护，即索引会降低数据的插入、修改、删除的速度。因此，索引会增加表维护的负担，设计时需要考虑两者之间的平衡。为此，引入了 B 树的概念。

所谓 B 树，又称平衡的多叉树（Balanced Multi-tree），它对结点的子结点的个数具有严格限制，例如，每个非叶结点至少有两个子结点，每个叶结点都在同一层。B 树中每个结点关键字从小到大排列。

大型数据库有两种索引：簇索引和非簇索引。一个没有簇索引的表是按堆结构存储数据的，所有的数据均添加在表的尾部。而有簇索引的表，其数据在物理上会按照簇索引键的顺序存储。一个表只允许有一个簇索引，根据 B 树的结构，添加任何一种索引均可提高按索引列查询的速度，但会降低数据插入、修改、删除的性能。

（2）数据的一致性和完整性

为了保证数据库的一致性和完整性，减少数据冗余，设计时往往会通过主、外键增加表间关联（Relation）。表间关联是一种强制性措施，它对父表和子表的插入、修改、删除操作均要占用系统的开销。同时，表间关联也会额外增加表间数据连接的查询操作负担。另外，最好不要用 Identity 属性字段作为主键与子表进行关联。

实践中，为了缩短系统的响应时间，合理的数据冗余是必要的。使用规则（Rule）和约束（Check）来防止用户对系统的误输入，是设计时常用的另一种手段。在验证数据的有效性方面，约束比规则要快。所有这些在设计时都应根据操作系统的类型、数据的访问频率和数据量的大小，加以均衡考虑。

（3）正确理解范式，并合理遵循范式

第一范式（1NF）是对属性的原子性约束，要求属性具有原子性，不可再分解；第二范式（2NF）是对元组的唯一性约束，要求元组有唯一性；第三范式（3NF）是对属性冗余的约束，即任何属性不能由其他属性派生出来。

没有冗余的数据库设计是可以做到的。但是，没有冗余的数据库不一定是最好的数据库。有时为了提高运行效率，可以降低范式标准，适当保留数据冗余。例如，在概念模型设计时严格遵守第三范式，其他范式的要求可以在物理模型设计时再考虑。

（4）数据类型的选择

合理的数据类型选择对数据库的性能和操作具有很大的影响，尤其是对于数据量大、频繁访问的属性列。例如，定长字符和可变长字符，前者可提高数据访问速度，但会浪费存储空间，后者正好相反。

Text 和 Image 字段属于指针型数据，主要用来存放二进制大型对象（Blob）。这类数据的操作比其他类型数据要慢，设计时要避开使用。但在存储二进制海量数据时，它们又有很大的优势。

（5）信息隐藏原则

为了提高数据库的安全性，可以利用 DBMS 的触发器、存储过程、函数等，把数据库中无法简化的复杂表关系封装到黑盒子中去，隐藏起来。

（6）结构设计与行为设计相分离

结构设计是指数据库的模式结构设计，包括概念结构、逻辑结构和物理结构。行为设计是指应用程序设计，包括功能组织、流程控制等方面的设计。

传统的软件工程比较注重处理过程的设计，不太注重数据结构的设计。数据库设计刚好相反，它的主要精力放在数据结构的设计上，如基本表的结构、视图、索引等。

5.1.2 数据库系统的生存期

仿照软件的生存期，把数据库系统从开始规划、设计、实现、维护到最后被新的系统取代而停止使用的整个期间，称为数据库系统的生命周期或生存期。这个生存期一般划分为下面 7 个阶段：

1. 系统规划

对于大型数据库系统或大型信息系统的数据库群，规划阶段是非常必要的。规划的好坏直接影响系统今后的成败。这个阶段具体可分为三个步骤：

1）系统调查。对需求方进行全面调查，发现其存在的主要问题。

2）可行性分析。根据发现的问题，从技术、经济、效益等方面进行可行性分析，写出可行性分析研究报告，并组织专家进行讨论。

3）确定数据库系统的总目标，对需求方的工作流程进行优化，制定项目开发计划，最后形成"项目可行性研究报告"。

2. 需求分析

数据库设计人员与需求方用户进行全方位沟通，收集数据库所有用户的信息内容和处理要求。在分析用户要求时，要确保用户目标的一致性。

3. 概念结构设计

把需求分析阶段获得的用户信息要求，通过用户能够明白的语言统一规划到一个整体的逻辑结构中，形成一个整体的概念模型，它独立于具体的 DBMS 和硬件。

4. 逻辑结构设计

这个阶段将概念模型转为某个 DBMS 所能支持的数据模型，并对其进行优化，如数据库模式的规范化。

5. 物理结构设计

这个阶段主要是为逻辑结构模型选取一个最适合应用环境的物理结构（包括存储结构和存取方法）。

6. 系统实现

根据物理设计的结果产生一个具体的数据库和应用程序，并把初始数据装入数据库中。

7. 系统运行和维护

收集、记录系统运行的情况，并根据用户的需求变化对数据库结构进行修改或扩展。

对于一般的数据库应用系统而言，数据库设计可以不包括系统规划阶段。具体的数据库设计步骤，主要按照后面六个阶段展开。

数据库应用系统的开发是一项高风险、高回报的系统工程。它需要调动双方（开发商、需求方）各方面的资源，相互配合才能推动项目的进程。一旦系统开发商和需求方（即用户）签订了开发协议，开发商应立即成立一个专业的以系统分析员为组长的项目开发小组，并要求需求方配备精通自身行业领域知识的人员，全程协助项目的开发。

在项目的整个开发期内，有两个非常重要的磨合期（也称危险期），如果双方处理得不好会严重影响项目的进度甚至成败。一个是需求分析阶段，另一个是系统试运行阶段。

下面以我国企业进销存管理部分业务为例，详细介绍数据库设计的这六个步骤。

5.2　需求分析

在需求分析这一阶段，开发人员和用户双方共同收集数据库所需要的信息内容和用户对处理的需求，并以需求说明书的形式确定下来，作为下一阶段系统开发的指南和项目验收的依据。

这是最费时、最复杂的一步，也是最重要的一步。一方面，开发人员不熟悉用户行业的领域知识；另一方面，用户又不清楚计算机领域专业知识，不知如何向开发人员清晰地表达自己的信息需求。这个痛苦的磨合期需要开发人员具备丰富的开发经验，能驾驭分析方向，引导用户准确表达自己的业务需求。

开发人员必须高度重视系统的需求分析工作。因为需求分析的内容是否准确反映了用户的实际需求，将直接影响后面各个阶段的设计工作。一点点偏差都会导致整个数据库设计返工。

5.2.1　需求分析的工作步骤

具体来说，需求分析的工作主要由下面四步组成：

1. 分析用户活动，产生业务流程图

了解用户的组织机构图、各部门职能、业务活动流程，分析之后画出用户的业务流程图。

开发人员刚开始向用户了解需求分析时，先了解大概的框架，不要向用户询问每个业务的具体细节。

例如，以我国企业（或公司）为例，一般的组织结构如图 5-1 所示。

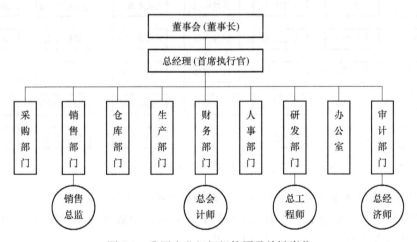

图 5-1　我国企业组织机构图及关键岗位

至于业务流程图，具体以我国企业一般销售管理为例，如图 5-2 所示。

2. 确定系统范围，产生系统功能图

这一步是确定系统的范围。在和用户经过充分讨论的基础上，明确用户业务活动中哪些工作由计算机来做，哪些由人工来做；对用户的数据需求，以一个个具体的功能确定下来，画出系统功能图。这个系统功能图就是人机界面，一个界面完成一个功能。

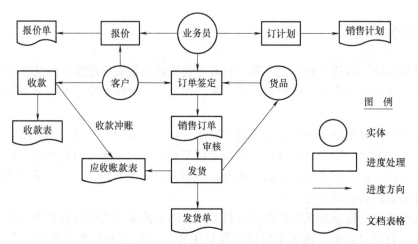

图 5-2　销售管理业务流程图

例如，以我国企业一般的进销存管理系统为例，其功能图如图 5-3 所示。

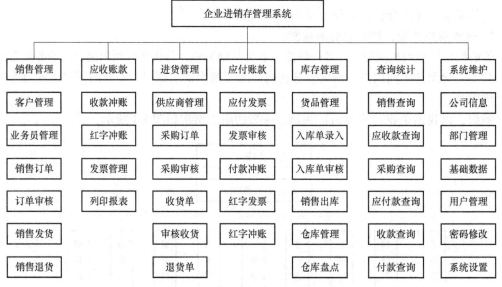

图 5-3　企业进销存管理系统功能图

3. 分析用户业务活动涉及的数据，产生数据流程图

深入分析每一个功能需求，以数据流程图的形式表示出数据的流向和对数据所进行的加工。重点是分析各功能之间数据流向的关联性。

数据流程图（Data Flow Diagram，DFD）是从"数据"和"数据的加工"两个方面表达数据处理系统工作过程的一种图形表示。它非常直观，且用户和计算机专业人员都能理解。例如，我国企业进销存、应收应付业务数据流程图如图 5-4 所示。

4. 分析系统数据，产生数据字典

数据字典是用户业务功能中各种数据描述的集合，是对数据流程图的详细描述，它以特定的格式记录系统中各种数据的名称、结构、意义及约束条件等。在需求分析阶段，数据字

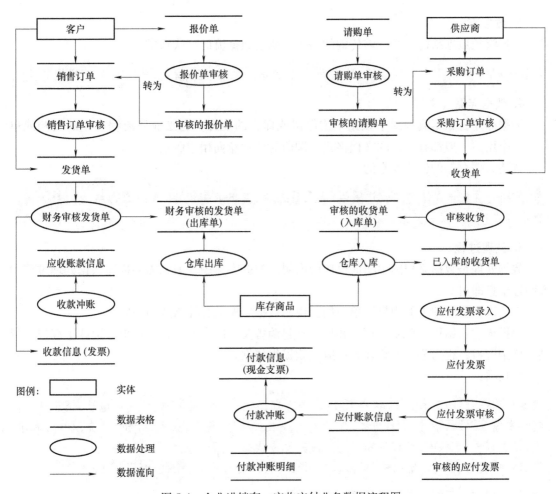

图 5-4 企业进销存、应收应付业务数据流程图

典是进行数据收集和需求分析后所获得的重要成果，是概念设计最详细的资料来源，也是系统验收的重要依据。

5.2.2 数据字典的内容及格式

数据字典一般包括数据项、数据结构、数据流、数据存储和处理过程五个部分。数据项是数据的最小单位，若干个数据项可以组成一个数据结构。数据字典是通过数据项和数据结构的定义来描述数据流和数据存储内容的。

1. 数据项

数据项的描述格式通常如下：

数据项描述={数据项名,语义说明,数据类型,长度,取值范围,其他约束或关联}

2. 数据结构

数据结构反映了数据之间的组合关系。一个数据结构可以由若干个数据项组成，也可以由若干个数据结构组成，或者由若干个数据项和数据结构组成。描述数据结构的格式通常为

数据结构={数据结构名称,含义说明,组成说明}

3. 数据流

数据流是数据结构在系统内传输的路径。描述数据流的格式通常为

数据流=｛数据流名称,语义说明,数据流来源,数据流去向,组成说明,平均流量,高峰期流量｝

4. 数据存储（文件）

数据存储是数据流程图中数据结构停留或保存的地方，它是业务流程产生的文档或单据。每个用户一般都有自己的文档格式，调研时要注意向用户收集。

描述数据存储的格式通常为

数据存储=｛数据存储名,说明,编号,流入数据流,流出数据流,组成:｛数据结构｝,数据量,存取方式｝

5. 处理过程

数据处理是数据流程图中功能模块的说明。数据字典中一般只需要描述数据处理过程的说明性信息即可。

下面以销售管理中的销售订单为例，说明数据字典的具体格式与内容。

单据描述：销售订单是公司与客户建立起销售关系的书面文档，订单上记载了客户、货品等详细资料，也为公司发货和收取应收款提供依据。

数据项：

销售订单主表=｛订单编号,客户编号,订单日期,发货日期,账单地址,发货地址,销售部门,销售员编号,付款条件,支付方式,发货方式,备注,小计,税率,税额,折扣,运费,合计,制单人,是否审核,审核人,审核日期,订单状态,发货状态,是否有效｝
销售订单明细表=｛订单编号,货品编号,货品单位,货品单价,税额,货品数量,金额｝

编码规定：系统自动编号或手工输入。

销售订单主表和销售订单明细表见表 5-1 和表 5-2。

表 5-1　销售订单主表

数据项名	数据类型	长　　度	格　　式	是否为空	默 认 值	说　　明
订单编号	字符型	10		否		
客户编号	字符型	10		否		客户字典
订单日期	日期型	8		否		
发货日期	日期型	8				
账单地址	字符型	200				
发货地址	字符型	200				
销售部门	字符型	10				部门字典
销售员编号	字符型	16				员工字典
付款条件	字符型	10				付款条件字典
支付方式	字符型	10				支付方式字典
发货方式	字符型	10				发货方式字典

（续）

数据项名	数据类型	长　度	格　式	是否为空	默　认　值	说　　明
备注	备注型	255				
小计	浮点型	15		否		等于明细表金额之和
税率	浮点型	6				
税额	浮点型	12				
折扣	浮点型	12				
运费	浮点型	12				
合计	浮点型	15		否		
制单人	字符型	16		否		员工字典
是否审核	逻辑型	1		否	未审核	
审核人	字符型	16				员工字典
审核日期	日期型	8				
订单状态	逻辑型	1		否	未关闭	
发货状态	逻辑型	1		否	未发货	
是否有效	逻辑型	1		否	有效	

注：合计＝小计＋税额＋运费－折扣。

表 5-2　销售订单明细表

数据项名	数据类型	长　度	格　式	是否为空	默　认　值	说　　明
订单编号	字符型	10		否		销售订单主表
货品编号	字符型	15		否		货品字典
货品单位	字符型	10		否		货品单位字典
货品单价	浮点型	12		否		
税额	浮点型	12				
货品数量	浮点型	12				
金额	浮点型	15		否		＝货品单价×数量

需求分析结束后，把组织机构图、业务流程图、系统功能图、数据流程图、数据字典等信息，按照软件工程的规范整合在"软件需求说明书"中，双方签字，作为系统最终验收的依据。

5.3　概念结构设计

在需求调研阶段，数据库应用系统开发人员经过充分的调查与分析，记录了用户的各种应用需求。这些需求只是现实世界的具体要求，下一步应该把这些需求抽象为信息世界的数据结构，才能够通过计算机实现。

将需求分析阶段获得的用户详细需求转换为信息结构（即概念模型）的过程，就是数据库的概念结构设计。它的目的是分析数据之间的内在联系，在此基础上建立一个抽象的数据模型。这种模型与具体的 DBMS 无关。

概念模型最主要的特点是：从用户需求的角度出发，描述数据库全局的、局部的数据逻辑结构，它根据"软件需求说明书"中的信息，在考虑全局数据结构的基础上，按功能抽象出多个局部的逻辑模块。

例如，在企业的进销存管理系统中，按相关功能和数据流程抽象出如下 7 个模块：销售管理模块、应收款模块、采购管理模块、应付款模块、库存管理模块、查询统计模块、系统维护模块。

描述概念模型最常用的工具是 E-R 模型。

5.3.1 概念结构设计的主要步骤

需求分析一般采用的策略是自顶向下，而概念设计的策略则是自底向上。它主要分三步：

（1）进行数据抽象，设计局部概念模型

按功能模块化，先从单个用户的需求出发，为功能相关联的用户建立一个相应的局部概念模型。在这个过程中，要对需求分析的结果进行细化、补充和修改。

（2）将局部概念模型综合成全局概念模型

将各功能模块的局部概念模型综合起来，就可以得到反映所有用户需求的全局概念模型。在综合的过程中，要注意各局部概念模型对数据对象定义的不一致问题，包括同名不同义、异名同义和同一事物在不同的模式中被抽象为不同类型的对象等。

另外还要注意，在合并过程中要检查是否产生数据冗余问题。

（3）评审

评审分用户评审与数据库管理员及开发人员专业评审。前者的重点在于设计的概念模型是否准确地反映了用户的实际需求；后者则侧重于考察全局概念模型是否完整、各功能模块的划分是否合理、是否存在数据不一致问题、各种文档是否齐全等。

5.3.2 E-R 模型的设计步骤

当数据库设计人员从用户的需求中抽象出实体类型、属性及实体间联系后，用 E-R 模型建立概念模型的步骤如下：

1）按功能模块，确定实体集及其属性。

2）确定实体集之间的联系及联系的类别。

3）将局部的 E-R 模型合并为全局的 E-R 模型。

最终获得的全局 E-R 模型是项目的概念模型，它代表了用户的全部数据要求，是沟通"需求"和"设计"的桥梁。它是下一步数据库逻辑结构设计的直接依据，是成功建立数据库的关键。

例如，在销售管理模块中，主要的实体集有客户、业务员、销售订单，销售管理会关联到商品信息和收款信息，但是商品实体属于库存管理模块，收款属于应收款模块。

客户的属性主要有客户编号、客户名称、地址、联系人、联系电话等。业务员的属性主要有员工编号、员工姓名、联系电话、入职时间等。

销售订单主表的属性有订单编号、客户编号、业务员编号、签订日期、收货地址、订单金额、是否审核、审核人、审核日期、已收金额、是否发货、发货日期等。规定：每张订单只有一个客户编号、一个业务员，可以有多种商品，客户可以分多次付款等。

销售订单明细表的属性有订单编号、商品编号、数量、单价、金额等。其中，金额等于数量×单价。从范式原理看，这个金额属于冗余字段，但这种冗余是可以接受的。这是因为主表的订单金额等于明细表中各金额之和，主表的这个订单金额也是冗余字段。

在进销存管理系统中，金额会涉及后续的很多处理需要，如财务上的收款冲账、应收款的查询汇总、业务员的业绩汇总等，如果不增加明细表上的金额、订单主表的订单金额，那些后续业务需求会很不方便。

销售订单业务的 E-R 图如图 5-5 所示。

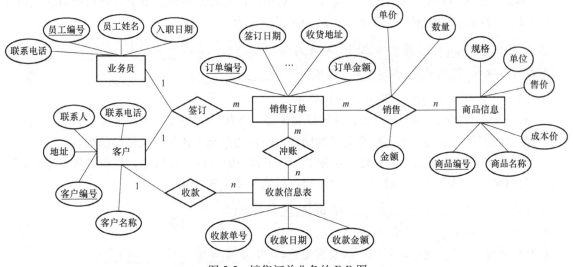

图 5-5　销售订单业务的 E-R 图

数据库设计人员应高度重视这个阶段，并在设计过程中反复和用户进行讨论。在确定没有问题后，才能进入下一阶段的设计工作。

在软件工程中，概念设计的阶段性成果归结在"概念设计书"这份文档里。

5.4　逻辑结构设计

逻辑结构设计的任务，是把概念结构设计阶段获得的、优化后的整体 E-R 模型转变为具体的 DBMS 所支持的数据模型。

目前的数据库应用系统基本上都是基于关系数据库的，因此，下面只介绍 E-R 模型向关系数据库模型转换的原则和方法。

5.4.1　将 E-R 模型转为关系模型

概念结构设计得到的 E-R 图是由实体、属性及实体间的联系组成的，而关系模型的逻辑结构是一组关系模式的集合。因此，将 E-R 模型转为关系模型实际上就是将实体、属性和实体间的联系转为关系模式。下面就来介绍一下具体转换规则。

1. 对于 E-R 图中的每一个实体

对于 E-R 图中的每一个实体类型都对应转换为关系模型中的一个关系模式,实体的属性即为关系模式的属性,实体标识符即为关系模式的关键码。

2. 对于 E-R 图中的联系

E-R 图中的联系主要分三种:一元联系、二元联系、多元联系。二元联系又包括三种 ($1:1$、$1:n$、$m:n$)。不同种类的联系转换为关系模式的规则各不相同,下面分开来说明。

(1) 二元联系中的一对多 ($1:n$) 联系

这是两个实体间最常见的一种联系,其转换规则是:将 1 端的关键码加入到 n 端对应的关系模式中作为"外键",同时将联系的属性一并加入到该关系模式中。

例如,在图 5-5 所示的销售订单业务中,对于客户的收款信息,每个客户可以有多次收款记录,每次收款只能对应一个客户,转为关系模式为

客户模式 (客户编号,客户名称,地址,联系人,联系电话)
收款信息模式 (收款单号,收款日期,收款金额,客户编号)

(2) 二元联系中的多对多 ($m:n$) 联系

对于两个实体间的 $m:n$ 联系,其转换规则是:将联系类型转换为一个关系模式,其属性为两边的实体关键码,加上联系类型的属性,而键为两端实体类型关键码的组合。

例如,在图 5-5 所示的销售订单业务中,对于客户的销售订单信息,每张销售订单可以含多种商品,每种商品可以被多个订单销售,转为关系模式为

业务员模式 (员工编号,员工姓名,联系电话,入职日期)
商品模式 (商品编号,商品名称,规格,单位,售价,成本价)
销售订单模式 (订单编号,签订日期,收货地址,订单金额,客户编号,员工编号)
销售订单明细模式 (订单单号,商品编号,单价,数量,金额)

(3) 二元联系中的一对一 ($1:1$) 联系

对于两个实体间的 $1:1$ 联系,只需在一个关系模式中增加另一个关系模式的键即可。

例如,校长与学校的"管理"联系属于 $1:1$ 联系。一个学校只能有一个校长,一个校长只能管理一个学校。这时有两种方法转换为关系模式。一种方法是把校长作为主表,则关系模式为

校长模式 (校长编号,姓名,性别,年龄,学历,职称)
学校模式 (学校编号,学校名称,地址,校长编号)

另一种方法是把学校作为主表,则关系模式为

学校模式 (学校编号,学校名称,地址)
校长模式 (校长编号,姓名,性别,年龄,学历,职称,学校编号)

(4) 三元及三元以上的联系

这种联系的转换与其联系的类别有关,基本上可以参照二元联系的转换规则进行。

例如,在三元联系中常见的有如下几种:$1:1:n$、$1:m:n$、$m:n:p$。对于多对多联系的,要将联系类型转换为一个关系模式;对于一对多的联系,转为关系模式时只需在多端

这边加入一个外键即可。

5.4.2　数据模型的优化

将所有的 E-R 图转换为关系模式后，为了提高数据库应用系统的性能，还应以关系规范化理论为指导，对已经产生的关系模型进行优化。具体的优化步骤如下：

1）确定每个关系模式内，属性之间的函数依赖。

2）确定每个关系模式内，除必要的冗余属性外，是否达到了 3NF 或 BCNF 标准。

3）对照需求分析的结果，检查每个关系模式设计得是否合适。如果不合适，是否需要将某些关系模式进行合并或分解。

4）检查每个关系模式的主键或外键设置得是否合理。

在关系模型的规范化实践中，最小冗余度和规范化级别并不是绝对的。关系模式一般能够达到 3NF 或 BCNF 已经很完美了。对于数据更新频度不高但查询频度极高的关系模式，适当保留部分冗余属性，更能提高数据库的应用性能。

5.5　物理结构设计

数据库的物理结构设计相对来说比较简单，自由发挥的空间不大。它主要是利用 DBMS 提供的方法、技术，以较好的数据存储结构和存储方式将数据库的逻辑结构转换为数据库的物理结构。其目标是节省存储空间、提高数据查询速度、降低数据库的维护代价。

数据库的物理结构设计，通常分为下列两步：

1）确定数据库的物理结构。在关系数据库中，主要指存储结构和存取方法。

2）对数据库的物理结构进行评价。主要是评价时间和空间效率。

5.5.1　确定数据库的物理结构

该阶段主要是确定数据的存放位置和存储结构。

1. 创建数据库

通过创建数据库，确定数据的存放路径和存储结构。

例如，在 MySQL 中，下列语句创建了一个名为 MyTest 的数据库：

```
Create DataBase MyTest;
```

创建成功后，MySQL 会在数据库默认安装的数据路径下自动新建一个文件夹"\MyTest"，然后所有该数据库下的资源都会被置于该路径下。

再例如，在 MS SQL Server 中，下列语句创建了一个名为 student 的数据库：

```
1  Create Database student on   /*-------------------- 创建数据库 ------------------ */
2  (
3      name=student_data,                      /*数据文件逻辑名*/
4      FileName='d:\data\student_data.mdf',  /*数据文件物理名*/
5      Size=10 MB,                             /*数据库物理文件初始大小*/
6      Maxsize=200 MB,              /*数据库物理文件大小的上限*/
7      FileGrowth=5                 /*剩余空间不足后,物理文件按5%增长*/
```

```
8    )
9    Log on
10   (
11       name = student_log,                        /*日志文件逻辑名*/
12       FileName = 'd:\data\student_log.ldf',     /*日志文件物理名*/
13       Size = 5 MB,                               /*数据库日志文件初始大小*/
14       Maxsize = 25 MB,
15       FileGrowth = 5MB
16   );
```

创建成功后，会在指定的路径下生成两个物理文件：一个是数据文件，扩展名为 *.mdf；一个是日志文件，扩展名为 *.ldf。所有数据库资源都被置于这两个文件中。该段程序同时还指定了两个文件的初始大小、上限，以及文件的增长幅度。

2. 创建基本表

创建基本表，包括表的属性、主键、外键及表的各种约束。

这是最重要的部分。以销售订单主、明细表为例，其创建基本表的程序段如下：

```
1    Create Table soSOHead          /*销售订单主信息数据表*/
2    (
3      cSONo          char(10)      not null,                /*销售订单编号*/
4      cCustomerNo    char(10)      not null,                /*客户编号*/
5      vcShipAddr     varchar(60)   null,                    /*客户发货地址*/
6      dtSODate       datetime      not null,                /*销售订单签订日期*/
7      cSalePersonNo  char(6)       null,                    /*销售员编号*/
8      mTotal         real          default 0.00  not null,  /*订单金额*/
9      vcMemo         varchar(255)  null,                    /*备注*/
10     iShipStatus    tinyint       default 0  not null,  /*是否发货:0-无,1-已发*/
11     bAudited       bit           default 0  not null,  /*是否审核:0-无,1-已审*/
12     dtAuditDate    datetime      null,                    /*销售订单审核日期*/
13     cAuditor       char(6)       null,                    /*销售订单审核人*/
14     constraint soSOHead_PK primary key clustered(cSONo),
15     constraint arCustomer_FK foreign key(cCustomerNo)references arCustomer
16   );
17   Create Table soSODetail        /*销售订单货品信息数据表*/
18   (
19     cSODetailNo  char(12)       not null,                /*销售订单明细编号*/
20     cSONo        char(10)       not null,                /*销售订单编号*/
21     cItemNo      char(15)       not null,                /*货品编号*/
22     mPrice       money          default 0.00 not null, /*货品单价*/
23     dcQty        decimal(12,2)  default 0.00 not null, /*货品数量*/
```

```
24   mMoney       real       default 0.00 not null,        /*货品金额*/
25   constraint soSODetail_PK primary key clustered(cSODetailNo),
26   constraint soSODetail_FK foreign key(cSONo)references soSOHead,
27   constraint soSODetail _icItem _FK foreign key (cItemNo) references
28 icItem(cItemNo) );
```

3. 创建索引

对于查询比较频繁的属性列，可以创建簇索引或非簇索引。对于取值唯一性的非主属性列，可以创建唯一性（Unique）索引。

4. 创建视图

为了隐蔽数据的复杂性，简化用户对数据的操作，或对某些机密数据进行保护，可以创建视图，具体请参见第 3.6 节。

5. 创建触发器

为了满足用户对某些数据处理的特殊要求，可以创建触发器，具体请参见第 8.3 节。

6. 完整性和安全性考虑

数据库设计人员应在完整性、安全性、有效性和效率方面进行分析，并做出权衡。

5.5.2　评价数据库的物理结构

在数据库物理设计过程中，根据表的数据流量和属性列的访问频率，需要对时间效率、空间效率、维护代价和用户的各种要求进行权衡，其结果可能产生多种方案，数据库设计人员必须对这些方案进行细致的评价，从中选择一个较优的方案。

评价数据库的物理结构的方法完全依赖于所选用的 DBMS，主要从定量估算各种方案的存储空间、存取时间和维护代价入手，对估算结果进行权衡、比较，选择出一个较优的、合理的物理结构。一切以用户的需求为出发点，只要用户的要求合理，而该结构又没有满足，则需要修改设计。

数据库的物理结构完成后，其成果体现在文档"数据库设计说明书"中。此时，从软件工程角度看，数据库应用系统的前台就可以用选定的宿主语言进行编程了。

5.6　数据库的实施、运行和维护

这一阶段的主要任务是根据数据库逻辑结构设计和数据库物理结构设计的文档，在实际的计算机系统中建立数据库、装载数据、测试程序，然后对数据库应用系统进行试运行。

5.6.1　数据库的实施

数据库的实施包括两项重要的工作。

（1）数据的载入

任何数据库应用系统都有许多基础数据，包括行业标准数据、用户所在单位的字典数据，如部门字典、员工字典、库存商品字典、商品单位字典、商品类别字典等。这些基础数据与应用系统的统计查询、决策分析有很大关系。而且很多字典数据都分散在各部门、各种原始表格中或在原有的数据库应用系统中。收集、整理这些字典数据，并将其导入新系统非常费时、费力。初始化时，数据库实施人员应当对此引起重视。

（2）前台应用程序的编码和调试

这部分主要属于软件工程的范畴，是程序员的工作。至此，后台数据库的设计工作基本完成，数据库设计人员应协助前台程序员，共同完成数据库应用系统的后续工作。

5.6.2 数据库的试运行

在所有的功能模块都经过调试后，就需要将它们联合起来进行调试，这个过程也称数据库的试运行。

在试运行阶段，数据库设计人员应与用户一起，不仅要测试各模块的功能是否符合用户的要求，还要测试数据库系统的各项性能指标是否达到设计目标。如有偏差，不管是前台的程序问题，还是后台的数据库结构问题，都应及时进行修改，直至用户满意为止。

试运行是整个数据库应用系统开发周期的第二个磨合期。在这个阶段，用户的抵触心情往往会比较大。这主要是由于新系统开发出来后，用户第一次接触会感觉比较陌生，新系统的使用也会与用户原来的业务流程不一样。系统实施人员要做好各种心理准备，遇到用户有抵触情绪时，要耐心地对用户进行讲解和培训。

5.6.3 数据库的运行和维护

数据库试运行获得了用户的满意后，数据库应用系统的开发工作基本完成，可以投入正式运行了，系统进入维护阶段。

由于应用环境的不断变化，用户的需要也可能发生新的变化，对数据库应用系统的运行和维护是一项长期的工作，并将伴随用户始终。

这个阶段的工作主要有：

（1）数据库性能的监测、分析和改进

随着系统运行的时期变长、数据流量的加大，要密切关注数据库性能的变化，如有异常，要及时分析原因并加以修改。

（2）数据库的转储和恢复

这是系统维护的一项重要工作，以保证一旦发生故障时尽快将数据库恢复到最近正确状态。

（3）数据库的完整性和安全性

由于环境的变化，数据库的完整性和安全性也会发生相应的变化，对此，维护人员要不断进行修正，以满足客户新的要求。

（4）二次修改问题

在用户对系统的使用过程中，如果提出了新的功能需求，维护人员应及时进行分析，并尽量满足用户的新要求，可适当收取二次修改费用。

习 题 5

5-1 单选题

（1）设计 E-R 图属于数据库设计的（   ）阶段。

    A. 逻辑结构设计   B. 概念结构设计   C. 物理结构设计   D. 需求分析

(2) 设计数据库的存储结构属于数据库设计的 ( ) 阶段。

    A. 逻辑结构设计　　B. 概念结构设计　　C. 物理结构设计　　D. 需求分析

(3) 在数据库设计中,将 E-R 图转换为关系数据模型的过程属于 ( )。

    A. 需求分析阶段　　B. 逻辑设计阶段　　C. 物理设计阶段　　D. 程序设计阶段

5-2 简答题

(1) 数据库系统的生存期分哪七个步骤?各步骤主要包括哪些开发正式文档?

(2) 数据库系统的开发周期有哪两个磨合期?为什么这两个磨合期非常重要?

(3) 将 E-R 图转换为关系模式,主要的转换规则是什么?

5-3 应用题

江西省某印刷企业的采购入库单如图 5-6 所示。每张入库单的属性有:入库单号、供应商、入库日期、入库仓库、发票号、入库方式、备注、入库金额合计、制单人、制单时间、审核人、审核时间。其中,供应商为外键,来自供应商信息表,其属性有:供应商编号、供应商名称、地址、联系人、联系电话。入库仓库也为外键,来自仓库信息表,其属性有:仓库编号、仓库名称。入库方式的取值主要有采购入库和调拨入库。

每张入库单上可有多种材料,每种材料包括材料编号、入库数量、单价、金额。其中,金额=数量×单价。材料编号为外键,来自材料基本信息表,其属性有:材料编号、材料名称、规格型号、单位。

采购订单需要审核后,才能入库。

图 5-6 采购入库单

根据上述内容,完成下列设计:

(1) 画出采购入库的业务流程图。

(2) 画出采购入库的数据流程图。

(3) 画出采购入库的 E-R 图。

(4) 将采购入库的 E-R 图转为关系模式。

(5) 写出数据库概念设计中,供应商表、仓库表、材料表、采购入库单的主、明细表的数据字典。

(6) 写出创建基本表的程序段。

*第6章 数据存储

前面几章主要强调数据库的逻辑结构。在关系模式中，把数据库看成是关系的集合，而关系又是记录的集合，记录是有结构的。数据库系统的一个目标，是使用户能简单、方便地存取数据库中的数据，用户访问数据库不必关心数据库的存储结构和具体的实现方式。但是，用户如能了解数据库的存储结构，那么对数据库后台的优化技术就会有一个比较好的理解，有助于编写高效的 SQL 语句。

本章学习要点：
- 存储器的种类：高速缓冲存储器、主存储器、二级存储器（磁盘）、三级存储器。
- 文件组织：定长记录、可变长记录。
- 文件中记录的组织：堆文件组织、顺序文件组织、散列文件组织。

6.1 存储器的结构及特性

存储器是计算机存放程序和数据的物理设备，是计算机信息存储和信息交流的中心。存储器有下面三个要素：

1）存储容量。存储器所能容纳的二进制信息量的总和称为存储容量，它是衡量计算机整体性能的一个重要指标。

2）存取周期。计算机从存储器中读出或写入数据所需要的时间称为存取周期。存取周期越短，CPU 从存储器中读/写数据的速度越快，计算机的整体性能就越高。

3）存储地址。存储器由许多存储单元构成。存储单元是计算机从存储器中存取数据的基本单位，即每次最少也要存取一个存储单元中的数据。为了区别不同的存储单元，就给每个存储单元分配了一个唯一的编号，这个编号就是存储单元的地址，简称存储地址。

6.1.1 存储器的种类及访问特性

评价存储器的基本指标有三个：存储容量、存储速度和制作成本。这三者是相互矛盾的。存储容量越大、存储速度越高，制作成本就越高。解决办法一般是采用分级存储结构。

由于 CPU 的运算速度快，而内存的存取速度相对较慢，当 CPU 与内存交换数据时，会经常停下来等待内存传送数据。为了解决这个矛盾，在 CPU 与内存之间增加了一种存取速度非常快的存储器，即高速缓冲存储器（Cache），简称缓存。

这样，根据 CPU 访问的远近，一般的计算机系统包括四种类型的存储器：高速缓冲存储器（Cache）、主存储器（内存）、二级存储器（磁盘）、三级存储器。离 CPU 越近，访问速度越快。这四种存储器的层次结构如图 6-1 所示。

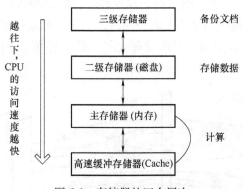

图 6-1 存储器的四个层次

1. 高速缓冲存储器（Cache）

高速缓冲存储器是 CPU 直接访问的存储器，它被集成在 CPU 芯片内。Cache 中的数据是主存储器中特定数据的副本，CUP 会将访问频率比较高的数据复制到 Cache 中，以加快数据的访问和处理速度。程序运行时，CPU 首先在高速缓冲存储器中寻找指令和数据，如果没有找到，就到内存中去寻找并将其复制到 Cache 中，然后将其处理后的数据复制到内存中原来的位置上。

CPU 与高速缓冲存储器间的数据读/写操作是以指令的执行速度执行的，其速度比 CPU 从内存读取数据的速度快 10 倍以上。

2. 主存储器（内存）

主存储器（Main Memory）也称主存或内存，计算机无论是执行指令还是处理数据都需要将它们先驻留在内存上，然后读入高速缓冲存储器。

内存主要分为两类：随机存储器（Radom Access Memory，RAM）和只读存储器（Read Only Memory，ROM）。

随机存储器就是人们常说的内存。计算机按存储单元的地址来访问内存数据，根据指定的地址把信息存入存储单元，或从指定的地址读取信息。内存访问是随机的。

概括地讲，RAM 的特点如下：

1）CPU 可以随时读出其中的内容，也可以随时写入其中的内容。写入时，会覆盖原有内容。

2）随机存取，即存取任一单元所需要的时间相同，不必顺序访问存储单元。

3）断电后，RAM 中的内容立即消失。

一般 RAM 的存取速度以纳秒（ns，$1s = 10^9 ns$）计算。现在，微机内存条的读取速度非常快，一般小于 5ns，可在内存的芯片上看出来。例如，某芯片上标明 XXX-2，表明其存取速度为 2ns。

3. 二级存储器（磁盘）

磁盘存储器有多种，其中最常见的是硬盘，它是把磁性材料涂在铝合金圆盘上，数据就记录在表面的磁介质中。计算机读取硬盘数据的速度比内存要慢，但存储容量比内存大，并且可长期保存。

1973 年，IBM 公司推出了 Winchester（温氏）硬盘，即温彻斯特式硬盘（Hard Disc

Drive，HDD）。它的特点是：工作时，磁头悬浮在高速转动的盘片上方，而不与盘片直接接触，使用时，磁头沿高速旋转的盘片上做径向移动。温氏硬盘拉开现代硬盘发展的序幕。今天高端硬盘容量虽然高达 TB 量级，但都没有脱离"温彻斯特"的运作模式。其结构如图 6-2 所示。

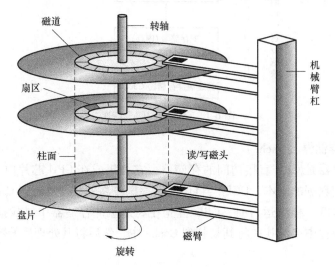

图 6-2　温氏硬盘（HDD）的结构

硬盘主要的组成部件包括盘片、磁头、盘片主轴、控制电机、磁头控制器、数据转换器、接口、缓存等。

从物理结构的角度看，硬盘的盘体分为磁面（Side）、磁道（Track）、柱面（Cylinder）和扇区（Sector）。

（1）磁面

硬盘的盘体由多个盘片重叠在一起组成。磁面是指一个盘片的两个面，其编号方式为：第一个盘片的第一个面为 0，第二个面为 1；第二个盘片的第一个面为 2，第二个面为 3；依此类推。在硬盘中，一个磁面对应一个读/写磁头，所以在对硬盘进行读/写操作时，不再称磁面 0，磁面 1，磁面 2，…，而是称磁头 0，磁头 1，磁头 2，磁头 3，…。

（2）磁道、柱面

每个盘片的每个磁面都被划分为许多同心圆，称之为磁道。整个盘体中所有磁面上半径相同的同心磁道称为一个柱面，一个硬盘有多少个同心圆，就有多少个柱面。

（3）扇区

每个磁道又被规划出多个扇区。扇区是被间隙分割的圆弧片段，是操作磁盘的最小单位。传统上，每个扇区可存储 512 字节。由此，可以计算得出：

$$硬盘的总容量=磁头数×磁道数×扇区数×512 字节$$

每个字节的读取，是由几十到几百 nm（纳米）的磁性颗粒（CoPt 或 FePt 合金）直接参与的。磁头在读取数据时，将磁粒子的不同极性转换成不同的电脉冲信号，再利用数据转换器将这些原始信号变为计算机可以识别的数据。写入过程与此正好相反。

硬盘在开始使用前，必须先进行格式化，格式化后，硬盘的每个扇区都有唯一的编号即存储地址。硬盘的存储地址由三部分组成：磁面号、磁道号、扇区号。

6.1.2 硬盘的访问特性

硬盘的访问特性是指数据在硬盘和内存之间的移动过程及所花时间成本。在数据库技术中，由于 DBMS 管理数据的存取和访问，了解硬盘的访问特性非常必要，它是设计高效的数据读/写算法的基础。

计算机对文件读/写所花费的时间，主要由下面三个部分组成：

1）磁头寻道。将磁头定义到合适柱面的时间为寻道时间。如果磁头恰好在所需要的柱面上，则寻道时间为 0；如果不在，则磁头需要移动。目前，主流硬盘的平均寻道时间为 9ms。

2）磁盘旋转。将磁盘进行旋转，使磁头位于组成该块的第一个扇区的起始位置，这个时间称为旋转延迟。目前，主流硬盘主轴的旋转速度为 7200r/min，常用磁盘的平均延迟时间为 5ms 左右。

3）数据传输。将数据从磁盘移到主存或从主存移动到磁盘，在这个过程中，磁头从块所包含的第一个扇区的起始点到最后一个扇区的终结点所花时间称为数据传输时间。这个时间与磁盘旋转速度密切相关。

根据上面三点，计算机读取一个块的总时间为

$$块读取时间 = 寻道时间 + 旋转延迟时间 + 数据传输时间$$

目前，主流磁盘的块读取时间为几毫秒到几十毫秒。

磁盘 I/O 请求是由文件系统和操作系统具有的虚拟内存管理器产生的。每个请求都含有要访问的磁盘地址，这个地址是以块号的形式提供的。一个块（Block）是一个逻辑单元，它包含固定数目的连续扇区。块大小在 512B 到几 KB 之间。数据在磁盘和内存之间以块为单位进行传输。

系统访问磁盘的方式有顺序访问（Sequential Access）和随机访问（Random Access）两种。顺序访问快，但只能访问某些特殊的文件。大部分访问采用随机访问的模式。为了提高磁盘的访问时间，产生了许多技术，如缓冲、文件组织、日志磁盘等。

6.2 文件组织

一个数据库被保存在一个或多个物理文件中，这些文件由底层的操作系统（OS）来维护。一个文件（File）在逻辑上组织成为记录的一个序列。

在数据库系统中，数据库管理系统（DBMS）通过操作系统（OS）读/写硬盘上的数据与内存进行交互，是按最小单位——块来进行的。一个块可以包含多个扇区。数据库系统所说的块与操作系统所说的块本质上是同一个含义，但块的大小有所区别。大多数数据库默认使用 4~8KB 的块大小，但是当创建数据库实例时，许多数据库允许指定块大小。

一个块可能包含很多条记录，一个块所包含的记录数是由使用的物理数据组织形式决定的。一般要求一条记录包含在单个块中，也就是说，没有记录是部分包含在一个块中，部分包含在另一个块中。当然，数据库中会有几种大数据项，比如图片，一张图片可能比一个块要大，这种情况需要特殊处理。

在磁盘中，数据库以文件形式组织，而文件由记录组成。文件结构由操作系统的文件系统提供和管理。那么逻辑文件中的记录在物理文件中将如何实现？这是本节要讨论的问题。

一般文件组织有两种方式：一种是把记录设计成定长格式，另一种是可变长格式。下面分别讨论。

例 6-1 设关系数据库系统定义了一张学生基本信息表。

```
1   Create Table S
2   (
3       sNo          char(8)       not null primary key,    /*学号*/
4       sName        varchar(16)   not null,                /*姓名*/
5       Sex          char(1)       not null default 'M',    /*性别*/
6       Age          int           not null default 0,      /*年龄*/
7       dtBirthDate  datetime      null                     /*出生日期*/
8   );
```

一般保存一个整型字段（int）需要 4B，保存一个日期型字段（datetime）需要 8B，这样，在磁盘上保存一条学生记录至少需要 37B。

假如当前学生关系中，有下列 6 条记录：

```
('18011201','李明','M',21,'2000-03-06')
('18011202','张芳','F',20,'2000-11-09')
('18011203','刘燕','F',20,'2001-02-16')
('18011204','王二','M',22,'1999-12-26')
('18011205','袁三','M',21,'2000-05-06')
('18011206','姚小明','M',21,'2000-07-12')
```

一个简单的方法是使用前 37B 来存储第一条记录，接下来的 37B 来存储第二条记录，依此类推。然而，这种简单的方法有两个问题：

1）除非块的大小恰好是 37 的倍数（一般是不太可能的），否则一些记录会跨过块的边界，即一条记录的一部分存储在一个块中，而另一部分存储在另一个块中。于是，读/写这样的一条记录需要两次块访问。

2）删除一条记录非常困难。删除的记录所占据的空间必须移动文件中的其他记录来填充，这显然是难以接受的。

因此，系统运行时需要考虑三个问题：系统是如何插入一条记录的？如何删除一条记录的？如何修改一条记录的？

6.2.1 定长记录的表示方式

定长记录是最简单的构造记录的方式。所有字段都按定义时的数据类型为定长，并按定义时的顺序相连，这便形成了一条记录。一个块中只分配它能完整容纳下的最大的记录数，每个块中余下的字节就不使用了，如图 6-3 所示。

	sNo	sName	Sex	Age	dtBirthDate	

偏移量: 0　　　　8　　　　24　　　　25　　　29　　　　37

图 6-3 关系 S 中的一条记录（定长格式）

1. 删除操作

删除一条记录，可采用下面三种方法之一实现：

（1）把被删记录后的记录依次上移

例如，在图 6-4a 中，要删除记录 2，那么要把记录 3~记录 6 依次上移，如图 6-4b 所示。这时，删除一条记录平均要移动文件中的一半记录，这种方法显然是不可取的。

记录 1	18011201	李明	M	21	2000-03-06
记录 2	18011203	刘燕	F	20	2001-02-16
记录 3	18011202	张芳	F	20	2000-11-09
记录 4	18011206	姚小明	M	21	2000-07-12
记录 5	18011204	王二	M	22	1999-12-26
记录 6	18011205	袁三	M	21	2000-05-06

a) 以定长记录形式保存的六条学生记录

记录 1	18011201	李明	M	21	2000-03-06
记录 3	18011202	张芳	F	20	2000-11-09
记录 4	18011206	姚小明	M	21	2000-07-12
记录 5	18011204	王二	M	22	1999-12-26
记录 6	18011205	袁三	M	21	2000-05-06

b) 把被删记录后的记录依次上移

图 6-4　删除定长记录

（2）把文件中最后一条记录填补到被删记录的位置

如图 6-5 所示，将最后一条记录 6 填补到要删除的记录 2 的位置。这种方法也不可取。

记录 1	18011201	李明	M	21	2000-03-06
记录 6	18011205	袁三	M	21	2000-05-06
记录 3	18011202	张芳	F	20	2000-11-09
记录 4	18011206	姚小明	M	21	2000-07-12
记录 5	18011204	王二	M	22	1999-12-26

图 6-5　把最后一条记录填补到被删记录的位置

（3）把被删结点用指针链接起来

一个块可以存放多条记录，记录之间通过界定符进行分隔。在每条记录中增加一个指针，在文件中增设一个文件首部。文件首部包括文件的有关信息，其中有一个指针指向第一个被删记录位置，所有被删结点用指针链接，构成一个栈结构的空闲记录链表。例如，将图 6-4a 中记录 2、5 删除后，文件如图 6-6 所示。

2. 插入操作

如果采用把被删记录链接起来的方法，那么插入操作可采用下述方法：在空闲记录链表的第一个空闲记录中填上插入记录的值，同时使首部指针指向下一个空闲记录；如果空闲记录链表为空，那么只能把新记录插到文件尾。定长记录形式下的记录随机插入如图 6-7 所示。

头文件						指针 (块地址)	
记录 1	18011201	李明	M	21	2000-03-06		
记录 2							
记录 3	18011202	张芳	F	20	2000-11-09		
记录 4	18011206	姚小明	M	21	2000-07-12		
记录 5							
记录 6	18011205	袁三	M	21	2000-05-06		

图 6-6　指针空闲链表

头文件						指针 (块地址)
记录 1	18011201	李明	M	21	2000-03-06	011. 008. 001
记录 2	18011203	刘燕	F	20	2001-02-16	011. 018. 021
记录 3	18011202	张芳	F	20	2000-11-09	011. 008. 005
记录 4	18011206	姚小明	M	21	2000-07-12	011. 108. 002
记录 5	18011204	王二	M	22	1999-12-26	011. 008. 003
记录 6	18011205	袁三	M	21	2000-05-06	011. 008. 008

图 6-7　定长记录形式下的记录随机插入

3. 修改操作

修改记录时，先查找到要修改记录在磁盘上的块地址，直接释放地址，再随机插入修改后的记录。

定长记录处理方式的特点是简单、方便。但如果记录中有许多可变长数据类型如姓名，若全用 16B 表示，如果记录数很多，就会浪费存储空间。此时，一般采用可变长记录的方式处理。

6.2.2　可变长记录的表示方式

在数据库的表或文件中，之所以会出现可变长记录，原因有下面几点：

1) 记录中出现了一个或多个字段的数据类型是可变长的。varchar(n)、text、图片等都属于可变长数据类型。例如，例 6-1 中学生姓名 sName 的类型为 varchar(16)，最长可为 8 个汉字，但也可以取 2 个或 3 个汉字。

2) 记录中的非主属性，其值可以为 null。在这些为 null 的字段上，有的记录取了值，有的记录没有取值。例如，例 6-1 中学生的出生日期 dtBirthDate，如果插入记录时不知道学生的出生日期，就可以不取值，即为 null。

3) 记录中出现了一个或多个字段的取值允许重复，这些字段称为重复字段。例如，学生的性别 Sex，值允许取"男"或"女"；销售订单主表的业务员编号 EmplNo，这是一个外键，取值来自于公司的员工表的员工编号。

可变长记录的存储比较复杂，不同的数据库系统有不同的技术。其中最常见的为"分槽式页结构"（Slotted-Page Structure），如图 6-8 所示。它一般是在每块的开头设置一个"块首部"，块首部中包含下列信息：

1）块中记录的条数。

2）指向块中自由空间尾部的指针。

3）登记每条记录的开始位置和大小的信息。

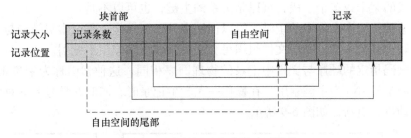

图 6-8 可变长记录的分槽式页结构

在一个物理块中，实际记录是从块的尾部开始连续存储的。块中的自由空间是连续的。如果要插入一条记录，一般在自由空间的尾部给该记录分配空间，同时将该记录的大小和位置信息添加到块首部中。

如果一条记录被删除，它的空间被释放，它在块首部的信息被置为删除标志（如被设为-1），同时它左边的记录全部依次往右移，以填补被删记录的空间。这样，移动记录的代价不会太高，因为块的大小是有限制的，一般为 4~8KB。

在分槽式页结构中，指针不直接指向记录本身，而是指向块首部中的记录信息的登记条目。这样，块中记录的移动就与外界因素独立。

数据库系统一般限制一条记录不大于块的大小以简化缓冲区管理和空闲空间的管理。但一些大的数据对象除外。例如，一幅高精度图像、一段雷达信号等，这些数据可能是一条记录，也可能是一个字段。这样的数据一般以大二进制的方式存储，称为大二进制对象或BLOB。它的存储可以跨越若干块，其存储和查询需要专门的技术实现，这里不做讨论。

6.3 文件中记录的组织

上面讨论了如何在一个文件结构中存储记录。在关系数据库中，关系是记录的集合，而所有的关系都要被存储在一个或多个文件中。那么，数据文件中的记录是如何组织的呢？概括地讲，文件中的记录主要有三种组织方式：堆文件组织、顺序文件组织、散列文件组织。

在关系数据库中，任何一个基本表都有一个主键，这个主键相当于一本书的目录或图书馆的图书索引卡片。表中的数据记录是按堆文件组织的，但主键是按顺序文件组织的，比较复杂的非主键索引是按散列文件组织的。

6.3.1 堆文件组织

定义 6-1 文件中的记录没有顺序，只要空间够，一条记录可以存储在文件中的任何地方，这就是堆文件组织。关系中的数据记录一般都是按堆文件组织存储的，它对插入记录非常方便，但是，当根据搜索条件查询一条或多条记录时，要逐个文件块进行线性查找，而线性查找的代价很高。

因此，为了提高记录查找速度，只按堆文件组织保存数据记录是不够的。

6.3.2 顺序文件组织

定义 6-2 顺序文件组织是指记录按某个搜索码的值的顺序进行存储。这里的搜索码，是指关系模式的某个或多个字段，可以是关系的主键，也可以不是。

为了快速随机搜索文件中的记录，可以使用多种索引结构。每个索引结构与一个特定的搜索码相关联。具体来说，顺序文件组织可分为聚集索引和非聚集索引。

如果搜索码指定的顺序与文件中记录的物理顺序相同，这种索引称为聚集索引。例如，学生关系中的学号 sNo 为主键索引，在操作一条学生记录时，同时在学号 sNo 对应的聚集索引文件中自动进行更新，如图 6-9 所示。

记录 1	18011201	李明	M	21	2000-03-06
记录 2	18011203	刘燕	F	20	2001-02-16
记录 3	18011202	张芳	F	20	2000-11-09
记录 4	18011206	姚小明	M	21	2000-07-12
记录 5	18011204	王二	M	22	1999-12-26
记录 6	18011205	袁三	M	21	2000-05-06

图 6-9 堆文件（数据记录文件）与顺序文件（主键聚集索引）

如果搜索码指定的顺序与文件中记录的物理顺序不同，这种索引称为非聚集索引。例如，在基本表中建立的多码索引。

6.3.3 散列文件组织

顺序文件组织的缺点是必须通过索引结构访问数据，而且索引组织的空间和 I/O 操作的时间代价都是很大的。散列方法是一种不必通过索引就能访问数据的方法。在散列技术基础上结合索引方法可进一步提高访问效率。

根据记录的查找键值，使用一个函数计算得到的函数值作为磁盘块的地址，对记录进行存储和访问，这种方法称为散列方法。

定义 6-3 散列文件组织也称直接存取文件或哈希（Hash）文件，它是利用哈希函数将具有相同搜索码的记录散列到磁盘的同一地址范围——桶（Bucket）中。桶是散列文件的存储单位，一个散列文件包含多个桶，一个桶可以存放多条记录，桶可以是磁盘中的块，也可以是比块大的空间。

例如，一个学生可以选修多门课程，按学号查询学生的选课记录，如图 6-10 所示。

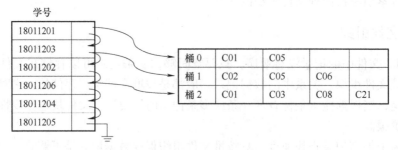

图 6-10 按学号查询学生的选课记录

定义 6-4 设 K 是所有查找键值的集合，B 是所有桶地址的集合。散列函数 h 是从 K 到 B 的一个函数，它把每个查找键值映像到地址集合中的地址。

要插入查找键值为 K_i 的记录，首先是计算 $h(K_i)$，求出该记录的桶地址，然后在桶内查找。

使用散列方法，首先要有一个好的散列函数。由于在设计散列函数时不可能精确地知道要存储的记录的查找键值，因此要求散列函数在把查找键值转换成存储地址（桶号）时，应满足下面两个条件：

1）地址的分布是均匀的。把所有可能的查找键值转换成桶号以后，要求每个桶内的查找键值数目大致相同。

2）地址的分布是随机的。所有散列函数值不受查找键值各种顺序的影响，例如字母顺序、长度顺序等。

散列文件组织的优点是记录随机存储，不需要进行排序，数据更新方便，查询速度快；缺点是它不支持顺序查询，哈希函数的选择也非常困难。

习 题 6

6-1 依照数据库的存储结构，对于定长记录，关系数据库一般是如何插入、删除、修改记录的？

6-2 在关系数据库中，数据库有哪几种物理文件组织？在数据表中插入一条记录，要插入到哪几个文件组织中去？

6-3 影响数据查询速度的因素有哪些？

第 7 章　数据库保护技术

在数据库系统运行时，DBMS 要对数据库进行实时监控，以保证数据库中数据的安全可靠和正确有效。这就是 DBMS 的四大控制功能，也称四大保护功能，即数据库的恢复、并发控制、完整性控制和安全性控制。每一项功能都构成了 DBMS 的一个子系统。DBMS 是怎么实现这四大控制功能的？这就是本章要介绍的 DBMS 的一个核心概念——事务。

本章学习要点：

- 事务：事务的概念、事务的 ACID 性质、事务的状态变迁图、事务管理器。
- 数据库并发控制：并发操作产生的三类问题、锁的类型、封锁协议、活锁与死锁。
- 数据库恢复技术：重复存储、写日志。
- 数据库完整性控制：数据的正确性、有效性和相容性。
- 数据库安全性控制：合法用户的授权访问。

7.1　事务

从用户的角度看，对数据库的某些操作应是一个整体，不能分割。例如，银行转账中客户要从账户 A 向账户 B 转款 1000 元，在数据库系统里是这样操作的：先检查账户 A 的余额是否大于或等于 1000 元，如果余额足够，再进行下面两步操作：

1）将账户 A 的余额减少 1000 元。

2）将账户 B 的余额增加 1000 元。

显然，上面两步操作涉及两条数据更新语句（Update）。在数据库系统中，这两条 Update 语句并不是在同一瞬间完成的。无论如何，要么全都发生，要么全部都不发生，决不允许只成功操作了其中一条而另一条操作失败的情况发生。这就是"事务"的概念。

7.1.1　事务的概念

定义 7-1　事务（Transaction）是指用户定义的对数据库操作的多条语句序列，可以为插入、修改、删除或检索，这些操作要么全做，要么全不做，是一个不可分割的工作单元。不论发生何种情况，数据库系统必须保证所定义的事务能正确、完整地执行。

如果事务中的数据库操作仅涉及数据的检索，而不更新数据库，这样的事务称为只读事务（Read）；否则，称为读写事务（Write）。

事务的开始和结束可以由程序显式控制。在 SQL 中，定义事务的语法格式为

```
Begin Transaction:
    <事务体>
```

```
Commit Transaction:
    <事务提交提示>
Rollback Transaction:
    <事务回滚提示>
```

其中，"事务体"是 SQL 中一段程序，包含一条或多条数据操纵语句，可以为查询（Select）、插入（Insert）、修改（Update）或删除（Delete）语句。

事务一般以 Begin Transaction 开始，一旦遇到 Commit，就会提交"事务体"中所有的数据操纵语句；如果在事务运行的过程中发生了任何一个意外，导致事务无法继续进行，则事务中对数据库已做的所有临时操作全部取消，回滚到事务开始时的状态，按照 Rollback 后面给出的语句进行操作。

如果用户在程序中没有显式地定义事务，则由 DBMS 按默认规则自动划分事务，一般一条数据操纵语句（Insert、Update、Delete 或 Select）默认就是一个事务。

例 7-1　某银行有一笔转账业务，从账户 A 向账户 B 转款 1000 元。如果不显式定义事务，程序如下：

```
1   Read(A);          /*只读事务T1:把数据A从磁盘的数据库中读到内存的缓冲区中*/
2   If(A >=1000)
3       A=A-1000;
4       Write(A);     /*读写事务T2:把数据A从内存缓冲区中写回到磁盘的数据库中*/
5       Read(B);      /*只读事务T3:把数据B从磁盘的数据库中读到内存的缓冲区中*/
6       B=B+1000;
7       Write(B);     /*读写事务T4:把数据B从内存缓冲区中写回到磁盘的数据库中*/
8   End If
```

在上面这段程序中，由于没有显式定义事务，DBMS 自动默认划分了四个事务。其中，第 4 行更新数据项 A，为事务 T2；第 7 行更新数据项 B，为事务 T4。

这样的程序可能导致其中一个事务成功，而另一个事务失败的情况。这是不允许的。应当把整个程序显式地定义为一个事务，程序如下：

```
1   Begin Transaction:   /*--------------------------开始事务--------------------------*/
2       Read(A);
3       Temp=0;          /*初始化一个临时变量*/
4       If(A>=1000)
5           A=A-1000;
6           Write(A);
7           Read(B);
8           B=B+1000;
9           Write(B);
10          Temp=1;      /*修改临时变量的值*/
11      End If
```

```
12      If(Temp==1)
13          Commit Transaction;        /* ------------------事务提交-------------------- */
14          Send("转账成功!");
15      Else
16          Rollback Transaction;      /* --------------事务回滚(撤销)---------------- */
17          Send("余额不足,不能进行转账业务!");
18      End If
19  Rollback Transaction:             /* --------------事务回滚(撤销)---------------- */
20      Send("意外错误,转账失败!");
```

上面程序中,把对数据库的全部更新都定义在一个事务中。如果在整个事务运行中,没有发生任何意外,则遇到 Commit 语句时立即提交全部更新;否则,所有更新全部取消。

从例 7-1 可以看出,数据库系统运行的最小逻辑工作单位是"事务",所有对数据库的更新操作都是以事务作为一个整体单位来执行的。

7.1.2　事务的 ACID 性质

为了保证数据库的数据完整性,DBMS 要求事务必须具有下列四个性质:

1) **原子性**(Atomicity)。一个事务对数据库的所有操作是一个不可分割的逻辑单元,这些操作要么全部执行,要么全部都不执行。

2) **一致性**(Consistency)。一个事务执行的结果应保持数据库的一致性,即数据的完整性不会因为事务的执行而遭到破坏。

3) **隔离性**(Isolation)。当多个事务并发执行时,数据库系统要能保证任何一个事务的执行都不干扰别的事务的执行,所有事务在执行时就好像其他事务不存在一样。

4) **持久性**(Durability)。一个事务成功完成后,它对数据库的所有更新操作应永久反映在数据库中,即使系统出现故障也是如此。

上述四条性质称为事务的 ACID 性质,其缩写来自四条性质的首写字母。

7.1.3　事务的状态变迁图

正常情况下,如果不出现故障,所有的事务都能顺利完成。但在实际中,由于种种原因导致系统出现故障,如突然停电、硬件突然烧毁、程序意外错误、杀毒软件干扰等。为了控制,人们需要为事务定义各种不同的概念,以及执行时的不同状态。

一个事务从开始定义到最后释放,中间可能会经历五种状态,如图 7-1 所示。

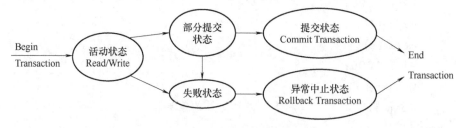

图 7-1　事务状态变迁图

（1）活动状态

事务一旦隐式或显式遇到 Begin Transaction 语句，便立即进入活动状态。事务将进行对数据库的读写操作。其中的"写"并不是写硬盘，而是写在系统缓冲区中。

（2）部分提交状态

在事务没有遇到 Commit Transaction 以前，事务对数据库的操作都属于部分提交状态。

（3）失败状态

处于活动状态的事务，在没有到最后一条语句就中止执行，此时称事务进入"失败"状态。或者，处于部分提交状态的事务遇到了故障，也会进入失败状态（Failed）。

（4）异常中止状态

处于失败状态的事务，很可能对磁盘中的数据进行了部分修改。为了保证事务的原子性，应该撤销该事务对数据库做的任何修改。对事务的撤销操作称为事务的回退（Rollback）。

处于失败状态的事务遇到 Rollback Transaction 语句时，事务回滚，数据库被恢复到事务开始执行前的状态，事务处于异常中止状态（Aborted）。

（5）提交状态

处于部分提交状态的事务，如果没有发生任何意外，一旦遇到 Commit Transaction 语句，会把对数据库的所有修改全部写到磁盘上，事务进入"提交"状态（Committed）。

事务的异常中止状态和提交状态都是事务结束的标志。

7.1.4　事务管理器

当事务的 ACID 这四种性质之一遭到破坏时，事务便不能正确执行。破坏的因素主要有两个：多个事务的并发运行和导致事务强行中止的系统故障。因此，需要研究事务的并发运行机制和故障恢复机制，以保证事务的正常执行。这个工作是由事务管理器来完成的。

事务管理器是数据库系统中的一个重要子系统。它的主要功能有两个：

1）为日志管理器传递信号，使必需的信息（如对数据库的修改等）能以"日志记录"的形式存储在日志中。

2）确保并发运行的事务互不干扰，即把并发执行的事务组成一个正确的执行序列，以保证所有的事务正确执行。

事务管理器与数据库系统其他部分的关系如图 7-2 所示。

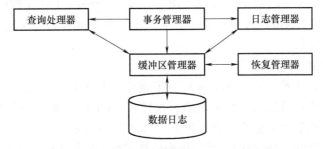

图 7-2　事务管理器与数据库系统其他部分的关系

事务管理器将关于事务动作的消息传递给日志管理器，将数据更新以及何时将更新的内容写回到磁盘的信息传给缓冲区管理器，将有关可以查询的信息传给查询处理器。日志管理器主要维护日志信息，并通知缓冲区管理器何时把日志信息写到磁盘上。恢复管理器主要负责系统崩溃时，利用日志信息将数据恢复到最近正确状态。

事务管理器主要用于解决两个问题：一是如何控制多用户的并发操作；二是当系统出现故障时，如何对数据进行恢复。

7.2　数据库并发控制

数据库的并发与操作系统的并发，这两个概念是有区别的。

在计算机操作系统中，进程（Process）是指内存中正在运行的程序。而并发是指在同一时间段里，一个 CPU 执行多个进程。一个进程可以分出不同的时间片、执行不同的任务，这就是线程（Thread），线程是操作系统能够进行运算调度的最小逻辑单位。

DBMS 属于多用户、共享系统，许多事务可能在同一时间对同一数据进行操作，这就是"并发操作"。例如，网上火车票售票系统，如果不加以控制，很多人就会抢购到同一个座位号的火车票。

DBMS 的并发控制子系统就是负责协调并发事务执行的，它可保证数据库的完整性，同时避免用户得到不正确的数据。

7.2.1　并发操作产生的三个问题

对于数据库的并发操作，如果不加以控制，可能会导致下面三个问题。

1. 丢失更新

假设有两人同时在网上购买同一车次的火车票，甲读出该列车当前售出的最大票序号为 80（记为事务 T1），乙读出该列车当前售出的最大票序号也为 80（记为事务 T2）。甲开始购买下一张票，票号为 81，并将已售出的最大票序号更新为 81；此时，乙也开始购买下一张票，票号为 81，并将已售出的最大票序号更新为 81。这两个事务同时读取售出的最大票号并进行更新，由于没有加以控制，导致事务 T1 的更新被丢失了，结果是两人购买了同一个座位号。如图 7-3a 所示。

2. 不可重复读

假设有两个事务 T1、T2 都要操作数据项 A，T1 是将 A 加 10，T2 是分别将数据项 A 的值加到数据项 B、C 上。由于缓冲区空间有限，T2 需要分两次读取 A 的值。当 T2 第二次读取数据项 A 的值时，A 的值已经被修改了。人们把这种问题称为不可重复读。两个事务的运行时序如图 7-3b 所示。

3. 读"脏"数据

假设事务 T1 修改了数据项 A 的值并写回了磁盘，事务 T2 读取了 A 的值后，由于某种原因 T1 要被撤销，它修改的值要恢复原值，这样 T2 读取的数据 A 就与数据库中的数据不一致，这时就称 T2 读到的数据为"脏"数据，如图 7-3c 所示。

产生上述三类问题的主要原因是并发操作破坏了事务的隔离性。并发控制机制就是要采用正确的方式调度并发操作，使一个事务的执行不受其他事务的干扰，从而避免造成数据的不一致。

a) 丢失更新

时序	事务 T1	事务 T2
t0	Read(A)	
t1		Read(A)
	A=A+1	
t2	Write(A)	
		A=A+1
t3		Write(A)

b) 不可重复读

时序	事务 T1	事务 T2
t0	Read(A)	
t1		Read(A)
	A=A+10	
t2	Write(A)	
t3		Read(B)
		B=B+A
t4		Write(B)
t5		Read(A)
t6		Read(C)
		C=C+A
t7		Write(C)

c) 读"脏"数据

时序	事务 T1	事务 T2
t0	Read(A)	
	A=A*2	
t1	Write(A)	
t2		Read(A)
t3	Rollback T1	

图 7-3 并发操作没有控制导致的三类问题

7.2.2 并发调度的可串行化

那么,什么样的并发调度才是正确的?答案是可串行调度。

事务的执行次序称为"调度"。如果多个事务依次执行,则称为事务的"串行调度"。如果利用分时的方法同时处理多个事务,则称为事务的"并发调度"。

"串行调度"与"可串行化的调度"是两个不同的概念。

如果有 n 个事务并发调度,所有可能的并发调度总数远远大于 $n!$。其中,有的并发调度是正确的,有的并发调度是错误的。

定义 7-2 多个事务的并行执行是正确的,当且仅当其结果与按某一次序串行执行时的结果相同,这种调度策略称为可串行化(Serializable)的调度,否则称为不可串行化的调度。

在所有并发调度中,可串行化的调度是正确的,不可串行化的调度是错误的。

例 7-2 设数据项 A 的初始值为 10,事务 T1 将 A 的值加 8,事务 T2 将 A 的值乘 2。如果先 T1 再 T2,则 A 的结果为 36;如果先 T2 再 T1,则 A 的结果为 28。这两种串行调度都是正确的。如图 7-4a 和 b 所示的调度是可串行的,故结果是正确的。而图 7-4c 所示的调度是不可串行的,故结果是错误的。

a) 先 T1 后 T2,可串行化的调度

时序	事务 T1	事务 T2
t0	Read(A)	
	A=A+8	
t1	Write(A)	
t2		Read(A)
		A=A*2
t3		Write(A)
结果		A=36

b) 先 T2 后 T1,可串行化的调度

时序	事务 T1	事务 T2
t0		Read(A)
		A=A*2
t1		Write(A)
t2	Read(A)	
	A=A+8	
t3	Write(A)	
结果	A=28	

c) 不可串行化的调度

时序	事务 T1	事务 T2
t0	Read(A)	
t1		Read(A)
	A=A+8	
t2	Write(A)	
		A=A*2
t3		Write(A)
结果		A=20

图 7-4 并发操作的不同调度

7.2.3　封锁技术

并发控制的主要方法是封锁（Locking）。

定义 7-3　锁（Lock）是一个与数据项相关的变量，对可能应用于该数据项上的操作而言，锁描述了该数据项的状态。

通常在数据库中的每一个数据项都有一个锁。封锁就是事务 T 对某个数据项操作之前，先向系统发出请求，对其加锁，加锁后，事务 T 就对该数据项有了某种控制，在事务 T 释放它的锁之前，其他的事务不能更新此数据项。

1. 锁的类型

基本的封锁类型有两种：排他锁（Exclusive Lock，简称 X 锁）和共享锁（Share Lock，简称 S 锁）。

定义 7-4　排他锁又称写锁。如果事务 T 对某个数据对象 R（可以是数据项、记录、数据表，甚至整个数据库）加上了 X 锁，则只允许事务 T 读取和更新数据对象 R，其他任何事务都不能再对 R 加任何类型的锁，直到事务 T 释放 R 上的锁。

定义 7-5　共享锁又称读锁。如果事务 T 对某个数据对象 R 加上了 S 锁，则允许事务 T 读取 R 上的数据，但不能更新 R 上的数据。其他事务可以对 R 加 S 锁，但不能加 X 锁。

使用 X 锁的操作有两个：

1）申请加 X 锁操作。事务 T 对数据 R 进行写操作前，必须申请加 X 锁成功。如果数据 R 当前没有任何锁，则可直接加 X 锁；如果数据 R 当前有一把或多把 S 锁，但没有 X 锁，则事务 T 先申请加上一把 S 锁，然后等待 R 上所有别的 S 锁全部释放后，再将自己的 S 锁升级为 X 锁；如果数据 R 当前有 X 锁，则事务 T 只能等待，直到该 X 锁被释放为止。

2）释放 X 锁操作。事务 T 对数据 R 加 X 锁成功后，才可以对 R 进行数据更新。直至遇到 Commit 或 Rollback 语句，才会释放 X 锁。

使用 S 锁的操作有两个：

1）申请加 S 锁操作。事务 T 对数据 R 进行读操作前，必须申请加 S 锁成功。如果数据 R 当前没有任何锁或只有 S 锁，则可直接加 S 锁；如果数据 R 当前有 X 锁，则事务 T 只能等待，直到该 X 锁被释放为止。

2）释放 S 锁操作：事务 T 对数据 R 加 S 锁成功后，才可以对 R 进行数据读取。读完后，立即释放 S 锁。

2. 封锁协议

在运用 S 锁和 X 锁对数据对象进行加锁操作时，需要遵循一些规则，这些规则称为封锁协议（Locking Protocol）。对封锁方式采用不同的规则，就形成不同的封锁协议。目前，封锁协议分为三级。各级封锁协议对并发操作带来的丢失更新、不可重复读、读"脏"数据等不一致问题，可以分不同级别加以解决。

（1）一级封锁协议

事务 T 在更新数据 R 之前必须先对其加 X 锁，直到事务结束才释放。这就是一级封锁协议。它能防止丢失更新，但它不要求读取数据要加 S 锁，所以它不能解决不可重复读和读"脏"数据的问题。

（2）二级封锁协议

一级封锁协议加上事务 T 在读取数据 R 之前必须先对其加 S 锁，读完后，立即释放 S 锁。这就是二级封锁协议。它能防止丢失更新，也能防止读"脏"数据问题，但由于它读完立即释放，故它不能解决不可重复读的问题。

（3）三级封锁协议

在一级封锁协议的基础上，加上事务 T 在读取数据 R 之前必须先对其加 S 锁，直到事务结束，才释放 S 锁。这就是三级封锁协议。由于它在读完数据后也不释放 S 锁，使得别的事务无法更新数据，故它不但能防止丢失更新、读"脏"数据的问题，还能解决不可重复读的问题。

7.2.4　封锁带来的问题及解决办法

事务使用封锁机制后，会产生活锁、死锁等问题。

1. 活锁

如果事务 T1 封锁了数据对象 R，事务 T2 又请求封锁 R，于是 T2 等待。接着事务 T3 也请求封锁 R。当 T1 释放了 R 上的锁之后系统先批准了 T3 的请求，T2 仍然等待，这时 T4 也请求封锁 R。当 T3 释放了 R 上的锁之后系统先批准了 T4 的请求，……，T2 可能永远等待。这种在多个事务请求对同一数据封锁时，总是某一个用户等待，得不到封锁的情况，称为活锁。

解决活锁的办法是采用"先来先服务"的策略，即简单的排队方式。

2. 死锁

系统中有两个或两个以上的事务都处于等待状态，并且每个事务都在等待其中另一个事务解除封锁，它才能够继续进行下去，结果造成任何一个事务都无法继续执行。这种情况称为系统进入了"死锁"状态。

可以用事务依赖图的形式测试系统中是否存在死锁。图中用圆圈表示一个事务，箭头表示事务的依赖关系。如图 7-5 所示，事务 T1 请求加锁数据 A，但 A 已被事务 T2 封锁；T2 请求加锁数据 B，但 B 已被事务 T1 封锁，这样存在一个循环，系统进入死锁状态。

DBMS 的并发控制子系统一旦监测到系统中存在死锁，就要设法解除。常用的方法是选择一个处理死锁代价比较小的事务，将其撤销，释放此事务持有的所有锁，使其他事务得以继续运行下去。例如，在图 7-6 中，撤销事务 T3，即可解除死锁。

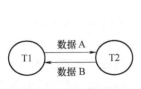

图 7-5　事务依赖图

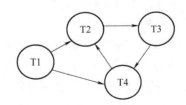

图 7-6　事务的有环依赖图

7.2.5　锁的粒度

封锁对象的大小称为封锁粒度。封锁对象可以是逻辑单元，也可以是物理单元。在关系数据库中，封锁的逻辑单元有属性值、属性值的集合、元组、关系、索引项，甚至整个数据库。封锁的物理单元有页、块等。

封锁的粒度与系统的并发度和并发控制的开销密切相关。封锁的粒度越大，并发度也就越小，但同时系统的开销也就越小；反之，封锁的粒度越小，并发度越高，但同时系统的开销却越大。

例如，对整个数据库封锁，则只需要一把锁即可，开销很低，但任何别的事务对数据库的访问都要等待，并发度过小。如果对数据表封锁，则有多少用户表就需要多少把锁，一个表封锁了，但用户可以访问别的表，并发度比对整个数据库封锁要高。

7.3 数据库恢复技术

数据库系统在运行时，很多因素如软件错误、硬件损坏、电源故障、机房失火、人为破坏等，都可能导致系统出现故障，并出现数据丢失的情况。DBMS 的恢复管理子系统采取了许多措施，保证在任何情况下保持事务的原子性和持久性，确保数据不丢失、不被破坏。

定义 7-6 数据库系统能把数据库从被破坏、不正确的状态恢复到最近一个正确的状态，DBMS 的这种能力被称为数据库的可恢复性（Recovery）。

数据恢复的基本原理非常简单，就是冗余。最常用的技术就是数据备份（Backup）和记录日志文件（Log）。

日志管理器负责做好用户对数据库的操作的日志记录，同时利用 DBMS 提供的功能，不停地做好数据库备份。这两点是数据库恢复的基础。

一旦故障发生，利用备份文件进行还原，在还原的基础上利用日志文件进行恢复，重新建立一个完整的数据库。

恢复的具体细节与数据库发生的故障种类有关。

7.3.1 故障的种类

数据库系统在运行中，可能会发生各种各样的故障，大致可以分为下面几类。

1. 事务故障

事务在执行过程中发生的故障，称为事务故障。此类故障只发生在单个或多个事务上，系统能够正常运行，其他事务不受影响。

事务故障又分两种：

1）可以预期的事务故障。通过程序本身可以发现，利用 Rollback 回滚事务即可。例如，例 7-1 中的第 16 行源代码，银行转账余额不足的情况。

2）不可预期的事务故障。指程序未估计到的错误，例如，运算溢出、违反数据完整性约束、并发事务产生死锁后被系统强制撤销等。此时，由系统直接对该事务进行 Undo（撤销）处理。

2. 系统故障

引起系统停止运转，随之要求系统必须重新启动的事件，称为系统故障。例如，硬件故障、软件错误（包括 DBMS、OS 或应用程序）、突然停电等。系统故障会影响正在运行的所

有事务，这些事务都是非正常中止，有些事务完成了提交，有些事务完成了部分提交，有些
事务还在缓冲区内没有提交，这样可能破坏数据库的完整性，但不破坏整个数据库。

一般情况下，DBMS 的恢复子系统必须在系统重新启动时，对那些非正常中止的事务进
行处理，把数据库恢复到正确状态即可。

3. 介质故障

硬盘上的数据库遭到破坏，使得数据库系统无法正常运行，这类故障称为介质故障，也
称硬故障。例如，硬盘损坏、磁头碰撞等。发生这类故障时，一般使用最近的备份文件还原
数据，然后利用日志进行恢复。

4. 计算机病毒

计算机病毒是一种人为的破坏，它是由某些人恶意编制的计算机程序，会像病毒一样进
行传播，并对数据库系统造成严重破坏。根据病毒对数据库的破坏程度，一般采取两种方法
进行恢复。如果破坏比较严重，DBMS 无法修复，则只能使用最近的备份文件进行还原。如
果破坏不是太严重，可以利用 DBMS 的恢复子系统进行恢复。

7.3.2　数据恢复的实现技术

数据恢复机制涉及两个问题：一是如何做数据备份，二是如何利用备份文件进行数据库
恢复。其中，建立数据库备份最常用的技术是数据转储和记录数据库操作日志。

1. 数据转储

数据库转储是指数据库管理员（DBA）定期地将整个数据库复制到另一个磁盘上保
存起来。这些复制文件称为数据库的备份文件。一旦当数据库发生故障而无法自动修复
时，就可以利用最近的备份文件进行数据库恢复。这种方法只能恢复转储时的数据库状
态，转储后的数据无法直接恢复，这时就要依赖日志文件进行恢复，而且还要看故障的
破坏程度。

数据库转储分为静态转储和动态转储。

静态转储也称数据库备份，是指数据库在没有任何事务操作的状态下，数据库文件的复
制。该方法比较简单，但能获得一致性的副本。静态转储需要经常定期或不定期进行，每次
都比较耗时，故 DBA 一般选择在晚上进行。每次备份后，仅能保存当时的数据库，不含备
份后操作数据库的状态。

一般 DBMS 都提供数据库备份的语句或功能。例如，在 MySQL Workbench 中，单击
图 7-7 中的 Data Export（数据导出）项，可以对所选择的数据库进行备份。一旦发生介质故
障，就可以用备份文件进行数据库恢复。

如图 7-8 所示，可以通过数据库的备份文件进行数据库的恢复。

动态转储是指允许其他事务对数据库进行操作的同时进行数据库的复制，这一般涉及检
查点技术。

2. 记录日志文件

日志文件是用来记录事务对数据库更新的文件。不同的数据库系统采用的日志文件格式
并不完全相同。概括起来有两种格式：以记录为单位形成的日志文件，或以数据块为单位的
日记文件。

日志文件主要用于数据库恢复，其主要作用有：

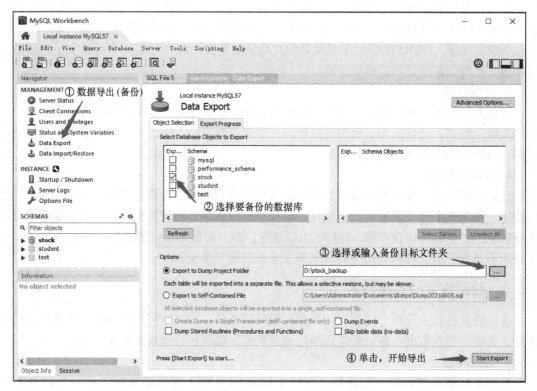

图 7-7　MySQL Workbench 的数据库备份

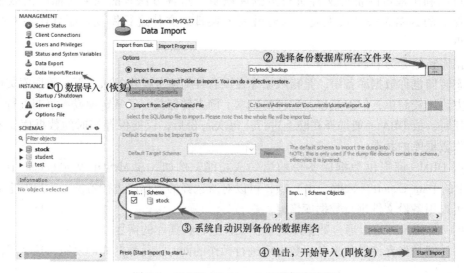

图 7-8　MySQL Workbench 的数据库恢复

　　1）在事务故障和系统故障的恢复时，必须使用日志文件进行撤销（Undo）或重做（Redo）。

　　2）在介质故障的恢复时，先利用数据库备份文件还原到备份点；从备份点到故障点，根据日志文件，采用 Undo 和 Redo 方法尽量将数据库恢复到故障点的一致状态。如果不能成功，则只能通过手动的方式重新进行操作。

7.4 数据库完整性控制

7.4.1 完整性子系统

定义 7-7 数据库的完整性（Integrity）是指数据的正确性、有效性和相容性，防止错误的数据进入数据库。

所谓数据的正确性，是指数据的合法、语义的正确，主要指数据类型上的约束。例如，数值型数据中只能含有数字，不能含有字母。

所谓数据的有效性，是指数据取值的有效范围。例如，考试成绩只能为 0~100、性别只能取"男"或"女"等。

所谓数据的相容性，是指表示同一事实的两个数据应该相同，不一致就是不相容。例如，在主表、附表中，主键、外键取值的约束。

数据库中的数据应满足的条件称为"完整性约束条件"，也称"完整性规则"。DBMS 必须提供一种机制来保证数据库中的数据完整性，避免非法的、不符合语义的、错误的数据进入数据库。

DBMS 中执行完整性检测的子系统称为"完整性子系统"，其功能主要有两点：

1）监督事务的执行，检测是否违反完整性规则。

2）如果有违反现象，则采取适当的操作，如拒绝执行、输出违反信息、纠正错误数据等。

完整性子系统是根据"完整性规则集"来执行的。而完整性规则集是由 DBA 或数据库设计人员事先定义的有关数据约束的一组规则。

7.4.2 SQL 中的完整性约束类别

完整性约束条件总是针对一定的数据对象，这些对象可以是关系、元组或属性列。因此，数据完整性约束可以分为列级约束、元组级约束和表级约束。

1. 列级约束

列级约束也称属性取值约束，这是最常用、最容易实现的一类完整性约束，主要包括：

1）数据类型的约束，如数据的类型、长度、单位、精度等。

2）取值范围或取值集合的约束，通过 Check 子句进行定义。

3）是否为空值（null）的约束：not null 或 null。

4）默认值约束，通过 default <默认值>定义。

5）取值唯一性约束，通过 unique 定义。其中，主键的取值是唯一的。

例如，创建学生基本信息表，可以定义如下一些约束。

```
1  Create Table S
2  (
3      sNo      char(8)       not null primary key,   /*主键,取值唯一*/
4      sName    varchar(30)   not null,
5      sex      char(1)       not null default 'M',
```

```
6        Age       int             not null default 0,
7        cPhone    char(13)        not null unique,      /*手机号,取值唯一*/
8        vcMemo    varchar(255)    null,                 /*备注*/
9        Check(sex in('M','F')),                         /*性别取值约束*/
10       Check(Age between 12 and 30)                    /*年龄取值约束*/
11   );
```

说明：MySQL 8.0 之前的版本不支持 Check（）语句，定义时不会报错，也不会被执行。直到 MySQL 8.0 之后的版本才支持。

2. 元组级约束

一个元组是由若干个有序的属性值组成的，在同一个元组中，其属性之间的取值也可以定义某些制约条件。

例如，在销售订单业务中，有订单金额、已收金额、应收金额，其中已收金额不能大于订单金额，应收金额=订单金额-已收金额。

```
1    Create Table SoHead
2    (
3        cSoNo       char(10)       not null primary key,
4                                             /*销售订单编号:主键,取值唯一*/
5        dtSoDate    datetime       not null,          /*销售订单日期*/
6        dcTotal     decimal(8,2)   not null default 0,  /*订单总金额*/
7        dcPay       decimal(8,2)   not null default 0,  /*已收金额*/
8        dcBalace    decimal(8,2)   not null default 0,  /*应收金额*/
9        check(dcPay >=0 and dcPay <=dcTotal)
10   );
```

3. 表级约束

在一个表中的各个元组，或多个表之间的属性取值的约束，称为表级约束。其包括实体完整性约束（主键）、参照完整性约束（主外键）和用户自定义规则约束。

对于主键、外键约束，一般用"Constraint <约束名> <约束条件>"格式来定义。

其他约束，例如，在学生关系 S 中，要求男同学的年龄在 12~30 岁之间，女同学的年龄在 10~28 岁之间，可以如下定义：

```
Check((Sex='M'and Age between 12 and 30)or(Sex='F'and Age between 10
and 28))
```

4. SQL3 中的触发器

前面所说的约束机制都属于被动的约束机制。在遇到违反数据库完整性约束后，只能做出比较简单的动作，如拒绝操作、显示错误信息等。如果希望在某个操作后，系统能自动根据条件转去执行各种别的、所要求的操作，这就是 SQL3 中的触发器（Trigger）机制。

触发器属于表级约束，具体内容请参见第 8.3 节。

7.5 数据库安全性控制

定义 7-8 数据库的安全性（Security）是指保护数据库，防止不合法的使用而造成数据的泄密、更改或破坏。

数据库的安全性与完整性经常容易混淆。安全性是保护数据以防止非法用户对数据库的操作，而完整性是保护数据库以防止合法用户对数据的错误输入。

7.5.1 权限问题

所谓权限，是指用户或应用程序使用数据库的方式。为了便于数据库系统的安全性管理和控制，DBS 对各种方式进行了细分。具体说来，权限分为两种：访问数据的权限和修改数据库结构的权限。

访问数据的权限有四个：

1）读（Select）：允许用户查询数据。

2）插入（Insert）：允许用户插入数据。

3）修改（Update）：允许用户修改数据。

4）删除（Delete）：允许用户删除数据。

修改数据库结构的权限也有四个：

1）索引（Index）权限：允许用户创建、删除索引。

2）资源（Resource）权限：允许用户创建新的表。

3）修改（Alteration）权限：允许用户修改表的结构。

4）撤销（Drop）权限：允许用户撤销表。

7.5.2 SQL 中的安全性机制

SQL 中有四个机制保障了数据库的安全性：视图（View）、权限（Authorization）、角色（Role）和审计（Audit）。

1. 视图

视图是从一个或多个基本表导出来的虚拟表，它本身没有数据。视图一经定义，就可以和基本表一样用于查询数据，也可以用于定义新的视图。

视图机制有三个特点：保护数据安全、逻辑数据独立和操作简单。

视图常用于对无权用户屏蔽数据。用户只能查看视图定义中的数据，而不能查看视图外、基本表中的数据，如此保证了数据的安全性。

2. 权限

DBMS 的授权子系统负责用户对数据库使用权限的授予与收回。

授权语句的语法格式为

```
Grant <权限 1,权限 2,…> On <数据库对象> To <用户名>;
```

例 7-3 将学生选课信息表的查询和修改数据的权限授予用户 user8。

```
Grant Select,Update On SC To user8;
```

把修改考试成绩的权限授予用户 user6。

```
Grant Update(Score)On SC To user6;
```

收回授权语句的语法格式为

```
Revoke <权限 1,权限 2,…> On <数据库对象> From <用户名>;
```

例 7-4　将学生选课信息表的修改数据的权限，从用户 user8 手中收回。

```
Revoke Update On SC From user8;
```

3. 角色

在大型数据库系统中，用户的数量可能比较多，其使用数据库的权限也各不相同，为了便于管理，引入角色的概念。

所谓角色，是指具有某一类权限的一个抽象的用户或一个称呼，如数据库管理员、数据库备份员、销售主管、财务主管等。

在 SQL 中，角色机制一般分四步：

1）创建角色，语句如下：

```
Create Role <角色名>;
```

2）给角色授权，语句如下：

```
Grant <权限 1,权限 2,…> On <数据库对象> To <角色名>;
```

3）将一个角色授予某些用户，语句如下：

```
Grant <角色名> To <用户名 1,用户名 2,…>;
```

4）将角色权限收回，语句如下：

```
Revoke <权限 1,权限 2,…> On <数据库对象> From <角色名>;
```

例 7-5　先创建一个角色 role1，获得学生选课信息表的查询和修改数据的权限，再将该角色授予用户 user6 和 user8。

```
Create Role role1;
Grant Select,Update On SC To role1;
Grant role1 To user6,user8;
```

4. 审计

所谓审计，就是把用户对数据库的所有操作自动记录下来存入审计日志（Audit Log）中，这样，一旦数据库发生非法存取，DBA 就可以利用审计来跟踪信息，查找非法存取数据的人、事件和内容等。

审计追踪使用的是一个专门的文件或数据库，系统自动将所有用户对数据库的所有操作都记录在里面。因此，审计是很费时间和空间的。DBMS 一般都把审计功能作为可选功能，由 DBA 根据安全性要求，自己灵活处理。

习　题　7

7-1　单选题

（1）事务中包括的所有操作要么都做要么都不做指的是事务的（　　　）。

　　　A. 原子性　　　　　　B. 一致性　　　　　　C. 永久性　　　　　　D. 隔离性

（2）若事务 T 对数据对象 R 加了 X 锁，则其他事务对 R（　　　）。

　　　A. 可以加 S 锁，但不能加 X 锁　　　　　B. 不能加 S 锁，但可以加 X 锁

　　　C. 可以加 S 锁，也可以加 X 锁　　　　　D. 不能加任何锁

（3）用于数据库恢复的重要文件是（　　　）。

　　　A. 数据库文件　　　　　　　　　　　　B. 索引文件

　　　C. 日志文件　　　　　　　　　　　　　D. 备注文件

（4）如果数据中出现如"人的年龄有 300 岁"，则说明系统没有保护数据的（　　　）。

　　　A. 安全性　　　　　　B. 完整性　　　　　　C. 一致性　　　　　　D. 独立性

（5）造成数据不一致的原因不包括（　　　）。

　　　A. 数据冗余　　　　　B. 并发控制不当　　　C. 故障或错误　　　　D. 设计不合理

（6）如果事务 T 获得了数据项 Q 上的排他锁，则 T 对 Q（　　　）。

　　　A. 只能读不能写　　　　　　　　　　　B. 只能写不能读

　　　C. 既可读又可写　　　　　　　　　　　D. 不能读不能写

（7）DBMS 中实现事务持久性的子系统是（　　　）。

　　　A. 安全性管理子系统　　　　　　　　　B. 完整性管理子系统

　　　C. 并发控制子系统　　　　　　　　　　D. 恢复管理子系统

7-2　填空题

（1）事务的执行次序称为_____。

（2）并发控制采用的主要机制是_____机制，锁的类型主要有_____、_____。

（3）若事务 T 对数据对象 A 加了 S 锁，则其他事务只能对 A 加_____锁，不能加_____锁。

（4）数据库恢复的基本原则是_____。要使数据库具有可恢复性，平时要做好两件事：_____和_____。

7-3　简答题

（1）事务是一个用户定义的数据库操作序列，它具有哪四个特性？

（2）如果对数据库的并发操作不加以控制，则会带来哪三类问题？

（3）数据库系统在运行过程中可能会发生故障。故障可能有哪四类？

第 **8** 章　MySQL后台技术与Python编程

MySQL 技术是开源的，它具有开源技术的灵活性，但数据库端的技术基架是稳定的。本章主要以 MySQL 8.0.25 为例，讲解 MySQL 的技术架构、存储过程、触发器等后台技术。并以 Python 3.9 为例，讲解前台编程与后台数据库的交互技术。

本章学习要点：
- 理解 MySQL 的技术架构：四层架构、存储引擎、系统数据库、日志、性能优化。
- 掌握 MySQL 存储过程的编程，包括游标对象 Cursor 的使用。
- 掌握 MySQL 触发器的编程。
- 掌握 Python 对 MySQL 数据库的插入、修改、删除、查询操作。

8.1　MySQL 的技术架构

MySQL 的技术构架主要指数据库的物理结构和逻辑结构在技术上的实现方式。MySQL 提供了多种存储引擎，并把不同的存储引擎作为插件供用户选择。由于不同的存储引擎具有不同的物理结构和逻辑结构的处理方式，因此，MySQL 的架构具备灵活性。MySQL 的架构和行为会随着存储引擎的改变而改变。

以 Windows 10 和 MySQL 8.0 为例，MySQL 安装成功后，其参数配置存储在文本文件"my. ini"中，该文件默认位于 MySQL 8.0 的数据目录（Data Directory）下：

```
C:\ProgramData\MySQL\MySQL Server 8.0\my.ini
```

8.1.1　MySQL 技术架构概述

MySQL 虽然经历了多个版本（MySQL 5.5、MySQL 5.7、MySQL 8.0）的升级，但都是基于 MySQL 基架的。MySQL 基架主要分为四层，分别是网络连接层、服务层、存储引擎层和物理层。这四层大致包括如下九大模块组件，其结构如图 8-1 所示。

1）MySQL 向外提供的交互接口（Connectors）。
2）管理服务组件和工具组件（Management Service & Utilities）。
3）连接池组件（Connection Pool）。
4）SQL 接口组件（SQL Interface）。
5）查询分析器组件（Parser）。
6）优化器组件（Optimizer）。
7）缓存主件（Caches & Buffers）。

8）插件式存储引擎（Pluggable Storage Engines）。

9）物理文件（File System）。

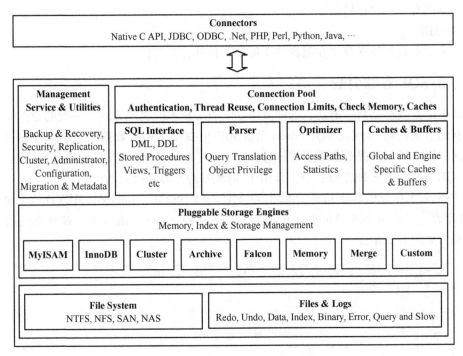

图 8-1　MySQL 的四层技术架构

1. 网络连接层

这层主要负责与用户的连接、授权认证、安全等。每个客户端连接都对应着服务器上的一个线程。服务器上维护着一个线程池，避免为每个连接创建和销毁线程。当客户端连接到 MySQL 服务器时，服务器对其进行认证。可以通过用户名与密码进行认证，也可以通过 SSL 证书进行认证。认证登录后，服务器还会验证客户端是否有执行某个查询的操作权限。

2. 服务层

这层是 MySQL 的核心，包括查询缓存、解析器和预处理器、查询优化器执行计划等。

1）查询缓存。在正式查询之前，服务器会查询缓存，如果能找到对应的查询，则不必进行查询解析、优化、执行等过程，直接返回缓存中的结果集。

2）解析器和预处理器。MySQL 的解析器会根据查询语句构造出一个解析树，主要用于根据语法规则来验证语句是否正确，比如 SQL 的关键字是否正确、关键字的顺序是否正确。而预处理器主要是进一步校验，比如表名、字段名是否正确等。

3）查询优化器。查询优化器将解析树转化为查询计划。一般情况下，一条查询可以有很多种执行方式，最终返回相同的结果，优化器就是找到这其中最优的执行计划。

4）执行计划。在完成解析和优化后，MySQL 根据相应的执行计划去调用存储引擎层提供的相应接口来获取结果。

3. 存储引擎层

该层负责 MySQL 数据的存储和提取，通过提供一系列的接口来屏蔽不同引擎之间的差异。

需要说明的是，存储引擎是针对表的而不是针对库的。也就是说，同一个数据库里面的不同表可以拥有不同的存储引擎。

4. 物理层

该层主要负责把数据存放在磁盘的文件中，包括日志文件。

8.1.2 MySQL 存储引擎

存储引擎是数据存储、更新、查询及建立索引等技术的实现方式。一般的数据库系统只有一种存储引擎，如 Orcale、SQL Server 等。MySQL 提供了多种数据库引擎，各种引擎的性能不相同，用户可以根据业务需要进行选择。

MySQL 之所以有多种存储引擎，是由于 MySQL 的开源性决定的。

从 MySQL 5.0 开始，支持的存储引擎主要有 MyISAM、InnoDB、MEMORY、MARGE、ARCHIVE 等。进入 MySQL Workbench，输入“Show Engines;”语句可以查看系统所支持的引擎类型，如图 8-2 所示。

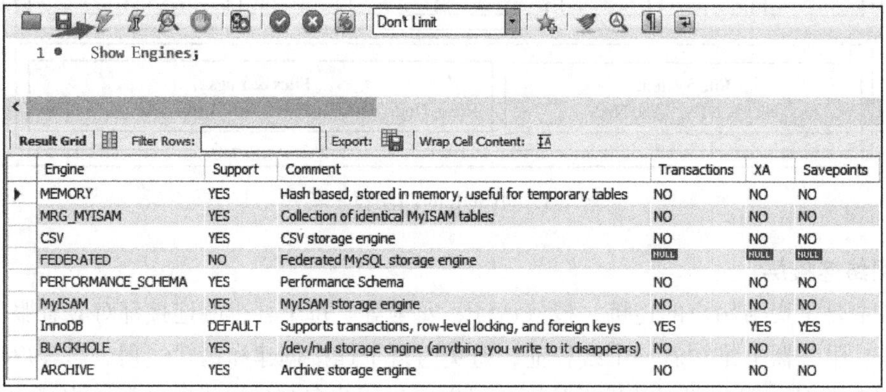

Engine	Support	Comment	Transactions	XA	Savepoints
MEMORY	YES	Hash based, stored in memory, useful for temporary tables	NO	NO	NO
MRG_MYISAM	YES	Collection of identical MyISAM tables	NO	NO	NO
CSV	YES	CSV storage engine	NO	NO	NO
FEDERATED	NO	Federated MySQL storage engine	NULL	NULL	NULL
PERFORMANCE_SCHEMA	YES	Performance Schema	NO	NO	NO
MyISAM	YES	MyISAM storage engine	NO	NO	NO
InnoDB	DEFAULT	Supports transactions, row-level locking, and foreign keys	YES	YES	YES
BLACKHOLE	YES	/dev/null storage engine (anything you write to it disappears)	NO	NO	NO
ARCHIVE	YES	Archive storage engine	NO	NO	NO

图 8-2 MySQL 支持的存储引擎

主要引擎及性能如下：

1. InnoDB 存储引擎

InnoDB 是事务数据库的首选引擎，它支持事务的 ACID 特性、支持行锁定、支持外键。InnoDB 不创建目录，使用 InnoDB 创建基本表时，MySQL 会在 MySQL 数据目录下自动创建一个名为 *.ibd 的 10MB 大小的自动扩展数据文件，以及两个名为 ib_logfile0 和 ib_logfile1 的重做日志文件（Redo），默认是 2 组，也可以设置 3 组。

MySQL 5.5 之后，InnoDB 为默认的存储引擎。

InnoDB 的优点是提供了良好的事务、并发控制和故障恢复功能；缺点是数据读/写效率较低、占用空间较大。

2. MyISAM 存储引擎

MyISAM 是 MySQL 常见的存储引擎，MySQL 5.5 之前的默认引擎。使用 MyISAM 创建表结构后，会生成三个文件。文件的名字为表名，扩展名为文件类型，其中 *.frm 为表的结构定义、*.myd（MYData）为表的数据存储文件、*.myi（MYIndex）为表的索引文件。

MyISAM 的优点是占用空间小、数据处理速度快；缺点是不支持事务的完整性和并发性。

3. MEMORY 存储引擎

MEMORY 是 MySQL 中的特殊存储引擎。它使用存储在内存中的数据来建立基本表，且数据全部在内存中。

MEMORY 引擎建立的每个基本表对应于磁盘上的一个文件，但该文件只保存表结构的定义，不保存数据，其数据全部放在内存中。

MEMORY 引擎的优点是数据处理速度非常快；缺点是表的生命周期短，基本上一次性使用，其对内存容量要求高，因此实际中很少使用。

不同的存储引擎具有不同的优缺点，以适应不同方面的要求。三种存储引擎的性能对比见表 8-1。

表 8-1　MySQL 三种存储引擎性能比较

序号	性　　能	InnoDB	MyISAM	MEMORY
1	存储限制	64TB	256TB	RAM
2	事务控制	支持	不支持	不支持
3	封锁机制	行锁	表锁	表锁
4	B 树索引	支持	支持	支持
5	散列索引	不支持	不支持	支持
6	全文索引	支持	支持	不支持
7	集群索引	支持	不支持	不支持
8	数据缓存	支持	不支持	支持
9	索引缓存	支持	支持	支持
10	内存使用	高	低	中等
11	外键	支持	不支持	不支持

8.1.3　MySQL 中的系统数据库

MySQL 安装成功后，自带的数据库称为系统数据库，用户创建的数据库称为用户数据库。每个系统数据库都有各自特殊的功能，比如在 MySQL 用户数据库运行期间，系统数据库会自动记录一些必要的信息，以便于数据管理和查询优化。用户不能直接修改系统数据库中的内容，但可以查看。

下面以 MySQL 8.0 版本为例，介绍四个系统数据库的主要内容和功能。

1. information_schema

这个数据库记录了 MySQL 服务器所有数据库的信息。例如，数据库的名、数据库的表、访问权限、基本表的数据类型、数据库索引信息等。

2. performance_schema

这个数据库记录了数据库服务器性能参数，可用于监控服务器在一个较低级别的运行过程中的资源消耗、资源等待等情况。

例如，使用"show tables;"语句可以查看当前数据库中的所有基本表，如图 8-3 所示。

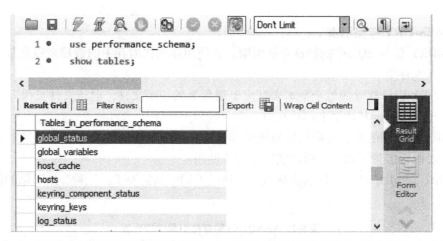

图 8-3　查看 performance_schema 系统数据库包含的基本表

其中，表 global_variables 记录了所有全局变量的取值情况，表 hosts 记录了当前所有用户计算机连接 MySQL 数据库的连接情况。

3. sys

这个数据库中所有的数据源来自 performance_schema。目标是把 performance_schema 的复杂度降低，让数据库管理员能更好地阅读这个库里的内容，更快地了解数据库的运行情况。例如，对于正在运行的数据库系统，经常会关心下列问题：

1）谁使用了最多的资源？基于 IP 或是用户？

2）大部分连接来自哪里及发送的 SQL 情况？

3）机器执行多的 SQL 语句是什么样？

4）哪个文件产生了最多的 I/O？它的 I/O 模式是怎么样的？

5）哪个表的 I/O 最多？

6）哪张表被访问最多？

7）哪些语句延迟比较严重？

8）哪些 SQL 语句使用了磁盘临时表？

9）哪张表占用了最多的 Buffer Pool？

10）每个库占用多少 Buffer Pool？

11）每个连接分配多少内存？

12）MySQL 内部现有多个线程在运行？

以上这些问题，sys 数据库都有记录。例如，该数据库中有一张 host_summary 表（主机概要表），记录了如下信息：

Host:	监听连接过的主机
Statements:	当前主机执行的语句总数
statement_latency:	语句等待时间
statement_avg_latency:	执行语句平均延迟时间
table_scans:	表扫描次数

```
file_ios io:              I/O 事件请求的次数
file_io_latency:          文件 I/O 延迟
current_connections:      当前连接数
total_connections:        总连接数
unique_users:             连接过来的不同的用户账号数
current_memory:           当前账户分配的内存
total_memory_allocated:   该主机内存总数
```

例如，查询系统里执行最多的 10 条 SQL 语句：

```
select * from statement_analysis order by exec_count desc limit 10;
```

例如，查询哪张表的 I/O 最多？哪张表访问次数最多？语句如下：

```
select * from io_global_by_file_by_bytes limit 10;
```

查询哪张表访问次数最多，可以参考上面先查询执行最多的语句，然后查找对应的表。语句如下：

```
select * from statement_analysis order by exec_count desc limit 10;
```

如果想知道哪些语句延迟比较严重，可以查询表 statement_analysis 中的字段 avg_latency 取值排在前面的。语句如下：

```
select * from statement_analysis order by avg_latency desc limit 10;
```

4. mysql

这是 MySQL 的核心数据库，类似于 SQL Server 中的 master 表，主要负责存储数据库的用户、权限设置、关键字等 MySQL 自己需要使用的控制和管理信息。

在该系统数据库中，存储账户权限信息的表有 user、db、tables_priv、columns_priv 等。

user 表是 mysql 中最重要的一个权限表，它记录了允许连接到服务器的账号信息。db 表存储了用户对某个数据库的操作权限，tables_priv 表存储了对表设置的操作权限，columns_priv 表存储了对表的列设置权限。

例如，使用下列语句可以查看 user 表结构信息，结果如图 8-4 所示。

```
use mysql;
describe user;       /* 描述表结构信息:该表共有 42 个字段 */
```

8.1.4　MySQL 日志

MySQL 日志记录了 MySQL 数据库日常操作和错误信息，为 MySQL 管理和优化提供必要的决策依据。当数据库遇到意外故障时，可以通过日志查看文件出错的原因，并且可以通过日志文件进行数据恢复。

MySQL 日志主要分为五类：

1）错误日志（Error Log）：记录 MySQL 服务的启停时正确和错误的信息，还记录启动、停止、运行过程中的错误信息。

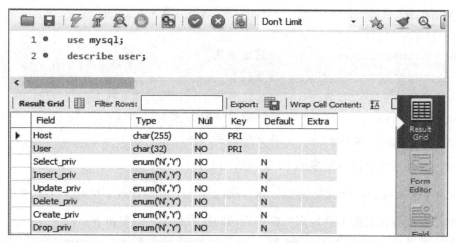

图 8-4　系统数据库 mysql 中的 user 表结构信息

2）查询日志（General Log）：记录建立的客户端连接和执行的语句。

3）慢查询日志（Slow Log）：记录执行时间超过指定时间的查询语句。

4）二进制日志（Bin Log）：记录所有更改数据的语句，可用于数据复制。

5）事务日志（Redo Log、Undo Log）：Redo Log 是重做日志，记录事务执行后的状态，防止在发生故障的时间点，尚有"脏"数据未写入磁盘。Undo Log 是回滚日志，提供回滚操作。

默认情况下，所有日志文件存放在 MySQL 数据目录下，例如，在 Windows 10 中，MySQL 8.0 默认的数据目录为 C:\ProgramData\MySQL\MySQL Server 8.0\Data。

在文件 my.ini（默认位于 C:\ProgramData\MySQL\MySQL Server 8.0 路径下）中，记载了 MySQL 一些参数设置。可以根据应用的需要进行修改，比如是否需要启动哪些日志功能。

启动日志功能会降低 MySQL 数据库的性能。因为 MySQL 数据库会花费很多时间记录日志，同时日志会占用大量的磁盘空间。

1. 错误日志

错误日志记录了启动、运行或停止 MySQL 服务时遇到的问题。

默认情况下，错误日志功能是开启的，且无法被禁止。错误日志存储在 MySQL 数据库的数据文件中。其文件的名称一般为 hostname.err，其中，hostname 表示服务器主机名。

错误日志的启动、停止以及指定日志文件名，都可以通过 my.ini 来修改默认配置。错误日志项是 log-err。

可以通过语句 SHOW VARIABLES LIKE 'log' 查看所有日志变量的取值。通过语句 SHOW VARIABLES LIKE 'log_error' 查看错误日志文件所在的路径，如图 8-5 所示。

由图 8-5 可以看到，错误日志文件名为 AXWNEW.err（其中 AXWNEW 为主机名），位于 MySQL 默认的数据目录下，可以用记事本打开它，如图 8-6 所示。

2. 查询日志

查询日志记录了 MySQL 所有用户的操作，包括启动和关闭服务、执行查询和更新语句等。

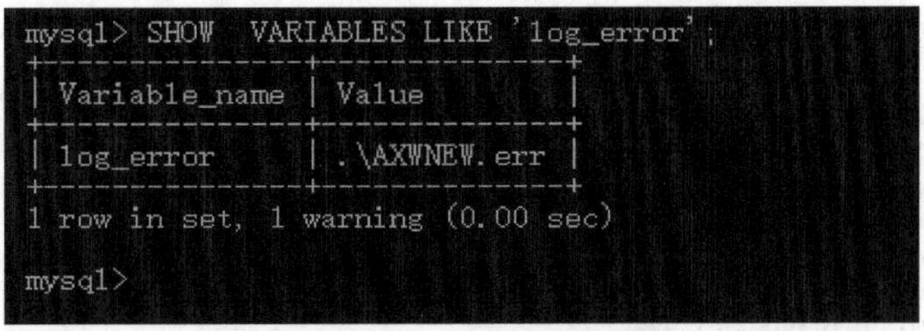

图 8-5　通过显示全局变量，查看错误日志文件所在的路径

图 8-6　用记事本查看错误日志文件内容

默认情况下，查询日志是关闭的。因为查询日志会记录用户的所有操作，在并发操作下会产生大量的信息从而导致不必要的磁盘 I/O，会影响 MySQL 的性能。一般不是为了调试数据库，建议不要开启查询日志。

如果需要开通查询日志，可以修改文件 my. ini 的配置，将"general-log = 0"修改为"general-log = 1"，其中，0 表示关闭，1 表示打开。如图 8-7 所示。

图 8-7　修改文件 my. ini 的查询日志配置

查询日志文件名称一般为"主机名 . log"，默认位于 MySQL 数据目录下。

3. 慢查询日志

慢查询日志是用来记录执行时间超过指定时间的查询语句。它记录哪些查询语句的执行效率很低，以便进行优化。可以通过语句 SHOW GLOBAL VARIABLES LIKE '%log%' 找到慢查询日志变量的取值，如图 8-8 所示。

图 8-8　查看慢查询日志变量的取值

通过修改文件 my. ini 的 slow-query 选项，可以配置慢查询日志的设置，如图 8-9 所示。其中，long_query_time 表示多长时间的查询被认为是慢查询，默认为 10s。

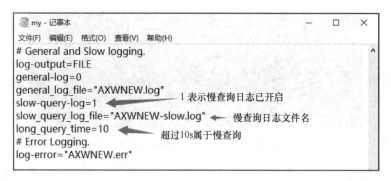

图 8-9　通过文件 my. ini 修改慢查询日志的设置

4. 二进制日志

二进制日志包含了引起或可能引起数据库改变（如有 delete 语句但没有匹配行）的事件信息，但绝不会包括 select 和 show 这样的查询语句。语句以"事件"的形式保存，所以包含了时间、事件开始和结束位置等信息。

使用二进制日志的目的是最大可能地恢复数据库。因为二进制日志包含了备份后进行的所有数据更新。

二进制日志是以事件形式记录的，不是事务日志（但可能是基于事务来记录二进制日志），不代表它只记录 InnoDB 日志，MyISAM 也一样有二进制日志。

对于事务表的操作，二进制日志只在事务提交的时候一次性写入（基于事务的 InnoDB 二进制日志），提交前的每个二进制日志记录都先保存在 Cache，提交时写入。

所以，对于事务表来说，一个事务中可能包含多条二进制日志事件，它们会在提交时一次性写入。而对于非事务表的操作，每次执行完语句就直接写入。

在 MySQL 8.0 下，二进制日志默认是开启的。其对应文件名为"主机名-bin. 000001"，文件默认最大为 1GB。

MySQL 还创建了一个二进制日志索引文件，当二进制日志文件滚动时会向该文件中写入对应的信息，所以该文件包含所有使用的二进制日志文件的文件名。默认情况下，该文件与二进制日志文件的文件名相同，扩展名为 . index。

通过语句 SHOW GLOBAL VARIABLES LIKE '%log%' 找到二进制日志变量的取值，如图 8-10 所示。

```
mysql> SHOW  GLOBAL VARIABLES LIKE '%log%';

| Variable_name               | Value           二进制日志开启              二进制日志文件名
| log_bin                     | ON
| log_bin_basename            | C:\ProgramData\MySQL\MySQL Server 8.0\Data\AXWNEW-bin
| log_bin_index               | C:\ProgramData\MySQL\MySQL Server 8.0\Data\AXWNEW-bin.index
| max_binlog_cache_size       | 18446744073709547520
| max_binlog_size             | 1073741824        文件最大大小
| max_binlog_stmt_cache_size  | 18446744073709547520          二进制日志索引文件名
```

图 8-10　查看二进制日志变量的取值

5. 事务日志

事务的实现是基于数据库的存储引擎。不同的存储引擎对事务的支持程度不一样。MySQL 中支持事务的存储引擎有 InnoDB 和 NDB。

事务的隔离性通过锁实现，而事务的原子性、一致性和持久性则通过事务日志实现。

在 InnoDB 的存储引擎中，事务日志通过重做（Redo）日志和 InnoDB 存储引擎的日志缓冲（InnoDB Log Buffer）实现。事务开启时，事务中的操作都会先写入存储引擎的日志缓冲中，在事务提交之前，这些缓冲的日志都需要提前刷新到磁盘上持久化，这就叫"日志先行"（Write-ahead Logging）。当事务提交之后，在 Buffer Pool 中映射的数据文件才会慢慢刷新到磁盘。此时，如果数据库崩溃或者宕机，那么当系统重启进行恢复时，就可以根据 Redo Log 中记录的日志，把数据库恢复到崩溃前的一个状态。未完成的事务可以继续提交，也可以选择回滚，这基于恢复的策略而定。

Undo Log 主要为事务的回滚服务。在事务执行的过程中，除了记录 Redo Log，还会记录一定量的 Undo Log。Undo Log 记录了数据在每个操作前的状态，如果事务执行过程中需要回滚，就可以根据 Undo Log 进行回滚操作。单个事务的回滚，只会回滚当前事务做的操作，并不会影响到其他事务做的操作。

在 MySQL 中，事务日志文件默认以 ib_logfile0、ib_logfile1 名称存在，可以手动修改参数，调节开启几组日志来服务于当前 MySQL 数据库。MySQL 采用顺序、循环写方式，每开启一个事务时，会把一些相关信息记录事务日志中。

这个系列文件个数由参数 innodb_log_files_in_group 控制，若设置为 4，则命名为 ib_logfile0~3。

8.1.5　MySQL 数据备份与恢复（含数据迁移）

为了保证数据库的安全，MySQL 提供了多种方法对数据进行备份和恢复。可以对整个数据库进行备份，也可以对数据库某些表进行备份。

为了方便掌握 MySQL 的数据库备份和恢复功能，下面以股票交易数据库（stock）为例进行讲解。

例 8-1　进入 MySQL Workbench，先创建一个空数据库 stock，主要记录我国沪深 A 股股票的日交易信息，包括沪市综合交易指数和深市综合交易指数。基本表结构设计如下。

```
 1  Create Table smStock          /*----------股票基本信息表--------------------*/
 2  (
 3  cStockNo      char(8)       not null,                /*股票代码*/
 4  vcStockName   varchar(20)   not null,                /*股票名称*/
 5  cType         char(2)       not null default 'SH',/*交易所:SH,SZ*/
 6  cClass        char(2)       not null default 'A',  /*股票类别:A,B*/
 7  dcLTP         decimal(14,6) not null default 0,      /*流通股股数(万股)*/
 8  bActive       tinyint       not null default 1,      /*是否有效:1-yes,0-no*/
 9  cUserNo       char(6)       not null default 'sa', /*录入记录的用户*/
10  dtUsertime    datetime      not null default now(), /*记录插入时间*/
11  vcIndustry    varchar(30)   not null default '',     /*细分行业*/
12  vcArea        varchar(20)   not null default '',     /*地区*/
13  market        varchar(20)   null,                    /*主板,创业板*/
14  constraint smStock_pk primary key(cStockNo)
```

```
15  );
16  Create Table trDay       /*----------股票日交易数据记录--------------- */
17  (
18  cStockNo    char(8)        not null,                      /*股票代码*/
19  cDay        char(8)        not null,                      /*交易日期*/
20  mOpen       decimal(8,4)   not null default 0,            /*开盘价*/
21  mHigh       decimal(6,2)   not null default 0,            /*最高价*/
22  mLow        decimal(6,2)   not null default 0,            /*最低价*/
23  mClose      decimal(6,2)   not null default 0,            /*收盘价*/
24  iVol        decimal(14,2)  not null default 0,            /*成交手,1手=100股*/
25  mm          decimal(14,2)  not null default 0,            /*成交金额*/
26  dcChange    decimal(8,4)   not null default 0,            /*换手率*/
27  dcRate      decimal(6,2)   not null default 0,            /*涨幅*/
28  BIAS6       decimal(6,2)   not null default 0,            /*乖离率BIAS(6)*/
29  BIAS12      decimal(6,2)   not null default 0,            /*乖离率BIAS(12)*/
30  BIAS30      decimal(6,2)   not null default 0,            /*乖离率BIAS(30)*/
31  dtUsertime  datetime       not null default now(),        /*数据插入日期*/
32  MA1         decimal(6,2)   not null default 0,            /*30天均线MA(30)*/
33  MA2         decimal(6,2)   not null default 0,            /*60天均线MA(60)*/
34  MA3         decimal(6,2)   not null default 0,            /*90天均线MA(90)*/
35  MA4         decimal(6,2)   not null default 0,            /*120天均线MA(120)*/
36  MA5         decimal(6,2)   not null default 0,            /*180天均线MA(180)*/
37  MA6         decimal(6,2)   not null default 0,            /*250天均线MA(250)*/
38  pe          decimal(8,4)   not null default 0,            /*市盈(动)*/
39  volratio    decimal(8,4)   not null default 0,            /*量比*/
40  selling     int            not null default 0,            /*内盘*/
41  buying      int            not null default 0,            /*外盘*/
42  totals      decimal(14,4)  not null default 0,            /*总股本(万)*/
43  floats      decimal(14,4)  not null default 0,            /*流通股本(万)*/
44  fvalues     decimal(14,4)  not null default 0,            /*流通市值*/
45  avgprice    decimal(8,4)   not null default 0,            /*均价*/
46  strength    decimal(8,4)   not null default 0,            /*强弱度%*/
47  activity    decimal(8,4)   not null default 0,            /*活跃度*/
48  attack      decimal(8,4)   not null default 0,            /*攻击波%*/
49  avgturnover decimal(10,4)  not null default 0,            /*笔换手*/
50  constraint trDay_pk primary key(cStockNo,cDay),  /*定义主键*/
51  constraint trDay_fk foreign key(cStockNo) references smStock(cStockNo)
52                                            /*定义外键*/
```

```
53  );
54  Create Table SH000001        /*--------沪市综合指数日交易信息--------------*/
55  (
56  cDay            char(8)            not null,
57  mOpen           decimal(8,2)       not null default 0,      /*开盘价*/
58  mHigh           decimal(8,2)       not null default 0,      /*最高价*/
59  mLow            decimal(8,2)       not null default 0,      /*最低价*/
60  mClose          decimal(8,2)       not null default 0,      /*收盘价*/
61  iVol            decimal(14,2)      not null default 0,      /*成交量*/
62  mm              decimal(14,2)      not null default 0,      /*成交额*/
63  dcChange        decimal(6,2)       not null default 0,
64  dcRate          decimal(6,2)       not null default 0,
65  market          varchar(20)        null,                   /*主板,创业板*/
66  dtUsertime      datetime           not null default now(), /*数据插入日期*/
67  constraint SH000001_pk primary key(cDay)
68  );
69  Create Table SZ399001        /*----------深市综合指数日交易信息------------*/
70  (
71  cDay            char(8)            not null,
72  mOpen           decimal(8,2)       not null default 0,      /*开盘价*/
73  mHigh           decimal(8,2)       not null default 0,      /*最高价*/
74  mLow            decimal(8,2)       not null default 0,      /*最低价*/
75  mClose          decimal(8,2)       not null default 0,      /*收盘价*/
76  iVol            decimal(14,2)      not null default 0,      /*成交量*/
77  mm              decimal(14,2)      not null default 0,      /*成交额*/
78  dcChange        decimal(6,2)       not null default 0,
79  dcRate          decimal(6,2)       not null default 0,
80  market          varchar(20)        null,                   /*主板,创业板*/
81  dtUsertime      datetime           not null default now(), /*数据插入日期*/
82  constraint SZ399001_pk primary key(cDay)
83  );
```

然后，插入下面几条记录。

```
1  Insert into smstock(cStockNo,vcStockName)values('SH600000','浦发银行');
2  Insert into smstock(cStockNo,vcStockName)values('SH600001','邯郸钢铁');
3  Insert into smstock(cStockNo,vcStockName)values('SH600006','东风汽车');
4  Insert into trDay (cStockNo, cDay, mOpen, mHigh, mLow, mClose, iVol, mm,
   dcChange,dcRate)
5    values('SH600001','19980122',8,8.49,7.88,7.9,1091920,879181,4.4200,0.00);
```

```
6    Insert into trDay(cStockNo,cDay,mOpen,mHigh,mLow,mClose,iVol,mm,
     dcChange,dcRate)
7        values('SH600001','19980123',7.92,8.17,7.91,8.11,298416,239735,
     1.2100,2.53);
8    Insert into trDay(cStockNo,cDay,mOpen,mHigh,mLow,mClose,iVol,mm,
     dcChange,dcRate)
9        values('SH600006','19990805',6.77,6.98,6.75,6.89,146035,100529,
     1.8300,2.06);
10   Insert into trDay(cStockNo,cDay,mOpen,mHigh,mLow,mClose,iVol,mm,
     dcChange,dcRate)
11       values('SH600006','19990806',6.89,7.07,6.69,6.98,145426,99815,
     1.8200,1.32);
```

1. 数据库备份

进入 MySQL Workbench，单击 "Data Export"（数据导出）项，选择要备份的数据库，再输入或选择备份路径，比如 D:\stock_backup，如图 8-11 所示。

备份成功后，可以在输入的路径 D:\stock_backup 下看到数据库备份文件，一个基本表对应一个文件，如图 8-12 所示。

2. 数据库恢复

为便于数据库的转储和分析，利用备份的数据库文件可以进行数据库恢复。

进入 MySQL Workbench，单击 "Data Import"（数据导入）项，选择已备份数据库的文件夹，系统会自动识别备份数据库名，单击 "Start Import" 按钮开始导入，如图 8-13 所示。

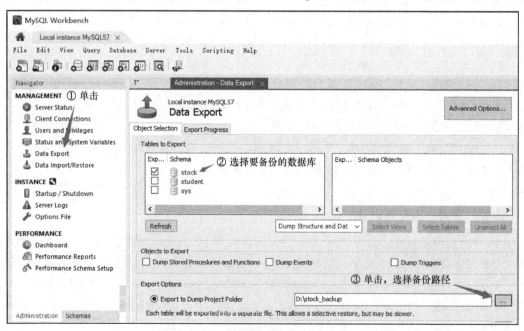

a) 设置备份参数

图 8-11　数据库备份

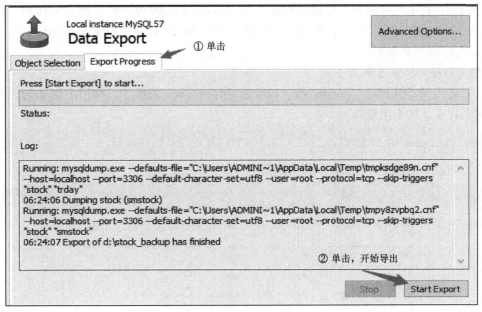

b) 数据导出

图 8-11　数据库备份（续）

图 8-12　数据库备份文件

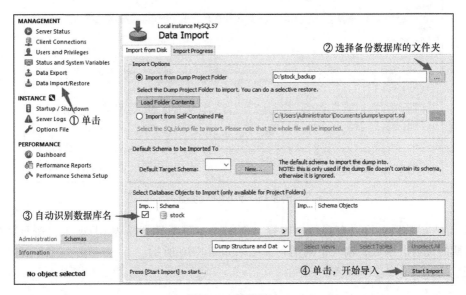

图 8-13　数据导入

例 8-2　利用本书第 8 章提供的素材文件"stock_20210630. zip",将其解压后,进行数据导入。该文件收录了沪深 A 股 2021. 05. 06—2021. 06. 30 之间的日交易数据。其中,股票日交易表结构参见例 8-1。

股票数据导入的步骤如下:

1) 进入 MySQL(8. 0)Workbench。如果已经存在 stock 数据库,则用下面语句先删除它(如果不存在,则不用删除):

```
Drop database stock;
```

2) 创建空的数据库 stock,语句如下:

```
Create database stock;
```

3) 图 8-14 是文件"stock_20210630. zip"解压后的目录及目录下的文件。

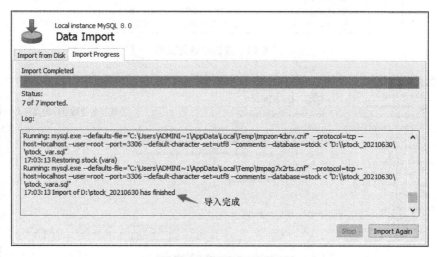

图 8-14　文件"stock_20210630. zip"解压后的目录及目录下的文件

选择解压后的这个文件夹,进行数据库导入(恢复),完成界面如图 8-15 所示。

图 8-15　数据导入完成

4) 导入成功后,可以查看数据内容。例如,在股票日交易表 trDay 中,按日期分组查询各日期的交易股票数,输入下列语句,结果如图 8-16 所示。

```
use stock;
select cDay,count(*)'交易股票数'from trDay group by cDay;
```

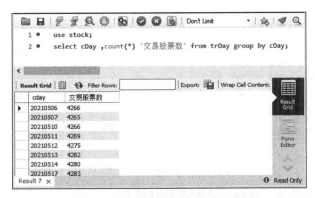

图 8-16　分组查询各日期的交易股票数

3. 数据库迁移

数据库迁移，就是把数据从一个系统移动到另一个系统上。

（1）不同版本的 MySQL 数据库之间的迁移

由于 MySQL 版本升级，可将低版本的 MySQL 数据库备份文件通过数据导入，迁移到高版本的 MySQL 数据库中，方法与图 8-13～图 8-15 相似。

（2）不同类型数据库之间的迁移

可将 MS SQL Server 数据库导入到 MySQL 数据库中，也可以将 MySQL 数据库导入到 MS SQL Server 数据库中，具体操作方法可参考相关技术文档。

（3）将 select 数据查询结果直接保存为 CSV 文件

例如，将本书提供的股票交易数据库备份文件导入到 MySQL 系统后，输入下面的查询语句：

```
use stock;
select a.cDay, a.cStockNo, b.vcStockName, a.mOpen, mHigh, mLow, mClose,
dcRate,dcChange
from trDay a, smStock b where a.cStockNo = b.cStockNo order by cDay,
a.cStockNo;
```

执行查询后，可将查询结果直接保存为 CSV 文件，如图 8-17 和图 8-18 所示。

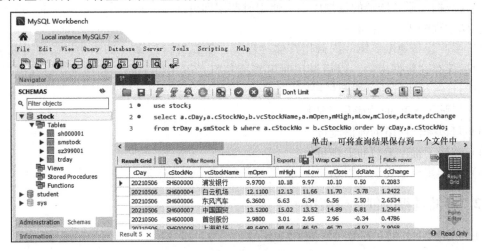

图 8-17　输入并执行查询语句

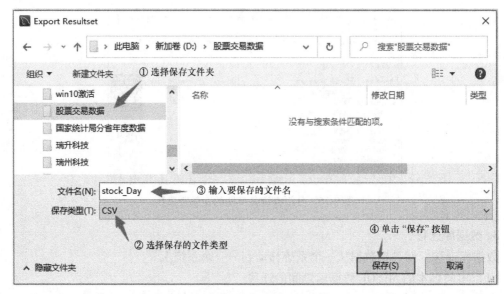

图 8-18　将查询结果直接保存为 CSV 文件

8.2　MySQL 存储过程

SQL 是一种非过程性语言，具有很强的表达能力。但它不是一种真正的编程语言，没有流程控制。而存储过程的加入弥补了其不足。

现在数据库应用系统，一般采取两种数据处理模式：客户端/服务器（Client/Server）和浏览器/服务器（Browse/Server）。

很多数据库操作方面的工作可以在客户端完成，也可以在服务端完成。在服务器端，数据库中可以存放程序，存储过程就是其中之一。

8.2.1　存储过程的概念

定义 8-1　存储过程是使用 SQL 语句和流程控制语句编写的模块，该模块经编译和优化后存储在数据库服务器端的数据库中，使用时调用即可。

存储过程的优点主要有：

1）提高运行速度。第一次调用存储过程时，需要进行编译（即语法、语义分析），编译通过后保存在数据库中，以后调用时可直接执行，不用再编译。相比之下，交互执行的 SQL 语句是解释执行的，速度较慢。

2）增强了 SQL 的功能和灵活性。

3）可以降低网络的通信流量。

4）减轻了程序编写的工作量。

5）间接实现了安全控制功能。

8.2.2　存储过程的创建与调用

在 MySQL 中，创建存储过程的语法如下：

```
1   Delimiter //
2   Create Procedure 存储过程名([In|Out|InOut 参数 变量数据类型])
3   Begin
4       Declare 局部变量名 变量类型[default 默认值];
5       语句块
6   End; //
```

语法说明：

1）由于 MySQL 默认每条语句的结束符为分号";"，为了避免冲突，使用"Delimiter //"和"//"作为创建存储过程的开始和结束。Delimiter 也可以指定其他符号作为界定符，比如"$$"。

2）存储过程的参数分三种：In 表示输入参数，Out 表示输出参数，InOut 表示该参数既可为输入也可为输出。多个参数之间用逗号","分隔，参数的数据类型可以是 MySQL 数据库支持的任意数据类型。存储过程也可以没有参数。

3）存储过程内部的局部变量用 Declare 语句声明，并可赋予默认值。

4）变量的赋值用"Set 变量名=值;"语句完成。

5）用语句"Select 变量 1，变量 2;"可以输出变量的值，多个变量之间用逗号","分隔。

6）用语句"Call 存储过程名([参数值])"对存储过程进行调用。

例 8-3　针对例 8-2 中恢复的股票日交易数据库，编写一个简单的存储过程，查询 2021.05.06 所有银行股票的交易信息。

```
1   Delimiter //
2   Create Procedure cp_getBank()
3   Begin
4       Select a.cStockNo,b.vcStockName,mOpen,mHigh,mLow,mClose from
    trDay a,smStock b
5       where a.cStockNo=b.cStockNo and cDay='20210506'and b.vcStockName
    like '%银行%';
6   End;//
```

在 MySQL Workbench 中，创建及调用存储过程的方法如图 8-19 所示。该存储过程没有参数，调用后单击"执行"按钮，直接输出查询语句的结果。

8.2.3　存储过程中的变量类别

在 MySQL 的存储过程中，有三种类型的变量可以使用。

1. 用户变量

在存储过程中，以"@"开始、形式为"@变量名"的变量称为用户变量。它是基于会话变量实现的，可以暂存值，并传递给同一连接里的下一条 SQL 语句使用的变量。当客户端连接退出时，变量会被释放。

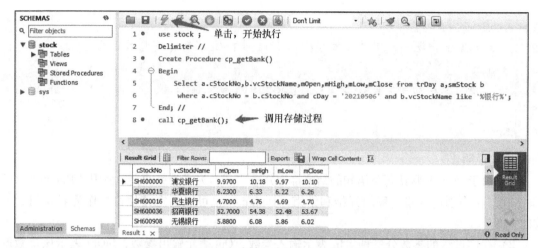

图 8-19　在 MySQL Workbench 中，创建及调用存储过程

用户变量跟 MySQL 客户端是绑定的，设置的变量只对当前用户使用的客户端生效。用户变量也叫会话变量（Session Variables）。可用下面语句显示所有的会话变量及其当前的取值：

```
Show Session Variables;
```

2. 系统变量

在存储过程中，以"@@"开始、形式为"@@变量名"的变量称为系统变量，也称全局变量（Global Variables）。可用下面语句显示所有的系统变量及其当前的取值：

```
Show Global Variables;
```

全局变量影响 MySQL 服务的整体运行方式，会话变量影响具体客户端连接的操作。每一个客户端成功连接服务器后，都会产生与之对应的会话。会话期间，MySQL 服务实例会在服务器内存中生成与该会话对应的会话变量，这些会话变量的初始值是全局变量值的复制。

MySQL 可以访问许多系统变量。当服务器运行时许多变量可以动态更改。这样，通常允许用户修改服务器操作而不需要停止并重启服务器。当服务器启动时，它将所有全局变量初始化为默认值。这些默认值可以在选项文件中或在命令行中指定的选项进行更改。服务器启动后，通过连接服务器并执行 SET GLOBAL var_name 语句，可以动态更改这些全局变量。要想更改全局变量，必须具有 SUPER 权限。

3. 局部变量

在存储过程中，以"Declare 变量名"声明的变量称为局部变量。

例 8-4　针对例 8-2 中恢复的股票日交易数据库，编写一个带参数的存储过程，查询给定交易日期的股票交易记录数，输出记录数。

```
1   Delimiter //
2   Create Procedure getCount(in strDay Char(8),out iCount Int)
3   Begin
4       Select count(*)into iCount from trDay where cDay=strDay;
5   End;  //
```

在 MySQL Workbench 中，用会话参数 "@cc" 表示调用存储过程的输出参数，如图 8-20 所示。查看会话参数 "@cc" 的值，语句为 "Select @cc;"。

图 8-20　在 MySQL Workbench 中，创建及调用带参数的存储过程

8.2.4　存储过程中的程序控制

在存储过程中，可以像高级语言一样对程序进行控制。

1. If 分支条件控制

If 分支条件选择结构常见的有三种格式。其语法结构见表 8-2。

表 8-2　If 分支条件选择结构

（1）单分支选择结构	（3）多分支选择结构

If 条件表达式 then
　　语句块；
End If；
	If 条件表达式 1 then
	　　语句块 1；
	Else If 条件表达式 2 then
	　　语句块 2；
	Else If 条件表达式 3 then
	　　语句块 3；
	…
	Else
	　　语句块 4；
	End If；

（2）双分支选择结构	
If 条件表达式 1 then 　　语句块 1； Else If 条件表达式 2 then 　　语句块 2； End If；	

2. Case 分支控制

Case 分支条件选择结构常见的有两种格式。其语法结构见表 8-3。

表 8-3　Case 分支条件选择结构

格　式　1	格　式　2
Case 变量 　　When 值 1 then 语句 1； 　　When 值 2 then 语句 2； 　　… 　　Else　语句 n； End Case；	Case 　　When 条件表达式 1 then 语句 1； 　　When 条件表达式 2 then 语句 2； 　　… 　　Else　语句 n； End Case；

3. While 循环和 Repeat 循环

在 While 循环中,先对指定的表达式进行判断,如果为真,则执行循环体内的语句,否则退出循环。在 Repeat 循环中,先至少执行一遍循环体内的语句,再进行循环判断,如果为真,则继续执行循环体内的语句,否则退出循环。两者的语法结构见表 8-4。

表 8-4　While 循环结构和 Repeat 循环结构

While 循环结构	Repeat 循环结构

While 条件表达式 do
　语句块;
End While;
	Repeat
	　语句块;
	Until 条件表达式 End Repeat

8.2.5　存储过程中的事务与异常处理

与 Oracle、SQL Server 等数据库软件相比,MySQL 存储过程在脚本编程的灵活性、实用性方面有所欠缺。之所以这样说,是由于 MySQL 存储过程对异常的处理方式造成的。

相比之下,SQL Server 存储过程对异常的处理方式要方便得多,具体细节请参见第 9.3.3 小节。

1. MySQL 存储过程对异常的处理方式

任何程序在执行过程中都可能出现各种错误或意外,这被称为异常。任何数据库管理系统都有相应的异常处理机制,其内容主要包括三点:

1) 错误的类别。对各种各样的错误进行分类,类别不同,其处理的方式也不一样。

2) 错误的编号。对每一种可能的错误分配一个代码,进行编号。

3) 错误的提示信息。对每一个编号的错误,绑定对应的错误信息。

MySQL 对异常的处理方式是:事先定义好"条件"和"处理程序",使程序在执行过程中遇到各种问题时,按照事先已经定义好的方式进行处理,避免程序异常中止。

2. 定义条件

MySQL 使用关键词 Declare 来定义条件,其语法格式如下:

```
Declare condition_name Condition for condition_value;
```

参数说明:

1) condition_name:定义的条件名称。

2) condition_value:条件的类型。condition_value 的语法格式为

```
SQLState[Value]sqlstate_value|mysql_error_code
```

其中,SQLState 为保留字,[Value] 可有可无,sqlstate_value 和 mysql_error_code 表示 MySQL 的错误。

例 8-5　定义一个条件,命名为 can_not_find,对应的错误代码为 "43S01"。

```
Declare can_not_find Condition for SQLState '43S01';
```

3. 定义处理程序

MySQL 使用关键词 Declare 来定义处理程序,其语法格式如下:

```
Declare handler_type Handler for condition_value[,…]proc_statement;
```

参数说明:

1) handler_type: 错误的处理方式, 有 Continue、Exit、Undo 三种取值, 分别表示遇到错误不进行处理、马上退出、撤回之前的操作。其中, Undo 目前 MySQL 暂不支持。

2) condition_value: 错误的类型, 其取值有下面六种情况。

① SQLState[Value]sqlstate_value: 包含 5 个字符的字符串错误值。

② condition_name: Declare Condition 定义的错误条件名称。

③ SQLwarning: 警告, 匹配所有以 01 开头的 SQLState 错误代码。

④ Not found: 没有发现, 匹配所有以 02 开头的 SQLState 错误代码。

⑤ SQLException: 意外出错, 匹配所有没有被 SQLwarning 或 Not found 捕获的 SQLState 错误代码。

⑥ mysql_error_code: 意外出错, 匹配数值类型的错误代码。

3) proc_statement: 程序语句段, 表示在遇到定义的错误时, 需要执行的存储过程或函数。

由于 MySQL 目前还不支持 Undo 操作, 因此, 遇到错误时, 最好的处理方式是执行 Exit。但是, 如果事先能够预测错误的类型, 且对处理结果可控, 则可执行 Continue 操作。

例 8-6　根据要求定义对应的错误处理程序。

1) 捕获 sqlstate_value 的值, 如果遇到 sqlstate_value 的值为 "42S01", 就执行 Continue 操作, 并输出 "Not found" 信息。

```
Declare Continue Handler for SQLState '42S01'set @info='Not found';
```

2) 捕获 mysql_error_code 的值, 如果遇到 mysql_error_code 的值为 "1065", 就执行 Continue 操作, 并输出 "无效的 SQL 语句, SQL 语句为空" 信息。

```
Declare Continue Handler for 1065set @info='无效的 SQL 语句,SQL 语句为空';
```

3) 使用 SQLwarning 捕获以 01 开头的 sqlstate_value 的值, 然后执行 Exit 操作, 并输出错误信息。

```
Declare Exit Handler for SQLwarning set @info='Error ';
```

4) 捕获 Not found, 如果遇到 Not found, 就执行 Continue 操作, 并设置变量的值。

```
Declare Continue Handler for Not found set @info='Not found ';
```

5) 使用 SQLException 捕获没有被 SQLwarning 或 Not found 捕获的 SQLState 的值, 然后执行 Exit 操作, 并输出错误信息。

```
Declare Exit Handler for SQLException set @info='Error ';
```

8.2.6　存储过程中使用事务

在一段程序体中, 如果出现多条 SQL 语句, 且逻辑上是一个整体, 此时就要显式定义一个事务, 并在程序中捕获意外错误, 进行提交或回滚。其语法格式如下:

```
Declare handler_type Handler for condition_value set flag=1;
                                        /*声明一个处理程序变量*/
Start Transaction;
SQL 语句块
If flag!=1 then          /*没有发生意外*/
    Commit;
Else
    Rollback;
End If
```

8.2.7　存储过程中的游标

在存储过程内，当查询语句的结果有多条记录时，程序可以根据需要对结果集进行滚动，依次逐条读取其中的记录，这就是光标，也称游标（Cursor）。

游标的操作分四步：声明游标变量、打开游标、使用和关闭游标。其语法结构如下：

```
Declare 游标名 cursor for 查询语句;        /*定义游标*/
Declare Continue Handler for Not found set flag=1;
                                        /*声明一个游标遍历状态变量*/
Open 游标名;                            /*打开游标*/
Fetch 游标名 into 变量名;                /*获取游标当前记录的变量值*/
While flag!=1 do
    语句块;
    Fetch 游标名 into 变量名;           /*获取游标当前记录的变量值*/
End While;                             /*当 flag=1 时表明遍历已完成,退出循环*/
Close 游标名;                          /*关闭游标*/
```

8.2.8　存储过程的完整案例

例 8-7　本章素材文件"insertSql_Chinese.txt"收录了常见的 6836 个汉字编码的插入语句。利用这些数据编写一个存储过程，输入一串汉字，输出为这串汉字的拼音码。上机时，先根据下面 SQL 语句创建汉字编码表，再运行"insertSql_Chinese.txt"的插入语句。

```
1  Create Table smChinese    /*---------------------汉字编码表------------------------*/
2  (
3      cChineseNo      char(6)      not null            /*汉字编码*/
4      cChineseName    char(2)      not null,           /*汉字名称*/
5      cPY             char(1)      not null,           /*拼音码*/
6      cWB             char(4)      not null,           /*五笔码*/
7      constraint smChinese_PK primary key(cChineseNo)
8  );
```

　　编程思路：对给定的一串汉字进行循环，利用子字符串函数 Substring( ) 从左边开始，每次取一个汉字，通过汉字编码表查询该汉字的拼音码，然后利用字符串拼接函数 concat( ) 将每个汉字的拼音码拼接起来，赋值给输出变量。注意：源代码第 15 行 concat( ) 函数的用法。

```
1    Delimiter //
2    Create Procedure   cs_ChineseTest(in strName varchar(60),out PYCode
     varchar(60))
3    /*定义存储过程 cs_ChineseTest,输入一串汉字 strName,输出对应的拼音码 PYCode */
4    Begin
5        declare PY char(1);            /*单个汉字的首个拼音码*/
6        declare cChinese char(2);      /*单个汉字*/
7        declare iFor int default 0;    /*循环变量*/
8        declare iLength int default 0;
                                        /*中文词组 strName 所含汉字个数(长度)*/
9        declare vcPYCode varchar(50)default '';
                                        /*中文词组 strName 的拼音码*/
10       set strName=ltrim(rtrim(strName));
                                        /*set:设置变量的值,删除前后空格*/
11       set iLength=CHAR_LENGTH(strName);
                                        /*中文 strName 所含汉字个数(长度)*/
12       while iFor <=iLength do
             set cChinese=Substring(strName,iFor,1);
13                                      /*依次从左边开始,每次取出一个汉字*/
14           select cPY into PY from smchinese where cChineseName=cChinese;
                                        /*汉字的第一个拼音*/
15           set PYCode=concat(if(isnull(PYCode),'',PYCode),if(isnull
     (PY),'',PY));
16           select cChinese,PYCode,PY;  /*select:输出变量的值,用于测试*/
17           set iFor=iFor+1;           /*每循环一次,计数变量加 1*/
18       End while;
19   end;//
```

　　调用存储过程：

```
call cs_ChineseTest('中华人民共和国',@PY);
```

　　查看会话变量的值：

```
select @PY;
```

　　从输出的参数可以看出，"中华人民共和国" 对应的拼音码为 "ZHRMGHG"，即每个汉字的第一个拼音字母，如图 8-21 所示。

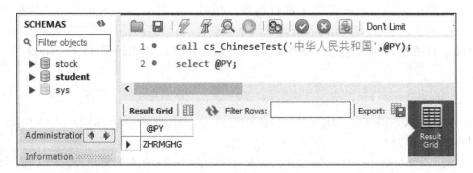

图 8-21　存储过程的调用，并查看输出参数（会话变量）的值

例 8-7 源代码难点解析

> 1) 语句 set 与 select 都可以为局部变量赋值，但两者是有区别的。set 只能给单个局部变量赋值；select 则可以给多个局部变量赋值，但只能用在 select 查询中。此外，select 还可用于输出多个变量的值。
>
> 2) 存储过程内定义的局部变量，不要与数据库表的字段同名。
>
> 3) 函数 concat( ) 是将两个字符串拼接，若其中有一个为 null，则返回 null。

例 8-8　本章素材文件"insertSql_book. txt"收录了一些图书的插入语句。利用这些数据编写一个存储过程，根据每本书的书名生成书名的拼音码，并对表的拼音码字段 vcPYCode 进行更新。图书基本信息表的结构如下：

```
1   Create Table book   /*--------------------图书基本信息表--------------------*/
2   (
3     cBookNo     char(8)      not null,              /*图书编号*/
4     vcBookName  varchar(60)  not null,          /*书名*/
5     vcPYCode    varchar(50)  null,              /*拼音码*/
6     vcWBCode    varchar(50)  null,              /*五笔码*/
7     cStatus     char(1)      not null default '1', /*当前状态:1-在库,2-借出*/
8     bActive     tinyint      default 1 not null,  /*是否有效*/
9     constraint book_pk primary key(cBookNo)
10  );
```

编程思路：先根据查询图书的 select 语句定义一个游标，打开游标后，对游标的每条记录进行循环，每次循环，获取当前记录的图书编号和书名，然后根据书名从左开始，每次取一个汉字，通过汉字编码表查询该汉字的拼音码，然后利用字符串拼接函数 concat( )将每个汉字的拼音码拼接起来，生成书名的拼音码，再修改书的拼音码 vcPYCode 的值。

```
1   Delimiter //
2   Create Procedure cs_PYWBcode()
```

```
3    /* -----------------------------------------------------------------
4    根据 book 中所有记录的书名 vcBookName 生成拼音码,并修改表中的字段 vcPYCode 的值
5    ------------------------------------------------------------------ */
6    Begin
7      declare BookNo varchar(8);              /*书的编号*/
8      declare BookName varchar(60);           /*书名*/
9      declare PY  char(1);                    /*单个汉字的首个拼音码*/
10     declare cChinese  varchar(2);           /*单个汉字*/
11     declare iFor int default 0;             /*循环变量*/
12     declare iLength int default 0;          /*书名 BookName 所含汉字个数(长度)*/
13     declare PYCode varchar(50);             /*书名 BookName 所对应的拼音码*/
14     declare flag int default 0;             /*游标中,处理程序的指示器变量*/
15     declare curTemp cursor for select cBookNo,vcBookName from Book;
                                             /*定义游标*/
16     declare continue handler for not found set flag=1;
                                             /*定义捕获意外错误的处理过程变量*/
17     open  curTemp;                          /*打开游标*/
18     fetch curTemp into BookNo,BookName;     /*获取游标当前记录的变量值*/
19     while flag <> 1 do                      /*对游标中的每一条记录进行循环*/
20       set BookName=ltrim(rtrim(BookName));
21       set iLength=CHAR_LENGTH(BookName);
22       set iFor=0;
23       set PYCode='';
24       repeat       /*第二层循环:根据当前的书名 BookName,逐个汉字生成拼音码*/
25         set cChinese=Substring(BookName,iFor,1);
26         select cPY into PY from smchinese where cChineseName=cChinese;
27         set PYCode=concat(if(isnull(PYCode),'',PYCode),if(isnull(PY),'',
    PY));
28         set iFor=iFor+1;
29       until iFor > iLength end repeat;   /*结束第二层的循环*/
30       select PYCode,BookNo,BookName;      /*select:输出当前变量值,用于测试*/
31       update Book set vcPYCode=PYCode where cBookNo=BookNo;
                                             /*更新书的拼音码*/
32       set flag=0;            /*这个不能少,否则不循环,因为循环内还执行了查询,*/
33                              /*如果该查询没有记录返回,也会把 flag 改为 1*/
34       fetch curTemp into BookNo,BookName;
35     end while;              /*当 flag=1 时表明遍历已完成,退出循环*/
36     close curTemp;          /*关闭游标*/
37   End;  //
```

调用存储过程：

```
call cs_PYWBcode();
```

然后执行查询语句"select * from book;"，可以看到已经生成的书名的拼音码。

例 8-8 源代码难点解析

> 在打开游标前，声明了一个意外错误的条件变量"flag"（源代码第16行），即一旦游标读取下一行失败，则设置flag=1。但是，由于在循环过程中，还执行了别的select查询语句，它们会误导第16行代码的执行，这样，第32行源代码"setflag=0;"就不能缺少，否则，循环会过早结束。

例 8-9 利用例 3-2 中的教师表 T、学生表 S、图书表 Book、借（还）书数据表 smBorrow 的表结构，编写一个含有事务的存储过程。要求：在 smBorrow 插入一条记录时，同时将对应的图书的状态 cStatus 改为"借出"。存储过程的输入参数为 cBorrowNo（借阅人编号）、cBookNo（图书编号）。如果借书成功，输出参数为"借书成功！"；如果借书失败，输出参数为执行 SQL 语句的错误信息。其中，这 4 张表的结构如下（部分字段）：

```
1   Create Table T     /*----------------------教师基本情况登记表------------------------*/
2   (
3     tNo         char(4)     not null primary key, /*教师编号*/
4     tName       varchar(16) not null              /*教师姓名*/
5   );
6   Create Table S     /*----------------------学生基本情况登记表------------------------*/
7   (
8     SNo         char(8)     not null primary key, /*学号*/
9     SName       varchar(16) not null              /*姓名*/
10  );
11  Create Table book   /*----------------------图书基本信息表------------------------*/
12  (
13    cBookNo     char(8)     not null primary key, /*图书编号*/
14    vcBookName  varchar(60) not null,             /*书名*/
15    cStatus     char(1)     not null default '1'  /*当前状态:1-在库,2-借出*/
16  );
17  Create Table smBorrow    /*------------------图书借(还)信息表------------------------*/
18  (
19    iID         int         not null auto_increment,  /*借书流水号*/
20    dtBorrowDate datetime not null default now(),    /*借书日期*/
21    cBookNo     char(8)  not null,                   /*图书编号*/
22    cBorrowNo   char(8)  null,                        /*借阅人编号*/
23    cType       char(1)  not null default '1',/*借阅人类别:1-学生,2-教师*/
24    cReturn     char(1)  not null default '0',/*是否还书:1-yes,0-no*/
```

```
25    dtReturnDate      datetime       null,            / * 还书日期 * /
26    constraint smBorrow_PK primary key(iID),
27    constraint smBorrow_FK foreign key(cBookNo)references book(cBookNo)
28    );
```

　　编程思路：先定义一个处理程序的指示器变量 flag，它能捕获存储过程中所有 SQL 语句执行出错情况。然后声明一个事务。如果所有的 SQL 语句执行完后，flag 还是 0，就提交事务；否则，表明至少有一条 SQL 语句执行出错，则回滚事务。

```
1    Delimiter //
2    Create Procedure cp_BorrowBook(in BorrowNo char(8),in BookNo char(8),
     out vcMemo varchar(255))
3    / * --------------- 输入参数:BorrowNo - 借书人编号,BookNo - 所借书的编号 ---------------
4    --------------------- 输出参数:vcMemo - SQL 语句执行信息------------------------------- * /
5    Begin
6      Declare c_Status char(1)default '1';       / * 所借书的状态:1-在库,2-借出 * /
7      Declare flag char(1)default '0';             / * 捕获错误时的指示器变量 * /
8      Declare exit handler for SQLException set flag='1',vcMemo='SQL 语句执
     行意外错误!';
9      Start Transaction;                            / * 开始事务 * /
10     Select cStatus into c_Status from Book where cBookNo=BookNo;
                                                   / * 获取书的状态 * /
11     If c_Status='2' then
12       set vcMemo='要借的书已经借出。不能重复借!';
13       Rollback;
14     Else                                       / * cType='1'表示学生借书 * /
15       Insert into smBorrow(cBorrowNo,cBookNo,cType)values(BorrowNo,Book-
     No,'1');
16       Update Book set cStatus='2'where cBookNo=BookNo;
                                                   / * 将书的状态修改为:2-借出 * /
17       If flag='0' then                          / * 所有 SQL 语句都执行成功 * /
18         Commit;                                 / * 提交事务 * /
19         Set vcMemo='借书成功!';
20       Else
21         Rollback;                               / * 回滚事务 * /
22       End If;
23     End If;
24   End;//
```

调用存储过程：

```
call cp_BorrowBook('0107101','B0000002',@vcMemo);
```

查看执行信息:

```
select @vcMemo;
```

例 8-10 根据例 8-2 中恢复的股票日交易表 trDay 的数据,编写一个存储过程,输入参数为交易日,计算该日所有股票的乖离率 Bias(6)和移动平均 MA(30)。其中涉及表 trDay 中的字段为 trDay(cDay,cStockNo,mClose,Bias6,MA1)。乖离率 Bias(6)的计算公式为

Bias(6)=100×(当日收盘价-前 6 日(含当日)的平均收盘价)/前 6 日(含当日)的平均收盘价

30 天移动平均 MA(30)的计算公式为

$$MA(30)=前 30 日(含当日)的平均收盘价$$

编程思路:声明一个捕获 update 语句执行意外的变量 err。一旦捕获到 update 语句执行出现意外,则退出游标中的循环,并跟踪输出错误信息。而如果循环正常结束后,还没有捕获到 update 语句执行出现意外,则输出变量设置为"成功"。

```
1   Delimiter //
2   Create Procedure cp_MA30(in strDay char(8),out vcMemo varchar(60))
                                            /*vcMemo:计算结果提示*/
3   /*--- 计算给定股票交易日 strDay 的 6 天乖离率 Bias(6)和 30 天的移动平均 MA(30)--- */
4   Begin
5     declare c_StockNo char(8);/*股票代码,注意:数据类型及长度与表结构要一样*/
6     declare m_Close decimal(6,2);/*当日收盘价,注意:局部变量名不要与表的列名一样*/
7     declare iCount int default 0;      /*交易天数*/
8     declare bias_6 decimal(6,2);       /*6 日乖离率*/
9     declare MA_6 decimal(6,2);         /*前 6 日(含当日)收盘价的平均值*/
10    declare MA_30 decimal(6,2);        /*前 30 日(含当日)收盘价的平均值*/
11    declare flag int default 0;        /*游标移动是否结束:flag=1 表示结束*/
12    declare err int default 0; /*执行 update 是否出现意外:err=1 表示出现意外*/
13    declare curTemp cursor for select cStockNo,mClose from trDay where
      cDay=strDay;                       /*定义游标*/
14    declare continue handler for not found set flag=1;
                                /*定义捕获意外错误的处理过程变量*/
15    declare continue handler for sqlexception set err=1,vcMemo='update 语
      句执行错误';                        /*捕获意外*/
16  start transaction;                   /*声明一个事务,注意:要在打开游标前*/
17    open  curTemp;                      /*打开游标*/
18    fetch curTemp into c_StockNo,m_Close;  /*获取游标当前记录的变量值*/
19    while flag=0 do                     /*对游标中的每一条记录进行循环*/
20      select count(*)into iCount from trDay where cStockNo=c_StockNo and
21  cDay <=strDay order by cDay desc;  /*先计算给定日期之前的交易天数*/
```

```
22    set bias_6=0;
23    set MA_30=0;
24    if iCount >=6 then    /*如果交易日期不小于 6 天,才能计算 6 天的乖离率 Bias(6)*/
25       /*先计算 6 天的平均收盘价,再计算 6 天的乖离率 Bias(6)*/
26    select sum(G.mClose)/6 into MA_6 from   (select mClose from trDay
27       where cStockNo=c_StockNo and cDay<=strDay order by cDay desc
limit 6) G;
28       set bias_6=100*(m_Close -MA_6)/ MA_6;   /*计算 6 天的乖离率 Bias(6)*/
29    end if;
30    if iCount >=30 then    /*如果交易日期不小于 30 天,才能计算 30 天的平均收盘价*/
31    select sum(G.mClose)/30 into MA_30 from(select mClose from trDay
32       where cStockNo=c_StockNo and cDay<=strDay order by cDay desc
limit 30) G;
33    end if;
34    set flag=0;   /*这个不能少,否则不循环。因为循环内还执行了查询,也可能使
flag=1*/
35    update trDay set BIAS6=bias_6,MA1=MA_30 where cStockNo=c_StockNo
36       and cDay=strDay;       /*更新 6 天乖离率,30 天移动平均*/
37    if err=1 then          /*如果 update 语句执行出现意外,则游标结束循环*/
38       set flag=1;          /*这样,可结束游标循环*/
39       select 'update 语句执行错误:',c_StockNo,bias_6,MA_30;
                                              /*输出多变量信息*/
40    end if;
41    fetch curTemp into c_StockNo,m_Close;    /*获取游标当前记录的变量值*/
42    end while;/*当 flag=1 时表明遍历已完成,或 update 语句执行出现意外,退出循环*/
43    close curTemp;              /*关闭游标*/
44    if err=0 then              /*如果所有 update 语句执行完都没有出现意外*/
45    set vcMemo='成功';
46    commit;                  /*一次性提交*/
47    else
48    rollback;         /*在游标循环中,只要 update 语句执行出现意外,就回滚*/
49    end if;
50  End;//
```

调用存储过程:

```
call cp_MA30('20210629',@vcMemo);/*普通 Windows 10 测试,运行约 4200s 才完成*/
```

查看执行输出信息:

```
select @vcMemo;
```

说明：默认情况下，在 Workbench 调用该存储过程，运行约 600s 后会出现如下错误：

```
Error Code:2013. Lost connection to MySQL server during query 600.015sec
/*在查询期间,执行了 600.015s 后,丢失了与 MySQL 服务器的连接*/
```

可进入 MySQL8.0 官网 https://dev. mysql. com/doc/mysql-errors/8.0/en/client-error-reference. html 查看错误信息。

出现这个错误的原因是：在 Workbench 环境中，默认的与 MySQL 服务器保持连接的时间上限是 600s。解决办法：依次选择 Edit→Preferences→SQL Editor→DBMS connection read timeout interval （in seconds），将这个时间修改为 6000s，如图 8-22 所示。

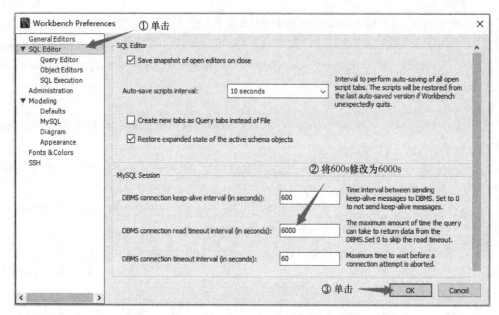

图 8-22　修改 Workbench 环境中的参数设置

8.3　MySQL 触发器

在 7.4 节所说的完整性约束机制都属于被动的约束机制。在遇到违反数据库完整性约束后，只能做出比较简单的动作，如拒绝操作、显示错误信息等。如果希望在某个操作后，系统能自动根据条件转去执行各种别的所要求的操作，这就需要用到 SQL3 中的触发器（Trigger）机制。

定义 8-2　触发器是一类靠事件驱动的、特殊的存储过程，当对相关的表做 Insert、Update、Delete 操作时，这些过程被隐式地执行。

触发器类似于数据库端的存储过程，可包含 SQL 语句和 PL/SQL 语句，还可调用其他存储过程。

触发器与存储过程的唯一区别是：存储过程由用户或程序通过显式语句调用执行；而触发器是在数据更新（Insert、Update、Delete）语句执行时，自动隐式执行。

触发器只能创建在表上，其语法结构为

```
Create Trigger triggerName <[Before|After]> <[Insert|Update|Delete]>
On <tableName> For each Row
Begin
<SQL 语句块>
End
```

一个完整的触发器，至少包括下面三个内容：

1）触发的事件：指定哪个表上的哪条数据更新语句，由"[Insert|Update|Delete]> On <tableName>"指定。

2）动作的时间：由［Before|After］指定。Before 表示在触发事件进行以前，测试 Where 条件表达式是否满足。若满足，则执行指定的操作。After 表示在触发事件进行以后，测试 Where 条件表达式是否满足。若满足，则执行指定的操作。

3）触发的动作：由 Begin…End 之间的<SQL 语句块>定义。

下面以 MySQL 8.0 为例，具体说明触发器的用法。

例 8-11　根据例 8-9 中的学生、教师、借（还）书数据表的结构，在表 smBorrow 上创建一个插入触发器。要求实现：学生的借书记录（未还的）不能超过 3 条，教师的借书记录（未还的）不能超过 5 条。

编程思路：根据插入记录的临时表中借阅人编号，查询其当前未还的借书记录条数。如果未还的记录数超过规定的本数，则利用 signal 语句终止插入语句的执行，并给出一个错误信息。

1	Delimiter $$
2	Create Trigger smBorrow_insert　after　insert　on　smBorrow　for each row
3	/* --
4	在向借书信息表 smBorrow 插入记录时,根据临时表的 cType 类别进行计数判断
5	--- */
6	Begin
7	declare iCount int default 0;　　　　/*当前未还的借书记录条数,默认值为 0 */
8	select　count　(*)　into　iCount　from　smBorrow　where　cBorrowNo = new. cBorrowNo and cReturn ='0';
9	If new. cType ='1' then
	/*new 为缓冲区新插入记录的临时表,cType ='1'为学生借书 */
10	If iCount > 3 then
	/*signal 命令中断触发器执行,抛出一个异常,异常编号为 5 位整数 */
11	signal sqlstate '10081'set message_text ='学生借书,不能超过 3 本';
12	Else
13	update book set cStatus ='2' where cBookNo=new. cBookNo;
14	End If;
15	Else　　　　　　/*cType ='2'为教师借书 */

```
16    If iCount > 5 then
17      signal sqlstate '10082' set message_text='教师借书,不能超过 5 本';
18    Else
19      update book set cStatus='2' where cBookNo=new.cBookNo;
20    End If;
21   End If;
22  End; $$
```

输入下列四条 Insert 语句验证触发器:

```
Insert into smBorrow(cBorrowNo,cBookNo,cType)values('01071102','A1171','1');
Insert into smBorrow(cBorrowNo,cBookNo,cType)values('01071102','A1172','1');
Insert into smBorrow(cBorrowNo,cBookNo,cType)values('01071102','A1173','1');
Insert into smBorrow(cBorrowNo,cBookNo,cType)values('01071102','A1175','1');
```

前三条语句正常, 当执行第四条语句时, 出现如下错误信息:

```
Error Code:1644. 学生借书,不能超过 3 本
```

例 8-12 根据例 8-9 中的学生和教师借 (还) 书数据表的结构, 在表 smBorrow 上创建一个修改触发器。要求实现: 当要还书时, 相当于在表 smBorrow 上修改一条记录, 对应的图书的状态 (cStatue) 由 "2-表示已借出" 修改为 "1-在库"。

编程思路: 根据修改记录的临时表中的图书编号, 将 book 表中的状态修改为 "1-在库"。

```
1   Delimiter $$
2   Create Trigger smBorrow_update after update on smBorrow for each row
3   /* -----------------------------------------------------------------
4            在向借书信息表 smBorrow 修改记录时,根据所借书的编号,
5            将书的状态(cStatus)由"2-借出"修改为"1-在库"
6   ----------------------------------------------------------------- */
7   Begin
8     declare c_status char(1) default '0';
9     /* new 为缓冲区新修改记录的临时表 */
10    select cStatus into c_status from book  where cBookNo=new.cBookNo;
11    If c_status='1'  then  /* signal 命令中断触发器执行,抛出一个异常 */
12      signal sqlstate '10081' set message_text='该图书的编号有误';
13    Else
14      update Book set cStatus='1' where cBookNo=new.cBookNo;
15    End if;
16  End;  $$
```

例如, 还书时, 可用下面的语句进行测试:

```
Update smBorrow Set cReturn='1',dtReturnDate=now()
  Where cBorrowNo='01071102'and cBookNo='A1171';
```

8.4　Python 与 MySQL 数据库编程

Python 提供了对各种主流数据库的访问。本章以 MySQL 8.0 和 Python 3.x 为例进行讲解。

学习本节内容前，需要先按照本书素材资源中的 Python 安装说明，把 Python 3.x 及 Anaconda 安装好。其中，Anaconda 是 Python 生态下集成的数据分析开发环境。

pymysql 是在 Python 3.x 版本中用于连接 MySQL 服务器的一个第三方库，需要另外安装。在 Anaconda 环境下安装：单击计算机桌面左下角的"开始"按钮，进入 Anaconda Prompt(Anaconda 3)，输入下面语句直接进行安装，如图 8-23 所示。

```
pip install pymysql
```

如果直接安装比较慢，也可以利用豆瓣镜像安装，输入如下语句：

```
pip install-i https://pypi.douban.com/simple pymysql
```

图 8-23　Anaconda 环境下 pymysql 库的安装

MySQL 安装成功后，默认主机名为 localhost，默认数据库 IP 地址为 127.0.0.1，默认端口号为 3306，默认的用户为 root。Python 与 MySQL 数据库的编程主要分三步：①建立数据库连接对象 connection；②通过游标对象 cursor 操纵数据库；③关闭游标、关闭连接。连接处理流程如图 8-24 所示。

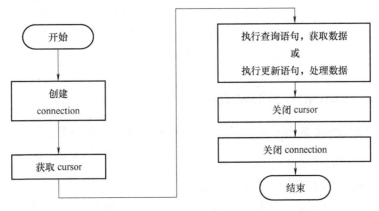

图 8-24　Python 与 MySQL 数据库的连接处理流程

8.4.1 Python 建立与 MySQL 连接的 connection 对象

创建 connection：创建 Python 客户端与数据库之间的网络连接。数据库连接对象 connection 的参数及方法见表 8-5 和表 8-6。

表 8-5 数据库连接对象 connection 的参数

序号	参 数 名	类 型	说 明
1	host	String	MySQL 的服务器 IP 地址，服务器名称
2	port	Int	MySQL 的端口号，默认为 3306
3	user	String	用户名
4	password	String	密码
5	database	String	使用的数据库
6	charset	String	连接字符集，默认为 utf8

表 8-6 数据库连接对象 connection 的方法

序号	方 法 名	说 明	序号	方 法 名	说 明
1	cursor( )	创建并且返回游标	4	begin( )	开始事务
2	close( )	关闭 connection	5	commit( )	提交当前事务
3	rollback( )	回滚当前事务			

8.4.2 Python 操纵 MySQL 数据库的 cursor 对象

通过 connection 建立 Python 与数据库的连接后，接下来通过游标对象 cursor 操纵数据库，包括查询、插入、修改、删除记录。游标对象 cursor 的方法见表 8-7。

表 8-7 操纵数据库的游标对象 cursor 的方法

序号	方 法 名	说 明
1	execute(SQL)	用于执行一个数据库的 SQL 命令
2	fetchone( )	获取结果集中的下一行
3	fetchmany(size)	获取结果集中的下 size 行，其中 size 为正整数
4	fetchall( )	获取结果集中剩下的所有行，返回一个元组
5	rowcount	最近一次 execute 返回数据/影响的行数
6	close( )	关闭游标

8.4.3 Python 与 MySQL 数据库编程

Python 3 连接 MySQL 数据库前，需要引入 pymysql 库，语句如下：

```
import pymysql
```

例 8-13 Python 查询 MySQL 数据表记录。

编程思路：游标（cursor）执行查询语句后，返回的是元组变量，可以通过元组的索引访问查询的结果。

```
1   import pymysql
2   IP="localhost"                    #数据库所在计算机名或 IP 地址
3   userNo="root"                     #连接用户
4   vcPass="Sa12345678"               #用户密码
5   db="student"                      #数据库名称
6   charset="utf8"                    #默认的连接字符集
7   conn = pymysql. connect (host = IP, user = userNo, password = vcPass,
    database=db,port=3306)
8   cur=conn. cursor()                #定义游标
9   strSQL="select sNo,sName,case when sex='M'then '男'else '女'end as
    sex from s where sNo like '05%';"
10  cur. execute(strSQL)              #执行 SQL 语句
11  rows=cur. fetchall()             #获取游标所有行记录,返回元组变量
12  print(type(rows))
13  for r in rows:                    #遍历元组
14      print("学号:%s,姓名:%s,%s" %(r[0],r[1],r[2]))
15
16  cur. close()                      #结束前,要关闭对象。先关闭游标,再关闭连接
17  conn. close()
```

例 8-14　用 Python 更新 MySQL 数据表记录。

编程思路：游标（cursor）执行更新 SQL 语句后，返回一个整数变量，表示影响记录的条数。但这还只是在数据缓冲区中，若要影响到数据库，则要调用连接对象 connection 的 commit()方法进行提交；如果失败，则回滚 rollback()。

```
1   import pymysql                         #导入 pymysql 模块
2   conn=pymysql. connect(host="127. 0. 0. 1",user="root",
                    password="Sa12345678",database="student")
3   cursor=conn. cursor()                  #生成一个游标对象
4   sql="insert into C(cNo,cName) values('C08','Python')"
                                          #在课程表中,插入一条记录
5   try:
6     conn. begin()                        #开始事务
7     cursor. execute(sql)                 #执行 SQL 语句
8     conn. commit()                       #提交事务
9     print("数据插入成功!影响行数:",cursor. rowcount)
10  except pymysql. Error as e:
11    conn. rollback()                     #若出现意外,则事务回滚,即撤销事务
12    print("插入错误!错误信息:",e. args[1])
```

```
13 │ cursor.close()                    # 关闭光标对象
14 │ conn.close()                      # 关闭数据库连接
```

将第 4 行 SQL 语句修改为

```
update C set cName='Python 编程' where cNo='c08'
```

或将第 4 行 SQL 语句修改为

```
delete from  C where cNo='c08'
```

其他代码不变。

8.4.4 编程案例——股票交易数据的处理与分析

例 8-15 文件"股票日交易数据 20120425.xls"收录了沪深 A 股股票 2012.04.25 的日
交易数据，共 3173 条记录，如图 8-25 所示（见本书素材资源）。

	A	B	C	D	E	F	G	H	I	J	K	L
	ID	Symbol	Name	Date	Open	High	Low	Close	Change1	Volume	Amount	TurnoverRate
	467	SH600000	浦发银行	2012-4-25	9.34	9.44	9.33	9.35	-0.32	664890	6.23E+08	0.45
	468	SH600004	白云机场	2012-4-25	7.07	7.13	7.04	7.12	0.565	37372	26529790	0.32
	469	SH600005	武钢股份	2012-4-25	2.91	2.95	2.89	2.94	0.685	249613	72933870	0.25
	470	SH600007	中国国贸	2012-4-25	10.72	11.06	10.7	10.98	1.573	22641	24818400	0.22
	471	SH600008	首创股份	2012-4-25	5.12	5.25	5.08	5.21	1.362	58100	30065540	0.26

图 8-25 股票日交易数据 20120425.xls

图中各列的含义：Symbol 为股票代码，Name 为股票名称，Date 为交易日期，Open 为开
盘价，High 为最高价，Low 为最低价，Close 为收盘价，Change1 为涨幅，Volume 为成交量
（手），Amount 为成交额（元），TurnoverRate 为换手率。

下面使用 Python 编程，将这些记录导入 MySQL 数据库中。进入 MySQL，先创建一个空
数据库 MyTest，再创建下面两张基本表。

```
1  │ Create Table smStock   /*-------------- 股票基本信息表-------------------------------*/
2  │ (
3  │ cStockNo       char(8)        not null,                /*股票代码*/
4  │ vcStockName    varchar(20)    not null,                /*股票名称*/
5  │ dcLTP          decimal(14,6)  not null default 0,      /*流通股数(万股)*/
6  │ dtUsertime     datetime       not null default now(),  /*插入时间*/
7  │ constraint smStock_pk primary key(cStockNo)    /*定义主键:cStockNo*/
8  │ );
9  │ Create Table trDay   /*-------------股票日交易数据记录-------------------*/
10 │ (
11 │ cStockNo       char(8)        not null,                /*股票代码*/
12 │ cDay           datetime       not null,                /*交易日期*/
13 │ mOpen          real           not null default 0,      /*开盘价*/
14 │ mHigh          real           not null default 0,      /*最高价*/
```

```
15   mLow          real              not null default 0,        /*最低价*/
16   mClose        real              not null default 0,        /*收盘价*/
17   iVol          real              not null default 0,        /*成交量*/
18   mm            real              not null default 0,        /*成交额*/
19   dcChange      decimal(8,4)      not null default 0,        /*换手率*/
20   dcRate        decimal(6,2)      not null default 0,        /*涨幅*/
21   constraint trDay_pk primary key(cStockNo,cDay),/*定义主键:cStockNo,cDay*/
22   constraint trDay_fk foreign key(cStockNo)references smStock(cStockNo)
                                               /*定义外键:cStockNo*/
23   );
```

思考一个问题：在 Python 代码中，如何编写带有变量的 SQL 语句。在 Python 中，字符串是用一对单引号或一对双引号作为界定符；而在 SQL 语句中，字符串是用一对单引号，例如：

```
1   sNo="17071101"                      #字符串变量,双引号可以
2   name='张三'                          #字符串变量,单引号也可以
3   age=str(20)
4   #----------若要把这个 sql 作为字符串语句变量传给游标,则必须用双引号----------
5   sql="insert into S(sNo,sName,age)values('"+sNo+"','"+name+"',"+age+")"
6   print(sql)  #输出:insert into S(sNo,sName,age)values('17071101','张三',20)
7   sql="update S set sName='"+name+"',Age="+age+" where sNo='"+sNo+"'"
8   print(sql)  #输出:update S set sName='张三',Age=20 where sNo='17071101'
```

上面的 sql 变量均为标准的 SQL 语句，可以传递给 cursor 对象。源代码如下：

```
1    import numpy as np;import xlrd;import pymysql
2    from datetime import datetime;from xlrd import xldate_as_tuple
3    stock=xlrd.open_workbook("d:\\股票日交易数据20120425.xls")
4    sheet=stock.sheet_by_index(0)          # 通过索引获取 sheet
5    rows=sheet.nrows                       # 获得行数,cols=sheet.ncols 为获得列数
6    IP="127.0.0.1"
7    ps="Sa12345678"
8    conn=pymysql.connect(host=IP,user="root",password=ps,database=
     "myTest",port=3306)
9    cur=conn.cursor()                      # 创建游标对象
10   conn.begin()                           # 开始事务
11   for i in np.arange(1,rows):
12       row=sheet.row_values(i)            # 获得第 i 行,为 list
13       cStockNo=row[1].strip()            # 股票代码
14       vcStockName=row[2]                 # 股票名称
15       sCell=row[3]                       # 交易日期
```

```
16    date=datetime(*xldate_as_tuple(sCell,0))        #处理日期型
17    cDay=date.strftime('%Y-%m-%d')          #('%Y/%m/%d %H:%M:%S')
18    mOpen=str(row[4])                       #开盘价
19    mHigh=str(row[5])                       #最高价
20    mLow=str(row[6])                        #最低价
21    mClose=str(row[7])                      #收盘价
22    dcRate=str(row[8])                      #涨幅
23    iVol=str(row[9])                        #成交量(手)
24    mm=str(row[10])                         #成交额(元)
25    dcChange=str(row[11])                   #换手率
26    # -------------- 先插入股票基本信息 ------------------------------------
27    sql="select cStockNo from smStock where cStockNo='"+cStockNo+"'"
28    cur.execute(sql)            #检查该股票信息是否已经在表中
29    n=cur.rowcount              #执行查询语句返回的记录行数
30    if n==0:                    #若不在股票基本信息表中,则插入股票基本信息
31        sql="insert into smStock(cStockNo,vcStockName) "
32        sql=sql+" values('"+cStockNo+"','"+vcStockName+"');"
33        cur.execute(sql)        #执行 SQL 语句
34    sql="insert into trDay(cStockNo,cDay,mOpen,mHigh,mLow,"
35    sql=sql+"mClose,iVol,mm,dcChange,dcRate)values('"
36    sql=sql+cStockNo+"','"+cDay+"',"+mOpen+","+mHigh+","
37    sql=sql+mLow+","+mClose+","+iVol+","+mm+","
38    sql=sql+dcChange+","+dcRate+");"
39    cur.execute(sql)   #-------------- 再插入股票日交易记录 --------------------------
40 try:
41    conn.commit()       #数据更新,最后一次性提交,否则不会保存到数据库中
42    print("一次性全部导入成功!")
43 except pymysql.Error as e:
44    conn.rollback()              #如果出现意外,则回滚
45    print("导入失败!错误信息:",e.args[1])
46 cur.close()
47 conn.close()
```

参照上述代码,可以插入文件"股票日交易数据 20120426.xls"中的数据。这次只有新股票才需要插入股票基本信息表,原有股票只需要插入日交易信息即可。

例 8-16 根据例 8-2 中恢复的股票日交易数据表 trDay 中的涨幅 dcRate,用 Python 编程,计算所有股票涨幅的样本方差(即波动率),并输出方差最大的前十只股票的股票代码、股票名称、涨幅的标准差。

编程思路:先按股票代码、股票名称分组,查询所有股票的日平均涨幅、交易天数,根

据该查询结果对股票代码进行迭代，查询每一只股票的所有日涨幅，再根据该股票的平均涨幅计算样本方差。将计算结果添加到列表变量中，按列表变量索引的第二个下标，即按样本方差降序排列，最后输出列表中前十个元素即可。

```python
1   import pymysql                        # 引入 pymysql 模块
2   IP="127.0.0.1"
3   ps="Sa12345678"
4   conn=pymysql.connect(host=IP,user="root",password=ps,database=
    "stock",port=3306)
5   cur=conn.cursor()                     # 定义游标
6   # --- 分组查询:股票代码、股票名称、平均涨幅、交易天数,其中交易天数大于 10 ------
7   strSQL=" select a.cStockno, b.vcStockName, avg(dcRate), count(cDay)
    from trDay a,smStock b"
8   strSQL=strSQL+" where a.cStockNo=b.cStockNo and b.vcStockName <> ''"
9   strSQL=strSQL+"group by a.cStockno,b.vcStockName having count(cDay)>10;"
10
11  cur.execute(strSQL)                   # 执行查询语句
12  rows=cur.fetchall()                   # 获取游标所有行记录,返回元组变量
13  list_var=[]                           # 定义一个列表:股票代码,股票名称,方差
14  for r in rows:
15      cStockNo=r[0]                     # 股票代码
16      vcStockName=r[1]                  # 股票名称
17      avg=r[2]                          # 涨幅平均值
18      iDay=r[3]                         # 交易天数
19      strSQL="select dcRate from trDay where cStockNo='"+cStockNo+"'"
20      cur.execute(strSQL)               # 查询该股票所有的日涨幅
21      All_Rate=cur.fetchall()           # 获取游标所有行记录,返回元组变量
22      temp=0
23      for rate in All_Rate:
24          temp=temp+(rate[0]-avg)**2    # 计算该股票日涨幅的方差
25      var=temp/(iDay-1)                 # 样本方差
26      x=[]
27      x.append(cStockNo)
28      x.append(vcStockName)
29      x.append(round(var,2))            # 样本方差:四舍五入,保留 2 位小数
30      list_var.append(x)                # 添加到列表中:股票代码,股票名称,样本方差
31
32  cur.close()
33  conn.close()
```

```
34  list_var.sort(key=lambda x:x[2],reverse=True)    #按样本方差降序排列
35  for i in range(10):                              #只显示前十条记录
36      x=list_var[i]
37      print("(",i+1,")",x[0],x[1],'涨幅方差:',x[2])
```

结果输出如下:

(1)SH688113 联测科技 涨幅方差:1651.04

(2)SZ300339 润和软件 涨幅方差:91.72

(3)SH605080 浙江自然 涨幅方差:76.90

(4)SZ300530 *ST达志 涨幅方差:70.02

(5)SH605305 中际联合 涨幅方差:69.16

(6)SZ300526 中潜股份 涨幅方差:66.83

(7)SH688609 九联科技 涨幅方差:66.38

(8)SZ300079 数码视讯 涨幅方差:64.77

(9)SZ300312 *ST邦讯 涨幅方差:63.84

(10)SZ300264 佳创视讯 涨幅方差:62.85

习 题 8

8-1　将文件"我国部分城市汇总表.xls"里的数据（如图 8-26 所示），通过 Python 编程导入 MySQL 数据库中。要求：导入到两张表中，省份模式（省份编号,省份名称），省份编号取城市编号的前两位；城市模式（城市编号,城市名称,电话区号,邮编,省份编号），外键为省份编号。导入前，需要先通过 Create table 语句创建这两张表。

	A	B	C	D
1	城市编号	城市	电话区号	邮编
2	AH0001	寿县	0564	232200
3	AH0002	舒城	0564	231300
4	AH0003	六安	0564	237000
5	AH0004	绩溪	0563	245300
6	AH0005	广德	0563	242200
7	AH0006	旌德	0563	242600
8	AH0007	宁国	0563	242300

图 8-26　我国部分城市汇总表

8-2　根据选课信息表 SC(sNo,cNo,score)，编写一个修改触发器，如果修改的考试成绩（score）低于原有成绩，则还是取原有成绩。

8-3　参考例 8-10 中的源代码，编写一个存储过程，针对表 trDay，计算股票日交易 12 天的乖离率 Bias(12)。

8-4　根据例 8-2 中恢复的股票日交易数据表 trDay 中的涨幅 dcRate，用 Python 编程，计算所有银行股票涨幅的标准差（即波动率），并输出波动率最大的前十只股票的股票代码、股票名称、涨幅的标准差（所谓银行股票，即股票名称中含有"银行"的股票）。

第 *9* 章 / MS SQL Server数据库技术

在数据库市场上，排名靠前的 DBMS 主要有 Oracle、MySQL、SQL Server、IBM DB2。在国内市场，阿里巴巴公司的国产数据库 OceanBase 正在引领新一代分布式数据库技术的发展。数据库领域的"世界杯" TPC-C 于 2020 年 5 月 20 日公布的数据显示，OceanBase 打破去年自己保持的世界纪录，获得 7.07 亿 tpmC 的超高性能得分，远远超过排名第二的 Oracle。

数据库技术是相通的，每个数据库系统各有其优劣。Oracle 在大型数据库方面有优势，但学习成本较高；MySQL 入门比较快，但后续提高难度大；SQL Server 依托 Windows 平台，学习成本比较低，后续提高的难度也不大，但在别的平台如 Linux 上，其竞争力不如 MySQL。

本章以 SQL Server 2019 为例，讲解数据库后台的一些相关开发技术。

本章学习要点：

- SQL Server 概述。
- SQL Server 编程基础，包括游标对象（Cursor）的使用。
- 掌握 SQL Server 存储过程的编程。
- 掌握 SQL Server 触发器的编程。
- SQL Server 设置每天定时自动做数据库备份。

9.1 SQL Server 概述

市场上曾经有两家公司的数据库产品都叫 SQL Server，一家是微软的 MS SQL Server，另一家是赛贝斯的 Sybase SQL Server。它们的核心技术是同源的。

9.1.1 SQL Server 的发展历程

1. SQL Server 的诞生初期

1985 年，微软与 IBM 合作开发操作系统 OS/2。1987 年，微软联合当时数据库行业的两家知名公司 Sybase 和 Ashton-Tate 共同开发基于 OS/2 操作系统的数据库系统。1989 年，Ashton-Tate/Microsoft SQL Server 1.0 for OS/2 正式发布。由于 Ashton-Tate 的 dBASE IV 发展不顺，微软终止了与 Ashton-Tate 的合作。1990 年，微软发布只有自己的 MS SQL Server 1.1 for OS/2，但由于技术原因销售不佳。

1990 年，微软为 SQL Server 建立专门的技术团队，并且于次年起陆续取得了 Sybase 的授权。只要获得 Sybase 的许可，SQL Server 团队有权查看和修改 Sybase SQL Server 的源代码。

停止与 IBM 的合作后，微软便独自研发 OS/2 3.0 版，不久被命名为 Windows NT。微软的 SQL Server 团队决定终止对 OS/2 的支持，全力研发支持 Windows NT 的版本。1993 年，SQL Server 4.2 for Windows NT 3.1 就开始在市场上销售，且业绩不错。

这样，到 1994 年，微软终止了与 Sybase 的合作关系，并买下了 Windows NT 版本的 SQL Server 全部版权后就开始完全独立开发。次年 6 月，微软发布了 SQL Server 6.0。对微软而言，这是个里程碑式的版本，因为这个版本是独立完成的，没有借他人之手。

与微软分开后，Sybase 专注于 SQL Server 在 UNIX 操作系统上的应用。同时，为了避免混淆，Sybase 也将自己的数据库从 Sybase SQL Server 重命名为 Adaptive Server Enterprise（ASE），从此 SQL Server 仅指微软旗下关系型数据库了。Sybase 的数据库产品曾一度在金融等行业享有盛誉、颇受欢迎，如今早已风光不再，于 2010 年被 SAP 收购。

2. SQL Server 的成熟期

为了开发 SQL Server，微软投入大量资金，邀请全球顶级数据库专家加盟微软。

1998 年 12 月，SQL Server 7.0 正式上市。这个产品已经将核心重写了，减少了数据库管理员的工作负担，并且第一次出现了 OLAP（On-Line Analytical Processing，联机分析处理）服务。微软还提供了 MSDE（Microsoft Data Engine）作为一种单机数据库供用户选择。

2000 年 8 月，SQL Server 2000 发布，其中包括企业版、标准版、开发版、个人版四个版本。这次引入了对多实例的支持，并且允许用户选择排序规则。SQL Server 开始走上成熟。

3. SQL Server 2005

SQL Server 2005 又是一次重大的架构变革，原有的许多方面都被重写了。具有代表性的新功能有：

1）支持非关系型数据作为 XML 存储与查询。

2）使用 SQL Server Management Studio 代替旧版本的企业管理器。

3）使用 SQL Server 集成服务代替旧版本的 DTS。

4）支持使用 CLR（Common Language Runtime）创建对象。

5）增强了 T-SQL 语言，包括结构化的异常捕获。

6）引入 DMV（动态管理视图），可实现详细的健康监视、性能调整和故障排除。

7）增强了高可用性，引入了数据库镜像。

8）增强了安全性，支持列加密。

9）以 SQL Server Express 版本代替 MSDE。

4. SQL Server 2008 及 SQL Server 2008 R2

2008 年，SQL Server 2008 正式发布。2010 年 4 月，又发布了 SQL Server 2008 的改进版 SQL Server 2008 R2。这是微软数据库领域的一个旗舰产品，使 SQL Server 的性能更强大、功能更全面、安全性更高。其主要的新功能有：

1）引入 "Always On" 技术，减少潜在的停机时间。

2）FileStream 支持结构化与半结构化的文件流数据。

3）引入了空间数据类型。

4）添加了数据库压缩与加密技术。

5）全文索引被直接集成到数据库引擎中。

6）增强了报表服务，通过新的报表设计器可以制作地图报表。

7）增强了多服务器管理能力。

8）引入主数据服务，支持管理参照数据。

9）引入 StreamInsight，在将数据存储到数据库之前高速查询数据。

SQL Server 2008 R2 终于与 Oracle、DB 2 形成商业数据库的三足鼎立之势。

5. SQL Azure

SQL Azure 是微软的云端数据库服务，应用程序可以直接网络访问云端的数据库。2012年，微软进行了品牌重整，SQL Azure 成为 Windows Azure 产品线下的 Windows Azure SQL Database。

Windows Azure 广泛支持多种操作系统、语言和公开云服务，包括 Windows、SQL、Python、Ruby、Node. js、Java、Hadoop、Linux、Oracle，并不局限于 Windows。为了避免给用户造成混淆，微软于 2014 年 3 月宣布将此品牌更名为 Windows Azure。

6. SQL Server 2017

21 世纪头十年过后，由于大数据、云计算、机器学习、深度学习等技术的不断发展，加上传统关系 DBMS 本身的不足，数据库领域的竞争变得异常激烈，以 MongoDB、Redis、Neo4j 等为代表的 NoSQL（Not Only SQL）数据库和 Hive、Impala、Presto 等 Hadoop 大数据解决方案异军突起。但在这些新产品的冲击下，关系数据库作为数据架构的中坚力量，没有退缩，而是努力迎头赶上。

2017 年 10 月，微软新一代数据库产品 SQL Server 2017 发布。其特性主要表现在：

1）支持 Linux 服务器。

2）向 Neo4j 学习，引入了图数据的处理与支持。

3）提供 SQL Server Machine Learning Services 核心产品，在数据库内集成了基于 R/Python 语言的机器学习的解决方案。

4）自适应查询处理（Adaptive Query Processing）。

5）拓展了大数据领域的应用。

7. SQL Server 2019

2019 年 11 月，微软发布了新一代数据库产品 SQL Server 2019。其特性主要表现在：

1）核心引擎的增强。通过 HTAP（Hybrid Transaction/Analytical Processing，混合事务/分析处理）技术，强化了对于混合负载能力的支持。

2）数据虚拟化。所谓**数据虚拟化**，就是不论数据具体以何种格式存放何处，都能以统一的抽象进行管理和访问。

3）大数据集群（SQL Serve Big Data Cluster）。将 Hadoop 和 Spark 等开源大数据技术组件直接纳入 SQL Server，并在 Kubernetes 体系下无缝集成。

9. 1. 2　SQL Server 的下载和安装

SQL Server 2019 有五个版本可供选择：Enterprise（企业版）、Standard（标准版）、Web（网站版）、Developer（开发版）、Express（精简版）。其中，后两个版本免费。

下面以 Developer（开发版）为例，讲解在 Windows 10 上，SQL Server 2019 的下载和安装。

进入官网 https://www.microsoft.com/zh-cn/sql-server/sql-server-downloads，单击"立即下载"按钮，如图 9-1 所示。

双击下载的安装文件 SQL2019-SSEI-Dev.exe，进入安装界面，如图 9-2 所示。

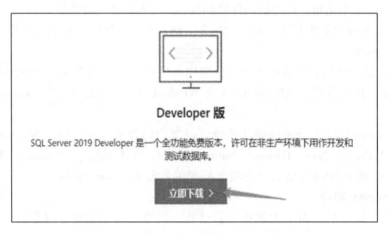

图 9-1　下载 SQL Server 2019 Developer 版

图 9-2　SQL Server 2019 Developer 的安装界面

详细的安装过程，请参见本章资源材料中的"SQL Server 2019 下载及安装.doc"文件。Developer Edition 安装完成时，要求安装 SSMS（SQL Server Management Studio），如图 9-3 所示。

SQL Server Management Studio 是 SQL Server 可视化集成管理工作室，这个必须安装。

将 SQL Server Management Studio（SSMS）下载到本地计算机，如图 9-4 所示。

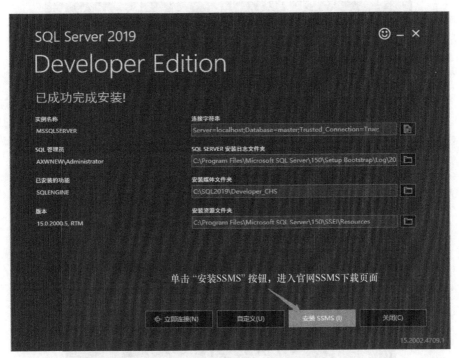

图 9-3　SQL Server 2019 Developer 安装完成

图 9-4　下载 SQL Server Management Studio（SSMS）

双击安装程序 SSMS-Setup-CHS.exe，进入 SSMS 安装界面，如图 9-5 所示。

SSMS 安装完毕后，单击"关闭"按钮，如图 9-6 所示。

9.1.3　SQL Server 的设置

SQL Server 2019 安装成功后，还要进行两个设置才能开始使用：一是启用 TCP/IP；二是设置 SQL Server 服务器验证方式为双身份验证模式，并设置系统管理员 sa 的密码。

图 9-5　SQL Server Management Studio（SSMS）的安装界面

图 9-6　SQL Server Management Studio（SSMS）安装完成

1. 启用 TCP/IP

方法：单击计算机屏幕左下角的"开始"按钮，单击"Microsoft SQL Server 2019"选项，在其子菜单中选择"SQL Server 2019 配置管理器"选项（如图 9-7 所示），进入"SQL Server Configuration Manager"界面，如图 9-8 所示。

图 9-7　进入 SQL Server 2019 配置管理器

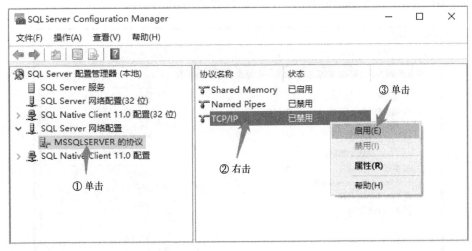

图 9-8　启用 TCP/IP

2. 设置 SQL Server 服务器验证方式为双身份验证

方法：单击计算机屏幕左下角的"开始"按钮，单击"Microsoft SQL Server Management Studio"选项（如图 9-9a 所示），进入"连接到服务器"对话框，如图 9-9b 所示。

a) 单击 "Microsoft SQL Server Management Studio" 选项

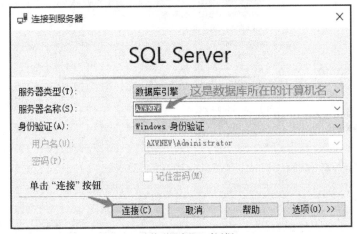

b) "连接到服务器" 对话框

图 9-9　进入 SSMS

设置 SQL Server 服务器验证方式，具体操作如图 9-10 所示。

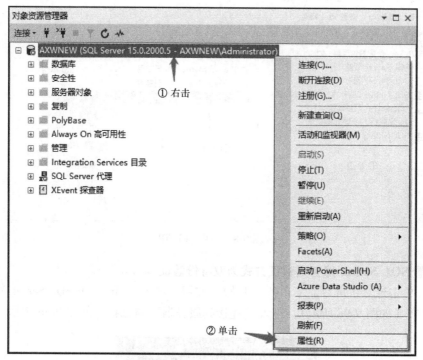

a) 打开"服务器属性"设置窗口

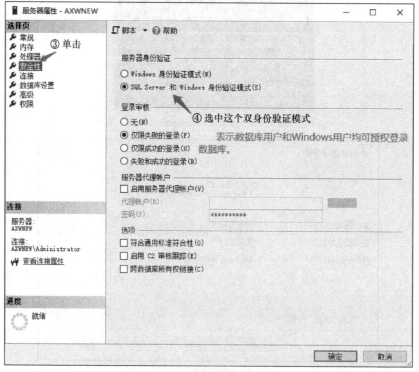

b) 设置 SQL Server 服务器身份验证方式

图 9-10 在 Microsoft SQL Server Management Studio 设置 SQL Server 服务器验证方式

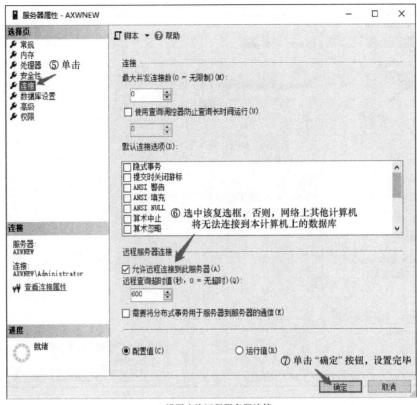

c) 设置允许远程服务器连接

图 9-10　在 Microsoft SQL Server Management Studio 设置 SQL Server 服务器验证方式（续）

3. 设置系统管理员 sa 的密码

设置 sa 的密码（这里也可以修改 sa 的密码）及启用 sa，如图 9-11 和图 9-12 所示。

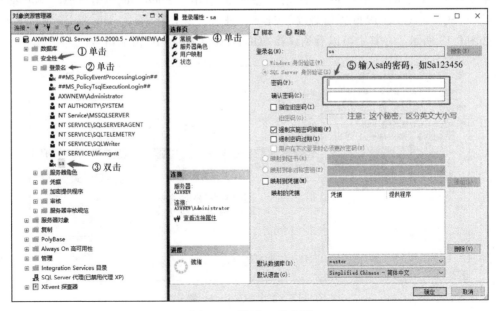

图 9-11　设置 sa 的密码

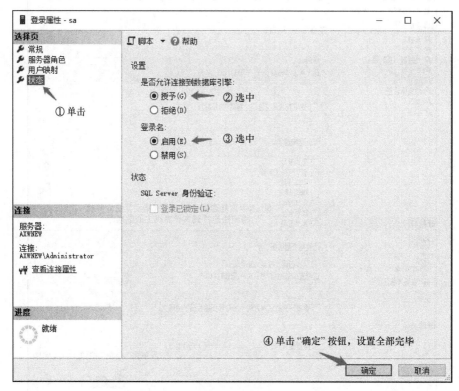

图 9-12 启用 sa

到此为止，SQL Server 的安装及设置已经全部完成。要使设置生效，必须重启 SQL Server 服务，或重启计算机。如果不想重启计算机，那么通过下述方法，也可重启 SQL Server 服务。

单击计算机屏幕左下角的"开始"按钮，单击"Microsoft SQL Server Management Studio"→"SQL Server 2019 配置管理器"选项，进入"SQL Server Configuration Manager"窗口，如图 9-13 所示。在其中可以看到连接 SQL Server 的各种 IP 及端口号。

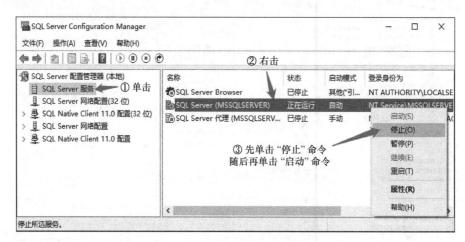

图 9-13 重启 SQL Server 服务

退出 SSMS 后，重新进入 SSMS，就可以用设置的 sa 密码进行登录，操作步骤如图 9-14 所示。

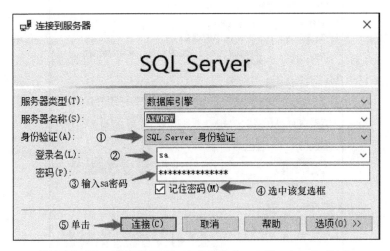

图 9-14　用 sa 密码登录 Microsoft SQL Server Management Studio

9.1.4　SQL Server 的核心进程

SQL Server 2019 安装成功后，有一个核心程序——sqlserver.exe，它默认位于"C:\Program Files\Microsoft SQL Server\MSSQL15.MSSQLSERVER\MSSQL\Binn"路径下。该程序的启动模式必须设为"自动"（如图 9-13 所示），或进入"计算机管理"，按图 9-15 和图 9-16 所示进行设置。

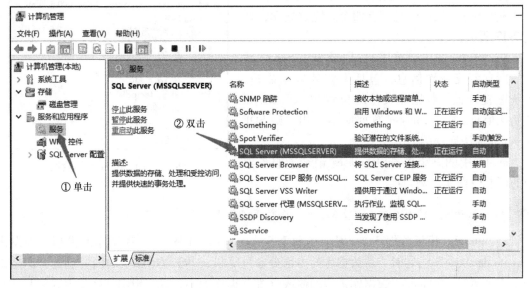

图 9-15　在"计算机管理"中查看 sqlserver.exe 核心进程

该核心进程负责 SQL Server 所有数据库引擎（Database Engine），包括协议（Protocol）、查询引擎（Query Compilation and Execution Engine）、存储引擎（Storage Engine）等。

图 9-16 设置 sqlserver. exe 核心进程的启动模式为"自动"

9.1.5 SQL Server 的系统数据库

SQL Server 有两类数据库：一类是系统数据库，一类是用户数据库。

系统数据库是指 SQL Server 安装时自带的数据库，它们存储了 SQL Server 相关的系统信息，主要协助 SQL Server 完成各方面的数据管理。

SQL Server 安装时自带有四个系统数据库，如图 9-17 所示。

1) **master**（主数据库）：记录 SQL Server 系统的所有系统级别信息，包括系统的登录账户、系统配置设置、数据库文件的位置和 SQL Server 初始化信息。如果 master 数据库不可用，则 SQL Server 是无法启动的。

master 中的系统表 sysdatabases 记录了服务器中的所有数据库。例如：

图 9-17 SQL Server 系统数据库

```
Select[name]From sysdatabases  -- 查询服务器中的所有数据库
```

2) **model**（模板数据库）：用于在 SQL Server 实例上创建用户数据库的模板。当发出"Create database"语句时，新数据库的一部分通过复制 model 数据库中的内容创建，剩余部分由空页填充。对 model 数据库进行的修改（如数据库大小、排序规则、恢复模式和其他数据库选项）将应用于以后创建的所有数据库。在 model 数据库中创建一张表，则以后每次创建数据库的时候都会有默认的一张同样的表。

3) **msdb**（代理数据库）：SQL Server 代理是通过使用 msdb 来做存储自动化作业定义、

作业调度、操作定义、触发提醒定义的。代理是负责几乎所有自动化操作和调度操作。msdb 还包含了所有的工作准备，比如对于开始任何工作、得到了状态或停止作业命令，这些都是运行在 msdb 中。

4）**tempdb**（临时数据库）：被数据库引擎用来保存和存储临时对象（如临时表、视图、游标和表值变量），也被 SQL Server 数据库引擎用来保存中间的查询结果，用于排序操作前或操作其他数据。每次启动 SQL Server 时都会重新创建 tempdb。

9.1.6　SQL Server 的系统表

所谓系统表，是指由 SQL Server 系统自动维护的表。当数据库用户在 SQL Server 中增加、修改或删除数据库对象（如表、视图、列、主键、外键、存储过程等）时，SQL Server 系统都会在相应的系统表中进行自动记录。SQL Server 常见的系统表见表 9-1。

表 9-1　SQL Server 常见的系统表

序号	系统表名	归属数据库	说　　明
1	sysdatabases	master	服务器中的所有数据库
2	syslogins	master	登录账号信息
3	syscharsets	master	字符集与排序顺序
4	sysconfigures	master	配置选项
5	syscurconfigs	master	当前配置选项
6	sysobjects	每个数据库	所有数据库对象，包括表、索引、约束、触发器
7	syscolumns	每个数据库	所有列
8	sysindexs	每个数据库	所有索引
9	sysconstrains	每个数据库	所有约束

其中，sysobjects 中的字段 xtype 标识了数据库对象的各种类别，具体如下：

1）C：Check（约束）。

2）D：Default（默认值）。

3）F：Foreign key（外键约束）。

4）P：Store Procedure（存储过程）。

5）PK：Primary Key（主键约束）。

6）S：System Table（系统表）。

7）TR：Trigger（触发器）。

8）U：User Table（用户表）。

9）UQ：Unique（唯一性约束）。

10）V：View（视图）。

函数 object_id('obj_name','obj_type')返回 obj_name 在 sysobjects 表中的对应 id。

下面是以用户数据库 student 为例，几个常见的查询语句。

1）查询所有的用户表：

```
Select * from sysobjects where xtype = 'U'
```

2）查询学生表“S”中的所有列：

```
Select * from syscolumns where id=object_id('S')
```

9.1.7 SQL Server 的数据库文件和日志文件

SQL Server 2019 的每个数据库对应有三种类型的数据库文件。

1）主数据文件。该文件是数据库的起点，指向数据库中文件的其他部分。每个数据库都有一个主数据库文件，默认文件名为“数据库名 . mdf”。

2）次数据文件。该文件包含除主数据文件以外的所有数据文件。有的数据库可能没有次数据文件，有的可能有多个。其默认文件扩展名为 * . ndf。

3）日志文件。该文件包含恢复数据库所需的所有日志信息。每个数据库至少有一个日志文件，有的可能有多个。其默认文件扩展名为 * . ldf。

这些数据库文件，默认在：C:\Program Files\Microsoft SQL Server\MSSQL15. MSSQLSERVER\MSSQL\DATA 路径下，如图 9-18 所示。

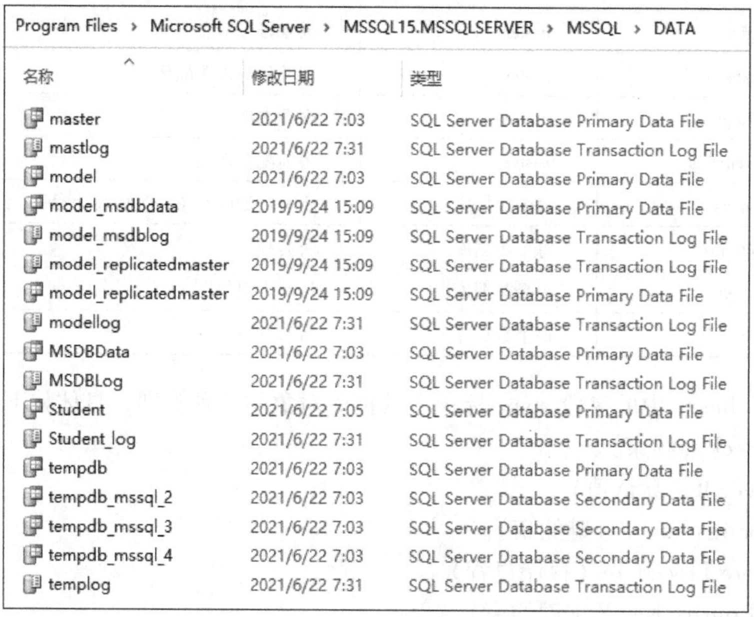

Program Files › Microsoft SQL Server › MSSQL15.MSSQLSERVER › MSSQL › DATA

名称	修改日期	类型
master	2021/6/22 7:03	SQL Server Database Primary Data File
mastlog	2021/6/22 7:31	SQL Server Database Transaction Log File
model	2021/6/22 7:03	SQL Server Database Primary Data File
model_msdbdata	2019/9/24 15:09	SQL Server Database Primary Data File
model_msdblog	2019/9/24 15:09	SQL Server Database Transaction Log File
model_replicatedmaster	2019/9/24 15:09	SQL Server Database Transaction Log File
model_replicatedmaster	2019/9/24 15:09	SQL Server Database Primary Data File
modellog	2021/6/22 7:31	SQL Server Database Transaction Log File
MSDBData	2021/6/22 7:03	SQL Server Database Primary Data File
MSDBLog	2021/6/22 7:31	SQL Server Database Transaction Log File
Student	2021/6/22 7:05	SQL Server Database Primary Data File
Student_log	2021/6/22 7:31	SQL Server Database Transaction Log File
tempdb	2021/6/22 7:03	SQL Server Database Primary Data File
tempdb_mssql_2	2021/6/22 7:03	SQL Server Database Secondary Data File
tempdb_mssql_3	2021/6/22 7:03	SQL Server Database Secondary Data File
tempdb_mssql_4	2021/6/22 7:03	SQL Server Database Secondary Data File
templog	2021/6/22 7:31	SQL Server Database Transaction Log File

图 9-18 SQL Server 的数据库文件

9.2 SQL Server 中 SQL 语句的使用

在 SQL Server Management Studio（SSMS）中，利用 SQL 的数据定义功能，可以创建数据库、基本表、视图、索引等数据库对象。

9.2.1 创建用户数据库

在 SSMS 中，创建一个数据库有两种方法：一种是利用可视化界面，一种是利用 SQL 语句。

一个数据库被创建后，会在系统默认的数据路径（或指定路径）下生成两个数据库物理文件：一个是主数据文件，扩展名为 *.mdf；一个是日志文件，扩展名为 *.ldf。

1. 利用可视化界面创建数据库

进入 SSMS，创建一个名为 student 的学生数据库，具体操作步骤如图 9-19 所示。

a) 单击"新建数据库"命令

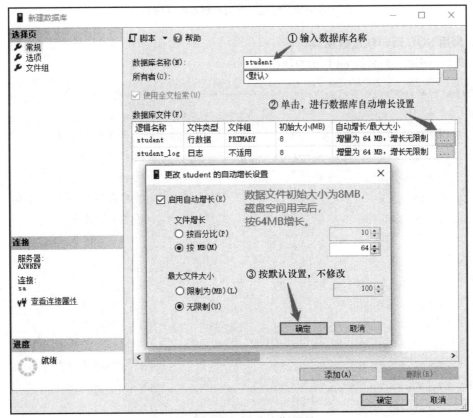

b) 设置数据库名称和自动增长设置

图 9-19　创建一个用户数据库

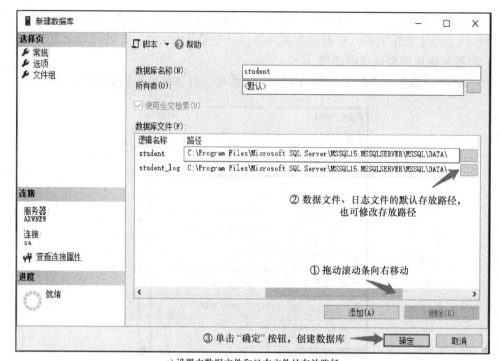

c) 设置主数据文件和日志文件的存放路径

图 9-19 创建一个用户数据库（续）

2. 利用 SQL 语句创建数据库

例 9-1 创建一个名为 myTest 的数据库。

```
1   Create Database myTest on      /*--------------------- 创建数据库 ---------------*/
2   (
3       name=myTest_data,                      /*数据逻辑文件名*/
4       FileName='d:\data\myTest_data.mdf',    /*数据物理文件名*/
5       Size=10 MB,                            /*初始数据文件大小*/
6       Maxsize=200 MB,                        /*数据物理文件最大限制*/
7       FileGrowth=5                           /*按 5%增长*/
8   )
9   Log on
10  (
11      name=myTest_log,                       /*日志逻辑文件名*/
12      FileName='d:\data\myTest_log.ldf',     /*日志物理文件名*/
13      Size=5 MB,                             /*初始日志文件大小*/
14      Maxsize=25 MB,                         /*日志物理文件最大限制*/
15      FileGrowth=5MB                         /*按 5MB 增长*/
16  );
```

在 SSMS 中，输入上述代码，如图 9-20 所示。

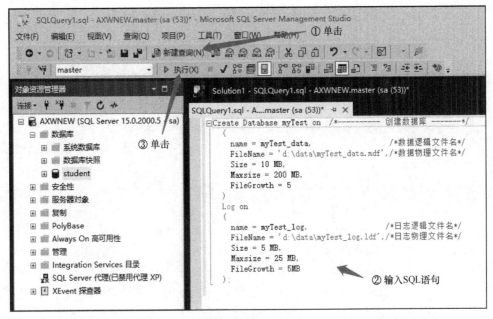

图 9-20　在 SSMS 中，用 SQL 语句创建数据库（文件夹"d:\Data"要先存在）

用户数据库创建成功后，可以在对应的路径下看到生成的数据库物理文件，如图 9-21 所示。

图 9-21　创建数据库后生成的两个数据库物理文件

9.2.2　创建基本表

在 SSMS 中选择已经创建的数据库 student，利用 SQL 语句创建基本表。

例 9-2　根据例 3-2 中的教学、借（还）书数据库的关系模式图，在 student 数据库中创建对应的基本表。

除了少数函数、个别语法如获得系统时间 getdate( )、记录自动增长 identity 不同外，SQL Server 中 SQL 语句与 MySQL 的 SQL 语句语法基本相同。

```
1  Create Table T   /*-------------------------- 教工基本信息表-------------------------- */
2  (
3    tNo     char(4)     not null primary key,   /*教工编号,设为主键*/
4    tName   varchar(30) not null,               /*教工姓名*/
5    Title   varchar(10) null                    /*职称,最后一行不能有逗号*/
6  );
```

```sql
7   Create Table C    /*------------------------- 课程基本信息表------------------------- */
8   (
9     cNo          char(4)      not null primary key,   /*课程编号*/
10    cName        varchar(30)  not null,               /*课程名称*/
11    tNo          char(4)      null,                    /*教工编号*/
12    constraint c_fk foreign key(tNo)references T(tNo)
                                        /*定义外键,最后一行不能有逗号*/
13  );
14  Create Table S    /*------------------------- 学生基本信息表------------------------- */
15  (
16    sNo          char(8)      not null primary key,   /*学号*/
17    sName        varchar(30)  not null,               /*姓名*/
18    sex          char(1)      not null default 'M',   /*性别:M-男,F-女*/
19    Age          int          not null default 0,     /*年龄*/
20    dtBirthDate  date         not null,               /*出生日期*/
21    profess      varchar(20)  null,                   /*专业*/
22    check(sex in('M','F'))                            /*自定义约束:sex只能取M或F*/
23  );
24  Create Table SC   /*------------------------- 学生选课信息表------------------------- */
25  (
26    sNo          char(8)      not null,               /*学号*/
27    cNo          char(4)      not null,               /*课程编号*/
28    Score        decimal(6,2) not null default 0,     /*考试成绩*/
29    Check(Score between 0 and 100),
30    constraint sc_pk primary key(sNo,cNo),            /*定义主键*/
31    constraint sc_fk1 foreign key(sNo)references S(sNo),/*定义外键:学号*/
32    constraint sc_fk2 foreign key(cNo)references C(cNo) /*定义外键:课程号*/
33  );
34  Create Table Book   /*------------------------- 图书基本信息表------------------------- */
35  (
36    cBookNo      char(8)      not null primary key,   /*图书编号*/
37    vcBookName   varchar(60)  not null,               /*书名*/
38    vcPYCode     varchar(50)  null,                   /*拼音码*/
39    cStatus      char(1)      not null default '1'    /*当前状态:1-在库,2-借出*/
40  );
41  Create Table smBorrow   /*--------------学生、教工借(还)书信息表---------------- */
42  (
43    iID   int   not null identity,/*自动流水号,从1开始,每插入一条记录加1*/
```

```
44   dtBorrowDate  datetime  not null default getdate(),  /*借书日期*/
45   cBookNo       char(8)   not null,                     /*图书编号*/
46   cBorrowNo     char(8)   not null,                     /*借阅人编号*/
47   cType         char(1)   not null default '1',/*借阅人类别:1-学生,2-教工*/
48   cReturn       char(1)   not null default '0',/*是否还书:1-yes,0-no*/
49   dtReturnDate  datetime  null,                         /*还书日期*/
50   constraint smBorrow_pk primary key(iID),   /*定义主键*/
51   constraint smBorrow_fk foreign key(cBookNo) references Book(cBookNo));
                                                /*定义外键:图书编号*/
52   Create Table smChinese   /*----------------汉字编码表-----------------------*/
53   (
54   cChineseNo    char(6)      not null,     /*汉字编码*/
55   cChineseName  char(2)      not null,     /*汉字名称*/
56   cPY           char(1)      not null,     /*拼音码*/
57   cWB           char(4)      not null,     /*五笔码*/
58   constraint smChinese_PK primary key(cChineseNo));
```

在 SSMS 中，输入上述代码，如图 9-22 所示。

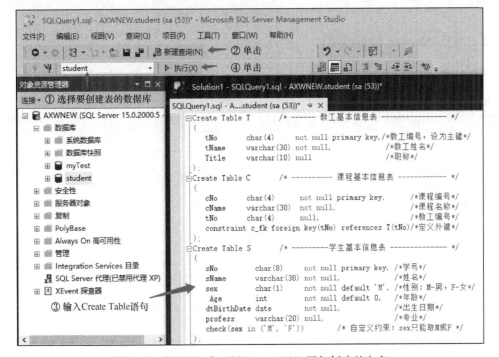

图 9-22　在 SSMS 中，用 Create Table 语句创建基本表

9.2.3　数据更新和数据查询

数据更新有 Insert 语句、Update 语句、Delete 语句，数据查询有 Select 语句。在 3.3、

3.4 节中介绍的数据更新、数据查询语句中，除个别 MySQL 专用语句外，其余 SQL 语句都可在 SQL Server 中使用，这里不再赘叙。

例 9-3　根据例 9-2 的表结构，利用本章资源材料中的"例 9-3 insertSQL. txt"文件提供的插入语句，将其数据插入到 student 数据库中。下面是部分 Insert 语句。

```
1   Insert into T(tNo,tName,title)values('T21','李老师','教授');
2   Insert into T(tNo,tName,title)values('T22','王老师','副教授');
3   Insert into T(tNo,tName,title)values('T23','刘老师','讲师');
4   Insert into C(cNo,cName,tNo)values('C21','MATHS','T21');
5   Insert into C(cNo,cName,tNo)values('C22','高等代数','T22');
6   Insert into C(cNo,cName,tNo)values('C23','Data Structure','T23');
7   Insert into C(cNo,cName,tNo)values('C24','离散数学','T23');
8   Insert into S(SNo,SName,Age,Sex,dtBirthDate)values('01071101','张
    三',22,'M','1982-09-05');
9   Insert into S(SNo,SName,Age,Sex,dtBirthDate)values('01071102','李
    丽',21,'F','1983-03-06');
10  Insert into SC(SNo,cNo,Score)values('01071101','C22',90);
11  Insert into SC(SNo,cNo,Score)values('01072101','C22',50);
12  …
```

9.2.4　SQL Server 数据类型

SQL Server 常用数据类型见表 9-2。

表 9-2　SQL Server 常用数据类型

序号	类　别	数 据 类 型
1	整数型	tinyint、smallint、int、integer、bigint、bit
2	定长浮点型	numeric(p,d)、decimal(p,d)
3	单精度浮点型	float(n)
4	双精度浮点型	real
5	货币型	smallmoney、money
6	字符型	char(n)、varchar(n)、text
7	双字节字符型	nchar(n)、nvarchar(n)、ntext
8	二进制型	binary、varbinary、image
9	日期型	date、datetime

9.2.5　SQL Server 常用内置函数

（1）聚合函数

SQL Server 常用聚合函数见表 9-3。SQL Server 2019 增加了两个统计函数 var 和 stdev。

表 9-3　SQL Server 常用聚合函数

序号	函 数 名	功 能 说 明
1	count(*)	返回记录数
2	avg(列名)	返回列名取值的平均值,其中列名必须为数值型,空值(null)被忽略
3	max(列名)	返回列名取值的最大值,空值(null)被忽略
4	min(列名)	返回列名取值的最小值,空值(null)被忽略
5	sum(列名)	返回列名取值的和,其中列名必须为数值型,空值(null)被忽略
6	var(列名)	返回列名取值的统计方差,其中列名必须为数值型,空值(null)被忽略
7	stdev(列名)	返回列名取值的标准差,其中列名必须为数值型,空值(null)被忽略

(2) 字符函数

SQL Server 常用字符函数见表 9-4。使用 select 语句可直接输出变量的值。

表 9-4　SQL Server 常用字符函数

序号	函 数 名	功 能 说 明	示 例
1	len(s)	返回字符串 s 在 Unicode 下的长度,含左边的空格,但不含右边的空格	select len('中国 ok '):返回 4 select len('　中国 ok　'):返回 5
2	datalength(s)	返回字符串 s 的字节串长度	select datalength('中国 ok'):返回 6
3	charindex(c,s)	返回字符 c 在字符串 s 的起始位置	select charindex('b','abc,ab'):返回 2
4	ltrim(s)	删除字符串 s 左边的空格	select ltrim('　abc　'):返回'abc　'
5	rtrim(s)	删除字符串 s 右边的空格	select rtrim('　abc　'):返回'　abc'
6	str(x)	将数值型 x 转为字符串,前导有空格	select ltrim(str(123.56)):返回'　123'
7	left(s,m)	返回字符串 s 的左边 m 个字符	select left('abcd',2):返回'ab'
8	right(s,m)	返回字符串 s 的右边 m 个字符	select right('abcd',2):返回'cd'
9	substring(s,m,n)	从字符串 s 的左边第 m 个字符开始,取 n 个字符	select substring('abcd',2,2):返回'bc'

说明:在字符的 Unicode 码中,任何一个字符比如汉字、英文字母、数字,其长度都为 1。但在字节串中,ASCII 字符的字节串长度为 1,一个汉字的字节串长度为 2 或 4。

(3) 日期函数

SQL Server 常用日期函数见表 9-5。

表 9-5　SQL Server 常用日期函数

序号	函 数 名	功 能 说 明	示 例
1	getdate()	以 SQL Server 标准内部格式,返回系统当前的日期、时间	select getdate(): 返回 2021-06-23 07:45:21.877
2	dateadd(f,n,d)	按指定时间单位 f,对日期 d 增加 n 间隔后的 datetime 值	select dateadd(day,2,getdate()) select dateadd(month,2,'2021-06-08') select dateadd(year,-2,'2021-06-08')
3	date(d)	返回日期 d 的"日"部分的整数	select date('2021-06-08'):返回 8

（续）

序号	函　数　名	功 能 说 明	示　　例
4	month(d)	返回日期 d 的"月"部分的整数	select month('2021-06-08')：返回 6
5	year(d)	返回日期 d 的"年"部分的整数	select year('2021-06-08')：返回 2021
6	datediff(f, d1, d2)	按指定时间单位 f，返回从日期 d1 到 d2 间隔的数值	select datediff(day, '2021-05-08', '2021-06-08') select datediff(month, '2021-05-30', '2021-06-01') select datediff(year, '2021-05-30', '2021-06-01')

例如，在 SSMS 输入上面的部分示例语句，结果如图 9-23 所示。

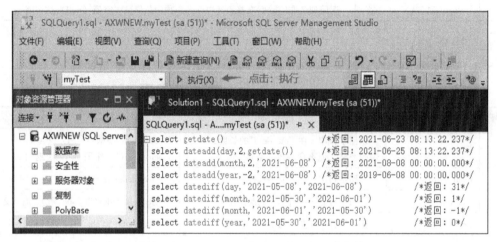

图 9-23　SQL Server 部分日期函数执行结果

（4）系统函数

SQL Server 常用系统函数见表 9-6。

表 9-6　SQL Server 常用系统函数

序号	函　数　名	功 能 说 明	示　　例
1	convert(type(n), f)	按指定的数据类型（含长度）、格式 f，返回一个值	select convert(varchar(6), 123. 56) select convert(char(10), getdate( ), 120) select convert(char(10), getdate( ), 108)
2	HOST_name( )	返回数据库所在计算机名	select HOST_name( )
3	system_user	返回当前登录数据库的用户名	select system_user

例如，在 SSMS 输入上面的部分示例语句，结果如图 9-24 所示。

```
select HOST_name()                    /*返回主机名：AXWNEW */
select system_user                    /*返回当前连接用户名：sa */
select convert(char(10),getdate(),120) /*返回日期：2021-06-23 */
select convert(char(8),getdate(),108)  /*返回时间：09-28-16 */
select convert(varchar(6),123.56)      /*返回字符串：123.56 */
```

图 9-24　SQL Server 部分系统函数执行结果

9.3　SQL Server 后台编程基础

数据库端程序，主要指存储过程、自定义函数和触发器。一些比较复杂的逻辑处理程序放置在后台处理，可以大大提高数据处理效率。

数据库端处理程序一般称为事务性-SQL（Transaction-SQL，T-SQL），加入了很多高级语言的元素，大大丰富了 SQL 的表现能力。

9.3.1　变量及赋值

在 T-SQL 中，SQL Server 的变量分两种：一种是局部变量，一种是全局变量。

1. 局部变量

用户在程序中自己定义的变量称为局部变量，声明时必须以@作为前缀。局部变量的作用范围仅限于用户定义它的那个程序块。

局部变量必须先声明再赋值。其声明语法为

```
declare  @变量名  数据类型[=初始值]    /*声明变量时,可以指定初始值*/
```

其中，数据类型可以是 SQL Server 支持的任何数据类型。

局部变量的赋值有以下三种方法：

1）定义时直接初始化。例如，下面语句声明了一个定长字符串变量，初始值为0。

```
1  declare @flag char(1)='0'      /*声明一个定长字符串变量*/
2  print  @flag                   /*打印局部变量的值*/
```

2）用 set 语句给变量赋值。例如，下面语句声明了一个整数变量，赋值为8。

```
1  declare @x int                 /*声明一个整数变量*/
2    set  @x=8                     /*给局部变量赋值*/
```

3）用 select 语句赋值。该语句来自于查询记录的结果集，其中，结果集中的记录数必须大于或等于1。如果记录数大于1，则取最后一条记录的值。如果记录数为0，则返回空值（null）。例如，下列语句的第5行，select 取最后一个记录值，而第9行，则为空。

```
1  use student                          /*将 student 设置为当前数据库*/
2  declare @sNo   char(8)               /*局部变量:学号*/
3  declare @sNo1  char(8)               /*局部变量:学号*/
4  declare @sName  varchar(30)          /*局部变量:姓名*/
5  select @sNo=sNo,@sName=ltrim(sName)from s where sex='M'
                                        /*多个变量赋值,用逗号隔开*/
6  select @sNo1=sNo from s where 1=2    /*没有记录*/
7  print '学号:'+@sNo                   /*输出:学号:05071137*/
8  print '姓名:'+@sName                 /*输出:姓名:刘勇*/
9  print isnull(@sNo1,'空')             /*输出:空*/
```

在 SSMS 中输入上述代码，如图 9-25 所示。

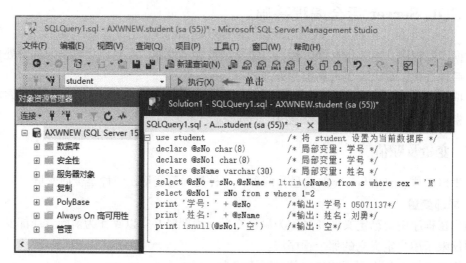

图 9-25　在 SSMS 中局部变量的声明、赋值及输出

2. 全局变量

在 SQL Server 中，前缀用 @@ 标识的变量称为全局变量，也称系统变量。全局变量由系统定义和维护，用户不能定义全局变量，也不能修改全局变量的值，只能读取。

全局变量记录了 SQL Server 服务器的活动状态、系统设置，及 SQL 语句的执行状态等。SQL Server 常用全局变量见表 9-7。

表 9-7　SQL Server 常用全局变量

序号	全局变量名	含　义
1	@@error	返回上一条 T-SQL 语句的错误号，如果上一条 T-SQL 语句执行没有错误，则返回 0
2	@@max_connections	返回 SQL Server 实例允许同时进行的最大用户连接数
3	@@rowcount	返回上一条 SQL 语句影响的行数
4	@@servername	返回运行 SQL Server 的本地服务器的名称
5	@@version	返回当前 SQL Server 安装的版本、处理器体系结构、生成日期和操作系统
6	@@cursor_rows	返回当前打开的游标所含记录的条数

例如，下列语句显示当前服务器的全局配置设置：

```
EXEC sp_configure          /*显示当前服务器的全局配置设置*/
```

9.3.2　T-SQL 语句中的程序控制

1. if 条件分支结构和 case 多分支结构

if 条件分支常见的有两种格式，语法结构见表 9-8（1）、（2）。

case…end 一般用于多分支条件选择结构，语法结构见表 9-8（3）。

2. while 循环

在 while 循环中，先对指定的表达式进行判断，如果为真，则执行循环体内的语句，否则退出循环。语法结构见表 9-8（4）。

在循环体内，如果满足特定条件，遇到 break 语句可以直接跳出 while 循环，而 continue 语句是中断本轮循环，开始下一轮循环。

表 9-8　T-SQL 语句中的程序控制

（1）if 单分支选择结构	（3）case…end 多分支选择结构
if 条件表达式 　　begin 　　　　语句块 　　end	case 　　when 条件 1then 结果 1 　　when 条件 2then 结果 2 　　… 　　else 其他结果 end
（2）if…else 双分支选择结构	

if 条件表达式
　　begin
　　　　语句块 1
　　end
else
　　begin
　　　　语句块 2
　　end
	（4）while 循环语法结构
	while 条件表达式
	　　begin
	　　　　语句块
	　　　　［break］
	　　　　语句块
	　　　　［continue］
	　　end

9.3.3　T-SQL 语句中的事务与意外处理

在 T-SQL 语句中可以显示定义一个事务，一般通过 SQL 语句执行时的全局变量的取值捕获意外。如果没有发生意外，就提交事务；否则，就回滚。其语法结构如下：

```
1  begin transaction            /*开始事务*/
2      语句块
3  if @@error=0                  /*全局变量@@error=0,表示没有发生意外*/
4      commit transaction        /*提交事务*/
5  else
6      rollback transaction      /*回滚事务*/
```

9.3.4　T-SQL 语句中的游标

在 T-SQL 语句块中，如果一条查询语句有多条返回记录，而要逐条进行处理，这就是游标（Cursor）。

游标的操作分四步：定义游标、打开游标、使用和关闭游标。其语法结构如下：

```
1  declare 游标名 scroll cursor for select 语句   /*定义游标*/
2  open  游标名                                   /*打开游标*/
3  select @row=@@cursor_rows                      /*获取游标中记录的行数*/
```

```
4   while @ row > 0
5   begin
6       fetch next from 游标名 into 局部变量          /* 获取游标当前记录的值 */
7       SQL 语句块
8       set @ row=@ row-1                          /* 给表达式赋值 */
9   end
10  close   游标名                                  /* 关闭游标 */
11  deallocate 游标名                               /* 释放游标 */
```

例 9-4 编写一段程序，定义一个游标，查询学生的学号、姓名，并按性别分别输出男、女的学号和姓名。

```
1   use student                                  /* 将 student 设置为当前数据库 */
2   declare @ sNo char(8)                        /* 局部变量:学号 */
3   declare @ sName varchar(30)                  /* 局部变量:姓名 */
4   declare @ sex char(1)                        /* 局部变量:性别 */
5   declare @ row int=0   /* 声明局部变量,初始值为 0,表示游标中记录的行数 */
6   declare cur_temp scroll cursor for
7       select sNo,sName,sex from S              /* 定义游标 */
8   open cur_temp                                /* 打开游标 */
9   select @ row=@ @ cursor_rows                 /* 获取游标中记录的行数 */
10  while @ row > 0                              /* 若行数计数器大于 0 */
11  begin        /* ----------------------开始循环------------------------------------ */
12      fetch next from cur_temp into @ sNo,@ sName,@ sex
                                                /* 获取游标当前记录的值 */
13      if @ sex='M'
14          print @ sNo+','+@ sName+',男'       /* 打印:学号,姓名,性别 */
15      else
16          print @ sNo+','+@ sName+',女'
17      set @ row=@ row - 1                      /* 计数器减 1 */
18  end          /* -------------------------结束循环------------------------------------ */
19  close cur_temp                              /* 关闭游标 */
20  deallocate cur_temp                         /* 从内存释放游标 */
```

在 SSMS 中输入上述代码，如图 9-26 所示。

9.3.5 T-SQL 程序中一些语句的说明

1. set 语句与 select 语句的比较

set 只能给一个变量赋值，不支持多变量赋值。

select 有三种功能，分别是：给变量赋值、输出变量的值、查询数据库中表的记录。select 语句支持多个变量赋值，变量之间用逗号隔开。

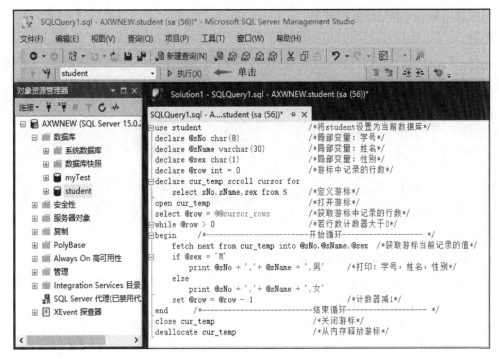

图 9-26 在 SSMS 中执行程序中的 T-SQL 语句块

在给变量赋值时，set 与 select 的区别有三点，见表 9-9。

表 9-9 在给变量赋值时，set 与 select 的区别

序号	前 提 情 况	用 set 赋值	用 select 赋值
1	对多个变量同时赋值	不支持	支持
2	表达式返回多个值	出错	取返回值中的最后一个
3	表达式没有返回值	变量被赋 null 值	变量保持原值

例如，在学生表 S 中有多条记录，其中含有"学号：01071101、姓名：张三"。下面是用 set 语句赋值的情况。

```
1  declare @ sName varchar(30) = ''           /*声明一个变量,初始值为空字符*/
2  set @ sName = (select sName from S where sNo = '01071101')
                                               /*表达式只有一条记录*/
3  print @ sName                              /*输出学号对应的学生姓名:张三*/
4
5  set @ sName = (select sName from S where 1 = 2)
                                               /*表达式没有记录,则赋予 null */
6  print isnull(@ sName,'空值')               /*输出:空值*/
7
8  set @ sName = (select sName from S where 1 = 1)   /*表达式有多条记录,则出错*/
9  print isnull(@ sName,'空值')               /*输出:空值*/
```

下面是用 select 语句赋值的情况。

```
1  declare @ sName varchar(30) = ''           /*声明一个变量,初始值为空字符*/
2  select @ sName=sName from S where sNo='01071101'  /*表达式只有一条记录*/
3  print @ sName                              /*输出学号对应的学生姓名:张三*/
4
5  select @ sName=sName from S where 1=1      /*表达式有多条记录*/
6  print isnull(@ sName,'空值')                 /*输出最后一条记录:徐慧*/
7
8  select @ sName=sName from S where 1=2      /*表达式没有记录,则保持原值*/
9  print isnull(@ sName,'空值')                 /*输出上次变量的值:徐慧*/
```

在给单变量赋值时,推荐用 set 语句赋值的方法。

2. select 语句与 print 语句的比较

print 是将用户的信息输出到客户端,它只能输出一个变量的值,且该变量的数据类型只能为字符型,或能够转为字符型的如数值型、日期型等。

select 语句可以输出多个变量的值,变量的数据类型不受限制。它甚至可将变量的值输出到指定的文件中。

9.4 SQL Server 存储过程

9.4.1 存储过程的创建及调用

关于存储过程的概念,请参看 8.2 节。SQL Server 创建存储过程的语法结构如下:

```
1  if(exists(select * from sys.objects where name='cp_name'))
                                          /*若指定的存储过程 cp_name 存在*/
2      drop procedure cp_name             /*删除存储过程 cp_name*/
3  go
4  create procedure cp_name @param_name param_type[=default_value][out]as
5  begin
6      SQL 语句块
7      [return @ return_value]
8  end
```

说明:

1) sys.objects 为当前数据库的系统表,它记录了当前数据库中的所有数据对象。

2) 存储过程可以没有参数,也可以有多个输入参数,参数之间用逗号隔开。定义输入参数时,可以指定初始值,参数的数据类型可以是 SQL Server 支持的任何数据类型。其中,out 表示为输出参数。

3) 存储过程可以没有返回值。如果有,可用 return 语句指定存储过程的返回值。

4）调用存储过程的方法为"exec 存储过程名"。

例 9-5　编写一段程序，创建一个简单的存储过程，查询学生的学号、姓名、性别。

```
1  create procedure cp_select as    /*创建一个名称为 cp_select 的存储过程*/
2  begin
3      select top 9 sNo,sName,sex from S
4  end
```

在 SSMS 中输入上述程序，创建一个存储过程，如图 9-27 所示。

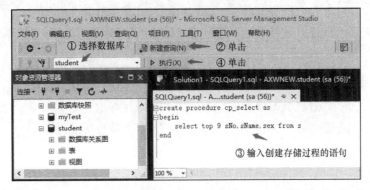

图 9-27　在 SSMS 中创建一个存储过程

存储过程创建成功后，右击图 9-27 中的数据库"student"，在弹出的菜单中单击"刷新"命令，可以看到所创建的存储过程 cp_select。

调用该存储过程的语句为"exec cp_select"，其结果如图 9-28 所示。

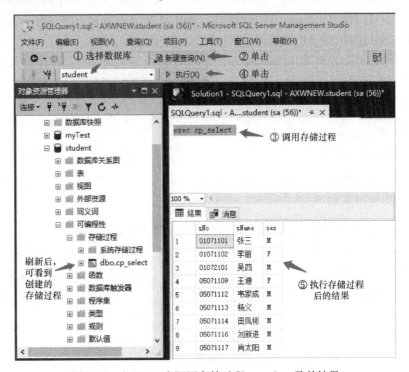

图 9-28　在 SSMS 中调用存储过程 cp_select 及其结果

9.4.2　带输出参数的存储过程

对于带输出参数的存储过程,定义时要标明"out 或 output",调用时要标明"output"。

例 9-6　编写一个带有输入参数、输出参数的存储过程,然后调用它。

基本思路:下面程序创建了一个名为 cp_sc2 的存储过程,输入参数为学号:@ sNo,输出参数为该学生选修课程的门数:@ iCount。调用时,输出参数要加上"output"。

```
1  create procedure cp_sc2 @sNo char(8),@iCount int out as
2  /*------------输入参数:@ sNo 为学号,输出参数:@ iCount 为选课记录数------------*/
3  begin
4    select @iCount=count(*)from SC where sNo=@ sNo   /*该学号的选课门数*/
5  end
6  declare @y int                                    /*声明一个局部变量*/
7  exec cp_sc2 '01071102',@y output                  /*调用存储过程,其中@y 为输出变量*/
8  print '选课门数:'+str(@y)                          /*打印输出变量的值*/
```

输出结果:

```
选课门数:    2
```

9.4.3　带 Return 返回语句的存储过程

在 T-SQL 中,存储过程遇到 Return 语句,会立即返回,不再执行 Return 后面的程序。Return 的右边可以带一个返回值,该返回值只能为一个整数值,表示存储过程的执行状态。

存储过程中可以没有 Return 语句。此时,默认情况下,返回值 0 表示存储过程执行成功,−1 表示存储过程执行中出现错误。

存储过程中也可以出现多个 Return 语句。可以通过指定不同的返回值,标识存储过程不同的执行状态。

调用时,获得存储过程的返回值的语法如下:

```
declare @iReturn int
exec @iReturn=存储过程名
```

例如,例 9-6 的存储过程 cp_sc2 中没有 Return 语句,但调用时,可以获得其返回值,方法如下。结果如图 9-29 所示。

```
1  declare @y int                    /*声明一个局部变量*/
2  declare @iReturn int
3  exec @iReturn=cp_sc2 '01071102',@y output  /*调用存储过程,其中@y 为输出变量*/
4  select '返回值:',@iReturn          /*打印返回值*/
```

	(无列名)	(无列名)
1	返回值:	0

图 9-29　用 select 语句输出变量值

例 9-7　编写一个带有 Return 语句的存储过程，然后调用它。

基本思路：下面程序创建了一个名为 cp_insert 的存储过程，输入参数为@ sNo（学号）、@ sName（姓名）、@ sex（性别），返回值为@ iReturn（执行 SQL 语句的错误号）。

```
1   if(exists(select * from sys.objects where name='cs_insert'))
                                        /*若指定的存储过程存在*/
2     drop procedure cs_insert                  /*删除存储过程*/
3   go
4   create procedure cs_insert  @ sNo char(8),@ sName varchar(30),@ sex char
    (1)  as
5   begin
6     declare @ iReturn int
7     set nocount on                    /*不显示 SQL 语句执行的结果*/
8     insert into S(sNo,sName,sex,dtBirthdate) values(@ sNo,@ sName,@ sex,
    '2001-01-06')
9     set @ iReturn=@@ error            /*获取执行 SQL 语句的错误号*/
10    if @ iReturn <> 0                 /*@@ error !=0 表示发生意外*/
11    begin
12      RaisError('插入记录失败!',16,1) /*函数 RaisError 用于抛出一个自定义错误*/
13    end
14    return @ iReturn
15  end
```

第一次按下面方式执行该存储过程是成功的。第二次执行时出现错误，原因是学号重复，如图 9-30 所示。

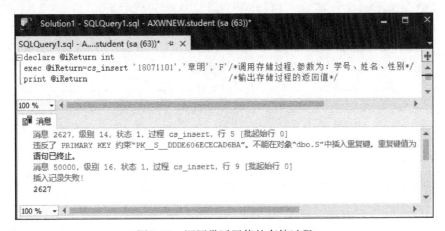

图 9-30　调用带返回值的存储过程

9.4.4　存储过程综合案例

例 9-8　编写一个存储过程，给定一串汉字，生成并输出对应的拼音码。

基本思路：利用例 9-2 中的汉字编码表，再根据本章资源材料中的文件"例 9-8 insertSql_Chinese.txt"中的插入语句，生成其中的 6836 个汉字的拼音码。然后，利用这 6836 个汉字的拼音码给出一串汉字，依次从左边开始，每次取单个汉字，查询该汉字的拼音码，再叠加输出。

```
1   create procedure cs_ChineseCode @strName as char(60) as
2   / *-------------------------------------------------------------------------
3      生成参数:@strName(一串汉字)的拼音码 @vcPYCode
4   ------------------------------------------------------------------------- * /
5   begin
6     declare @cChinese   varchar(2)           / *单个汉字 * /
7     declare @cPY   char(1)                   / *单个汉字的拼音 * /
8     declare @iFor as int=1                   / *循环计数器 * /
9     declare @iLength as int                  / *一串汉字的长度,即汉字的个数 * /
10    declare @vcPYCode as varchar(50) = ''    / *一串汉字的拼音码 * /
11    set @strName=ltrim(rtrim(@strName))      / *消除参数左右空格 * /
12    set @iLength=Len(@strName)               / *获取参数中字符的个数 * /
13    set nocount on                           / *执行 SQL 语句,屏蔽执行提示 * /
14    while @iFor <=@iLength        / *从 1 开始,若循环计数器不大于字符的个数 * /
15    begin     / *-----------------------------开始循环------------------------------- * /
16      set @cChinese=substring(@strName,@iFor,1)
                                             / *从左边开始,依次取单个字符 * /
17      select @cPY = isnull(cPY,'') from smchinese where cChineseName = @cChinese
18      set @vcPYCode=ltrim(rtrim(@vcPYCode))+@cPY
                                             / *将单个汉字的拼音码依次累加 * /
19      select @cChinese,@cPY       / *测试:每循环一次,输出单个汉字及拼音码 * /
20      set @iFor= @iFor+1          / *计数器加 1 * /
21    end     / *-----------------------------结束循环------------------------------- * /
22    print @vcPYCode                / *输出:@strName 对应的拼音码 * /
23  end
```

调用存储过程：

```
exec cs_ChineseCode '中华人民共和国'
```

输出：

```
ZHRMGHG
```

例 9-9 根据例 9-2 中的图书信息表 Book(cBookNo,vcBookName,vcPYcode)，编写一个存储过程，将所有图书根据图书名称修改对应的拼音码：vcPYcode。

基本思路：先定义一个游标，对应的查询语句为"Select cBookNo, vcBookName from

book", 然后依次从游标中读取书名, 再由书名生成对应的拼音码, 进行数据更新。

```
1    create Procedure cp_book_PYcode As    /* --- 生成并修改 book 中的 vcPYcode --- */
2    begin
3      declare @vcBookName varchar(60)        /* 图书名称 */
4      declare @cBookNo char(8)               /* 图书编号 */
5      declare @cChinese  varchar(2)          /* 单个汉字 */
6      declare @cPY  char(1)                  /* 单个汉字的拼音 */
7      declare @iFor int=1                    /* 循环计数器 */
8      declare @iLength int                   /* 图书名称的长度,即汉字的个数 */
9      declare @vcPYCode varchar(50)=''       /* 图书名称的拼音码 */
10     declare @iRows int                     /* 游标中的记录条数 */
11     declare @iError int=0
12     set nocount on                         /* 执行 SQL 语句,屏蔽执行提示 */
13     begin transaction                      /* 开始事务 */
14     declare cursorTemp Scroll cursor for   /* 定义游标 */
15       select cBookNo,ltrim(rtrim(vcBookName))from Book
16     open cursorTemp                        /* 打开游标 */
17     set @iRows=@@cursor_rows               /* 获取游标中的记录行数 */
18     while @iRows > 0
19     begin
20       fetch next from cursorTemp into @cBookNo,@vcBookName
                                             /* 获取游标当前字段值 */
21       set @iLength=Len(@vcBookName)       /* 图书名称的长度 */
22       set @vcPYCode=''
23       set @iFor=1
24       while @iFor <=@iLength  /* 从 1 开始,若循环计数器不大于图书名称的长度 */
25       begin
26         set @cChinese=substring(@vcBookName,@iFor,1)
                                             /* 从左边开始,依次取单个字符 */
27         select @cPY = isnull(cPY,'') from smchinese where cChineseName =
     @cChinese
28         set @vcPYCode=ltrim(rtrim(@vcPYCode))+@cPY
29                                           /* 将单个汉字的拼音码依次累加 */
30         set @iFor=@iFor+1                 /* 计数器加 1 */
       end
31       select @vcBookName,@vcPYCode       /* 测试:输出书名及拼音码 */
32       update book set vcPYCode=@vcPYCode where cBookNo=@cBookNo
                                             /* 修改拼音码 */
```

```
33      set @iError=@@error              /*获取 SQL 语句执行的错误号*/
34      if @iError <>0                    /*错误号不等于 0,表示失败*/
35      begin
36          rollback transaction          /*回滚事务*/
37          break                         /*跳出循环*/
38      end
39      set @iRows=@iRows -1
40   end
41   if @iError=0                          /*错误号等于 0,表示成功*/
42   begin
43      commit transaction               /*提交事务*/
44   end
45   close cursorTemp                      /*关闭游标*/
46   deallocate cursorTemp                 /*从内存释放游标*/
47   return @iError
48 end
```

调用存储过程:

```
exec cp_book_PYcode
```

输入查询语句:

```
select * from book
```

即可看到已经修改的拼音码。

程序分析:

> 在存储过程中,如果定义了事务,则对数据库执行任何更新语句时,都要获取全局变量
> @@error的值,以便对语句执行的成败进行判断。如果@@error不等于0,表示语句执行失败,
> 要立即回滚事务,并退出循坏。

9.5　SQL Server 触发器

对于触发器的有关概念,请参看 8.3 节。触发器 (Trigger) 是建立在数据表上、保证数据完整性的一种机制,当对一个表进行 insert、delete 或 update 操作时,就会激活相应的触发器。触发器经常用于加强复杂的数据完整性约束和业务规则等。

SQL Server 创建触发器的语法结构如下:

```
1  create trigger 触发器名 on  表名 for < insert|delete|update > as
2  begin
```

```
3        SQL 语句块
4   end
```

当触发器触发时，系统会自动在内存中创建 inserted 临时表或 deleted 临时表。这两张临时表只读，不允许修改，触发器执行完成后，自动删除。其中，inserted 表临时保存了插入或更新后的记录行；deleted 表临时保存了删除或更新前的记录行。

例 9-10　根据例 9-2 中的学生、教工借（还）书数据表的结构，在表 smBorrow 上创建一个插入触发器，要求实现：学生的借书记录（未还的）不能超过 3 条，教工的借书记录（未还的）不能超过 5 条。一旦借书成功，立即将该图书的状态 cStatus 修改为 2（表示借出）。

```
Book(cBookNo,vcBookName,vcPYCode,cStatus)
```

其中，cStatus = '1' 表示在库。

```
smBorrow(iID,dtBorrowDate,cBookNo,cBorrowNo,cType,cReturn,dtReturn-
Date)
```

其中，借阅人类别为 cType，cType = '1' 表示学生，cType = '2' 表示教工；cReturn = '0' 表示未还书。

基本思路：根据插入记录的临时表中的借阅人编号，查询其当前未还的借书记录条数。如果未还的记录数超过规定的本数，则回滚事务，中止插入语句的执行，并给出一个错误信息。如果插入记录有效，则自动将图书表中的状态字段 cStatus 修改为 2，表示借出。

```
1   create trigger trig_smBorrow_insert on smBorrow for insert as
2   /* ------------------------------------------------------------
3     在借书表中插入记录时,学生的借书本数不能超过 3 本,教工的借书本数不能超过 5 本
4   ------------------------------------------------------------ */
5   begin
6     declare @iCount int                /*借阅人当前已借图书本数*/
7     declare @cType char(1)             /*借阅人类别:1-学生,2-教工*/
8     declare @iError int                /*执行 SQL 语句的错误号*/
9     declare @cStatus char(1)           /*所借图书的状态*/
10    declare @cBookNo as char(8)        /*借阅的图书编号*/
11    select @cType=cType,@cBookNo=cBookNo from inserted
                                         /*获取临时表中的字段值*/
12    select @cStatus=cStatus from book where cBookNo=@cBookNo
                                         /*查询所借图书的状态*/
13    if @cStatus<>'1'                   /*如果所借图书的状态不等于1,即不在库*/
14    begin
15      RaisError('所借的图书有误,该书的状态不在库!',16,1)
16      rollback transaction
17    end
```

```
18    select @ iCount = count ( * ) from smBorrow where cBorrowNo in (select
      cBorrowNo from inserted)
            and cReturn = '0'                    /*借阅人当前未还的已借图书本数*/
19    if @ cType = '1' and @ iCount > 3
20    begin
21      RaisError('学生的借书本数不能超过 3 本!',16,2)
22      rollback transaction
23    end
24    if @ cType = '2' and @ iCount > 5
25    begin
26      RaisError('教工的借书本数不能超过 5 本!',16,3)
27      rollback transaction
28    end
29    if (@ cType = '1' and @ iCount <=3) or (@ cType = ' 2' and @ iCount <=5)
30    begin         /*如果插入记录有效,则自动将该书的状态修改为 2,表示借出*/
31      update book set cStatus = '2' where cBookNo = @ cBookNo
32      set @ iError = @@ERROR      /*获取更新语句的执行错误号*/
33      if @ iError<>0               /*如果更新语句的执行出错*/
34      begin
35        rollback transaction     /*回滚事务*/
36      end
37    end
38 end
```

输入下列四条 insert 语句验证触发器:

```
insert into smBorrow (cBorrowNo, cBookNo, cType) values (' 01071102 ',
'A1171','1');
insert into smBorrow (cBorrowNo, cBookNo, cType) values (' 01071102 ',
'A1172','1');
insert into smBorrow (cBorrowNo, cBookNo, cType) values (' 01071102 ',
'A1173','1');
insert into smBorrow (cBorrowNo, cBookNo, cType) values (' 01071102 ',
'A1175','1');
```

上面前三条语句执行顺利。当执行到第四条语句时，出现如下错误信息：

```
消息 50000,级别 16,状态 1,过程 trig_smBorrow_insert,行 15[批起始行 4]
学生的借书本数不能超过 3 本!
消息 3609,级别 16,状态 1,第 5 行
事务在触发器中结束。批处理已中止。
```

程序分析：

> 在触发器中，使用了错误函数RaisError ('错误提示信息',severity,state)。其中，参数severity为用户定义的与该消息关联的严重级别，一般为0~18；state为位置状态标识号，一般为1~127，默认为1。如果在多个位置引发相同的用户定义错误，则通过设置state的不同值，有助于找到引发错误的代码段。该函数不会中断事务的执行，需要显式加入回滚事务语句来中断事务。

例 9-11　根据例 9-2 中的学生、教工借（还）书数据表的结构，在表 smBorrow 上创建一个修改触发器，要求实现：当还书成功时，立即将该图书的状态 cStatus 修改为 1（表示在库）。

基本思路：修改记录时，系统在数据库缓冲区会自动生成两张临时表 deleted 和 inserted。先在删除记录的临时表中获取图书编号，然后在图书信息表中将该图书的状态 cStatus 修改为 1，表示在库。

```
1   create trigger smBorrow_update on smBorrow for update as
2   begin
3     declare @ cBookNo char(8)              /*图书编号*/
4     declare @ iError int                   /*执行 SQL 语句的错误号*/
5     set nocount on                         /*不显示 SQL 语句执行的结果*/
6     select @ cBookNo=cBookNo from deleted  /*从临时表中,获取图书编号*/
7     update book set cStatus='1' where cBookNo=@ cBookNo
8     set @ iError=@@ ERROR                  /*获取更新语句的执行错误号*/
9     if @ iError<>0                         /*如果更新语句的执行出错*/
10    begin
11      RaisError('还书失败:修改图书的状态出现意外错误!',16,1)
12      rollback transaction                 /*回滚事务*/
13    end
14  end
```

输入下列两条 update 语句验证触发器：

```
update smBorrow set cReturn='1',dtReturnDate=getdate() where cBorrowNo=
   '01071102' and cBookNo='A1171'
update smBorrow set cReturn='1',dtReturnDate=getdate() where cBorrowNo=
   '01071102' and cBookNo='A1172'
```

9.6　SQL Server 设置每天定时自动做数据库备份

SQL Server 后台有许多高级技术，比如自动备份、自动执行存储过程。在数据库应用系统中，数据库备份是数据库维护中一项不可缺少的日常工作，因为系统一旦出现致命故障，利用数据库备份文件可将损失降到最低。

9.6.1 手动设置自动备份

SQL Server 提供的自动备份功能具体设置分三步：启动"SQL Server 代理"，新建维护计划，新建作业计划。下面介绍详细的操作步骤。

1. 启动"SQL Server 代理"，并将其启动模式设置为自动

进入 SQL Server 2019 配置管理器，启动"SQL Server 代理"，并将其启动模式设置为自动。具体操作步骤如图 9-31 所示。

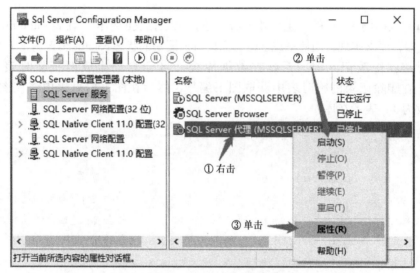

a) 打开SQL Server代理的属性设置界面

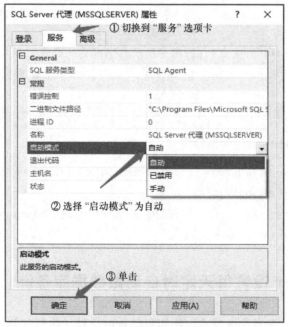

b) 选择"启动模式"为自动

图 9-31 设置"SQL Server 代理"的启动模式为自动

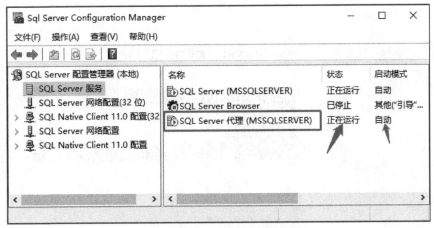

c) 自动启动 "SQL Server代理" 设置完成

图 9-31　设置 "SQL Server 代理" 的启动模式为自动（续）

2. 增加一个维护计划，并命名为 "数据库自动备份"

进入 SSMS，在 "对象资源管理器" 中，按图 9-32 所示进行操作。

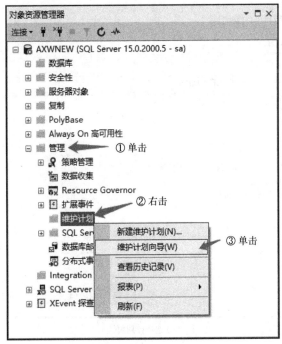

a) 进入 "维护计划向导"

图 9-32　增加一个维护计划

b) "维护计划向导" 开始界面

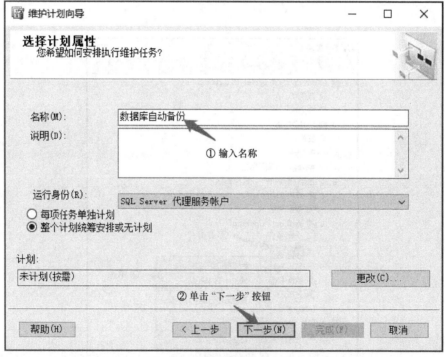

c) 选择计划属性

图 9-32　增加一个维护计划（续）

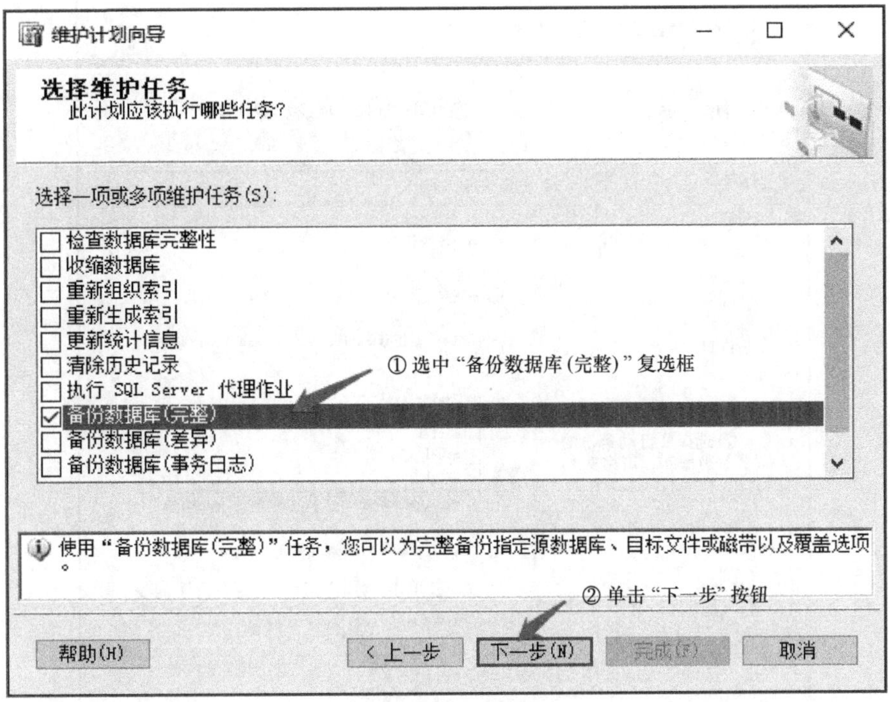

d) 选择要维护的任务

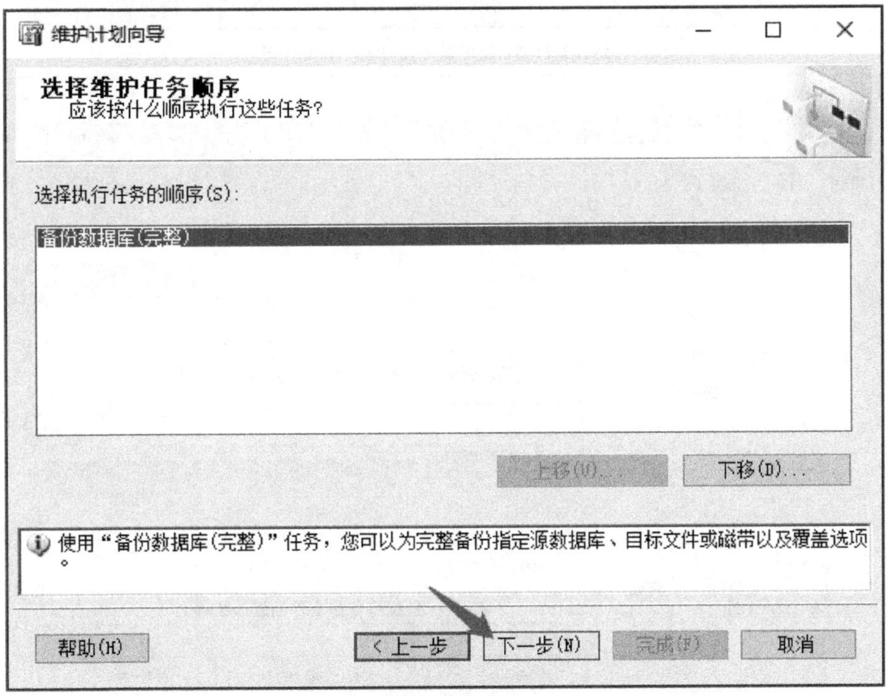

e) 选择维护任务顺序

图 9-32　增加一个维护计划（续）

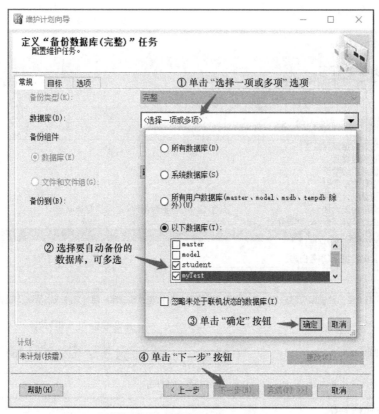

f) 选择要自动备份的数据库 student 和 myTest

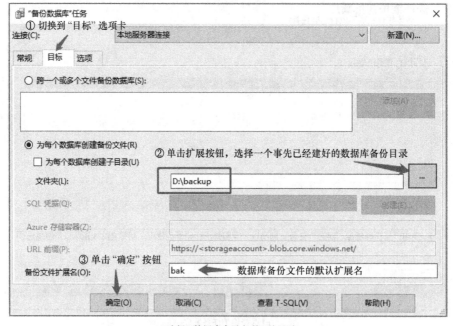

g) 选择"数据库自动备份"的目录

图 9-32　增加一个维护计划（续）

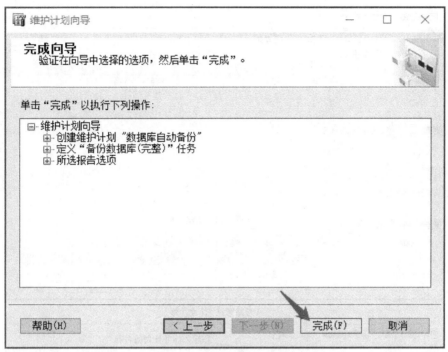

h) "数据库自动备份" 维护计划增加完成

图 9-32　增加一个维护计划（续）

3. 新建 "作业计划"，设置自动备份的频率及时间

针对已建的 "维护计划"，还要新建对应的 "作业计划"，设置自动备份的频率为 "每天" 以及每天执行的时间。具体操作步骤如图 9-33 所示。

a) 选择 "数据库自动备份" 作业

图 9-33　新建 "作业计划"

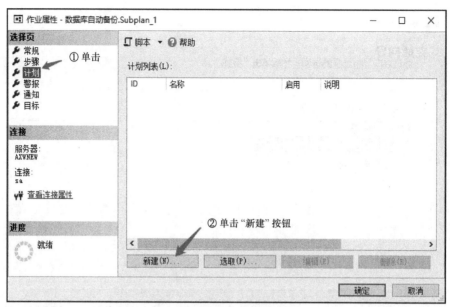

b) 开始新建"作业计划"

c) 设置"作业计划"的执行频率及执行时间

图 9-33 新建"作业计划"(续)

　　例如，设置每天的数据库自动备份的执行时间为 20:08:00。对于选择的两个数据库 student 和 myTest，系统自动生成的备份文件如图 9-34 所示。

图 9-34　数据库 student 和 myTest 自动备份生成的文件

9.6.2　通过 SQL 语句编程实现自动备份

通过 SQL 语句编程, 不但能实现数据库的自动备份, 还能自动调用已经存在的存储过程。其中, 备份数据库数据的语法为

```
backup database  <数据库名>  to disk=<备份的物理文件名>
```

备份数据库日志的语法为

```
backup log  <数据库名>  to disk=<备份的物理文件名>
```

例 9-12　在 master 数据库中新建一个存储过程, 用于实现数据库备份。

```
1   Create Procedure cp_Backup @DBName varchar(12),@FileName varchar(30),
    @iBackupType int
2   /*-------------------输入参数@DBName,表示要备份的数据库名 -------------------*/
3   /*-------------------输入参数@FileName,表示要备份的物理文件名,含绝对路径--------*/
4   As
5   If(@iBackupType=0)
6      Backup Database @DBName to disk=@FileName        /*完全备份数据库*/
7   Else If(@iBackupType=1)
8      Backup Database @DBName to disk=@FileName with DIFFERENTIAL
                                                       /*差分备份数据库*/
9   Else
10     Backup LOG @DBName to disk=@FileName            /*备份数据库日志*/
```

在 Master 数据库中调用该存储过程, 可以实现数据库备份。例如:

```
cp_backup 'student','d:\student_bak',0     /*备份 student 数据库*/
cp_backup 'master','d:\master_bak',0       /*备份 master 数据库*/
```

例 9-13　用 SQL 语句编程实现数据库自动备份。

基本思路: 例 9-12 中的存储过程, 需要传入参数并调用后, 才能实现数据库备份。为了对所有数据库实现自动备份, 首先, 按图 9-35 所示, 先创建一个不带参数的存储过程。

```
1   Create Procedure cp_BackupAll As   --------- 对服务器的所有数据库进行备份--------
2   Begin
3      Declare @DBName varchar(20)              -- 要备份的数据库名
4      Declare @FileName varchar(80)            -- 备份的文件(含绝对路径)
```

```
5     Declare @toDate char(8)                    -- 8位的系统日期,格式为 yyyymmdd
6     Declare @row int
7     Select @toDate=convert(char(8),getdate(),112)
                                                 -- 获得系统日期,格式为 yyyymmdd
8     Declare curTemp scroll cursor for          -- 定义游标,获得服务器的所有数据库
9       Select[name]From sysdatabases where[name]not in ('tempdb','model',
'msdb')
10    Open curTemp
11    Set @row=@@CURSOR_ROWS
12    While @row > 0
13    Begin
14      Fetch next from curTemp into @DBName                 -- 要备份的数据库名
15      Set @FileName='d:\autoBack\'+@DBName+'_'+@toDate+'_bak'
                                                 -- 备份的文件名
16      Backup Database @DBName to disk=@FileName            -- 完全备份数据库
17      Set @row=@row - 1
18    End
19    close curTemp
20    deallocate curTemp
21  End
```

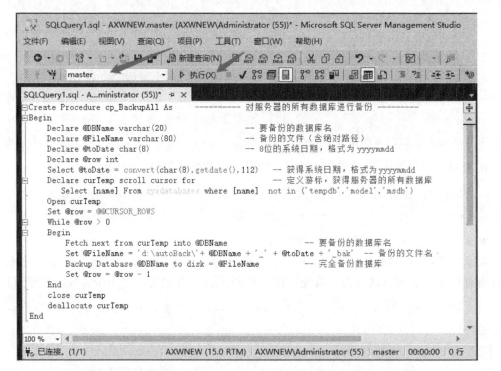

图 9-35　创建存储过程 cp_BackupAll，对所有的数据库进行备份

　　然后，再新建一个作业，调用该存储过程，并在作业中设置调度的时间及频率。如图 9-36
所示。

```
1   Begin Transaction        --------------- 在 master 数据库下创建 ----------------------------
2     Declare @JobID Binary(16)
3     Declare @ReturnCode Int
4     Select @ReturnCode=0
5     Begin                  ----------------添加作业-----------------------------------
6       Execute @ReturnCode=msdb.dbo.sp_add_job @job_id=@JobID Output,
7         @job_name=N'Job_AutoBackup',          -- 作业名称
8         @owner_login_name=N'sa',              -- 权限用户:sa
9         @description=N'数据库自动备份',
10        @category_name=N'[Uncategorized(Local)]',
11        @enabled=1,
12        @notify_level_email=0,
13        @notify_level_page=0,
14        @notify_level_netsend=0,
15        @notify_level_eventlog=2,
16        @delete_level=0
17      If(@@ERROR <> 0 OR @ReturnCode <> 0)GOTO QuitWithRollback
18      --添加作业步骤
19      Execute @ReturnCode=msdb.dbo.sp_add_jobstep @job_id=@JobID,
20        @step_id=1,
21        @step_name=N'A1',                     -- 作业步骤名称
22        @command=N'execute cp_BackupAll',     -- 执行的命令:调用存储过程
23        @database_name=N'master',             -- 存储过程所在的数据库:master
24        @server=N'',
25        @database_user_name=N'',
26        @subsystem=N'TSQL',
27        @cmdexec_success_code=0,
28        @flags=0,
29        @retry_attempts=0,
30        @retry_interval=1,
31        @output_file_name=N'',
32        @on_success_step_id=0,
33        @on_success_action=1,
34        @on_fail_step_id=0,
35        @on_fail_action=2
36      If(@@ERROR <> 0 OR @ReturnCode <> 0)GOTO QuitWithRollback
37      Execute @ReturnCode=msdb.dbo.sp_update_job @job_id=@JobID,
38        @start_step_id=1
```

```
39    If (@@ERROR <> 0 OR @ReturnCode <> 0)GOTO QuitWithRollback
40    --添加作业调度
41    Execute @ReturnCode=msdb.dbo.sp_add_jobschedule @job_id=@JobID,
42        @name=N'Re1',                  -- 作业调度的名称
43        @enabled=1,
44        @freq_type=4,
45        @active_start_date=20210801,    -- 作业调度开始日期:2021-08-01
46        @active_start_time=200801,      -- 作业调度开始时间:20:08:01
47        @freq_interval=1,               -- 作业调度的间隔:每天
48        @freq_subday_type=1,
49        @freq_subday_interval=0,
50        @freq_relative_interval=0,
51        @freq_recurrence_factor=0,
52        @active_end_date=99991231,      -- 作业调度结束日期:9999-12-31
53        @active_end_time=235959         -- 作业调度结束时间:23:59:59
54    If (@@ERROR <> 0 OR @ReturnCode <> 0)GOTO QuitWithRollback
55    --添加目标服务器
56    Execute @ReturnCode=msdb.dbo.sp_add_jobserver @job_id=@JobID,
57        @server_name=N'(local)'
58    If (@@ERROR <> 0 OR @ReturnCode <> 0)GOTO QuitWithRollback
59  End
60  Commit Transaction
61  GOTO EndSave
62  QuitWithRollback:
63    If (@@TRANCOUNT > 0)        Rollback Transaction
64  EndSave:
```

图 9-36   创建的自动调用数据库备份的作业

程序分析：

> 在第22、23行代码中，作业执行master数据库中的存储过程cp_BackupAll。在第45、46行代码中，作业执行的频率是：从2021-08-01开始，每天晚上的20:08:01。作业自动执行的结果，如图9-37所示。

新加卷 (D:) > autoBack			
名称	修改日期	类型	大小
master_20210803_bak	2021-08-03 20:08	文件	8,424 KB
myTest_20210803_bak	2021-08-03 20:08	文件	10,472 KB
stock_20210803_bak	2021-08-03 20:08	文件	69,872 KB
student_20210803_bak	2021-08-03 20:08	文件	8,800 KB

图 9-37　作业自动调用存储过程，实现所有数据库自动备份的备份文件

＊**综合上机训练**：编写存储过程及一个作业调度，实现每日对股票日交易数据定时自动计算收盘价的 6 日乖离率 Bias(6) 和 30 天移动平均 MA(30)。

需求数据：本章资源材料中的 "stock. bak" 为股票数据库 stock 的备份文件（SQL Server 2019 版本）。收录了沪深 A 股 2021.05.06—2021.06.30 之间的日交易数据。

需求说明：沪深 A 股在每个交易日下午 3 点交易结束后，都要进行大量的数据处理，生成许多新的数据，如各种乖离率、移动平均、KDJ 指标、周线数据、月线数据等。每天的计算都要花费一段时间，而且具有周期性，非常适合编写作业调度，由系统自动完成。

训练要点：

1）通过 SSMS 对数据库进行还原（即数据库恢复）。

2）编写不带参数的存储过程。

3）编写作业调度，实现股票数据自动计算。

实现思路及步骤：

1）进入 SSMS（版本为 SQL Server 2019），新建一个空的数据库 stock，利用资源材料中的文件 "stock. bak" 进行数据库还原。

2）在数据库 stock 下，新建一个不带参数的存储过程 cp_StockComputer。通过获得服务器主机的系统日期，计算该日所有股票的 6 日乖离率 Bias(6) 和 30 天移动平均 MA(30)。

3）在数据库 master 下，新建一个作业调度 Job_StockComputer，调用 stock 数据库下的存储过程 cp_StockComputer，设置开始执行日期及每日的执行时间。

为方便测试，将服务器主机的日期修改为 2021-06-21—2021-06-30 之间的某一日，同时要启动 "SQL Server 代理"。数据库 stock 的表结构参见本章资源材料中的文件 "综合上机训练 9-1：沪深 A 股股票日交易数据库表结构 SQL. txt"。

习　题　9

9-1　从官网上下载 SQL Server 2019 Developer 版安装文件，练习 SQL Server 2019 的安装

及设置、sa 密码的修改，然后再创建数据库，并用 SQL 语句创建基本表、插入数据、查询数据。

9-2　设教学数据库中有下列四个关系模式：

```
S 模式(sNo,sName,Sex,Age,dtBirthDate)    /*学号,姓名,性别,年龄,出生日期*/
T 模式(tNo,tName,Title)                  /*教工编号,教工姓名,职称*/
C 模式(cNo,cName,Credit,tNo)             /*课程编号,名称,学分,教工编号*/
SC 模式(sNo,cNo,Score)                   /*学号,课程编号,考试成绩*/
```

写出下列查询的 SQL 语句：

（1）查询没有选课记录的学生的学号和姓名。

（2）查询至少选修了两门课记录的学生的学号和姓名。

（3）按课程编号、课程名称分组查询：各门课的平均成绩、最高分、最低分、方差、标准差。

9-3　根据例 9-2 中的借（还）书信息表 smBorrow，写出下列查询的 SQL 语句：

（1）查询学生的借书记录，显示：学号、姓名、借书日期、借书名称、已借天数。

（2）查询教师的借书记录，显示：教工编号、教师姓名、借书日期、借书名称、已借天数。

（3）用 Union 语句查询所有人的借书记录，显示：借阅编号、借阅人姓名、借书日期、借书名称、已借天数。

9-4　根据例 9-2 中的借（还）书信息表 smBorrow，编写一个存储过程，查询学号、姓名、借书日期、借书名称、已借天数。

9-5　进入 SSMS，根据学生选课信息表 SC（sNo,cNo,sCore）编写一个修改触发器，如果修改的成绩（score）低于原来的成绩，则还是取原来的考试成绩。

9-6　根据例 8-2 提供的 MySQL 股票交易数据库 stock，先在 SQL Server 中创建一个表结构相同的数据库 stock，再用 Python 编程，将 MySQL 的股票交易数据全部迁移入 SQL Server 数据库 stock 中。

第10章 Java与SQL Server数据库编程

数据库前端的开发工具比较多，主流的有 Visual Studio C#、C++、Java、Python 等。Python 的优势在于数据分析、算法分析，Java 的优势在于项目开发。

本章以 Java 17 和 Eclipse IDE 为开发环境，讲解在 Windows 10 平台上，基于 SQL Server 2019 的数据库前、后端开发技术。具体的 Java 面向对象编程技术，本章不展开讨论。

本章学习要点：

- Java 17 和 Eclipse 的下载及安装，JDBC for SQL Server 驱动程序的下载。
- Eclipse IDE 中构建 JDBC 数据库驱动程序。
- JDBC 技术基础。
- Connection 对象及常用方法。
- Statement 对象及常用方法。
- ResultSet 对象及常用方法。

10.1 Java 和 Eclipse 的下载及安装

10.1.1 Java 的下载、安装及环境变量的设置

进入官网（https://www.oracle.com/java/technologies/downloads），下载一个合适的最新稳定版（The latest release），且要为 LTS 版本（否则，以后可能会停止支持）。这里下载 Java SE 17，如图 10-1 所示。

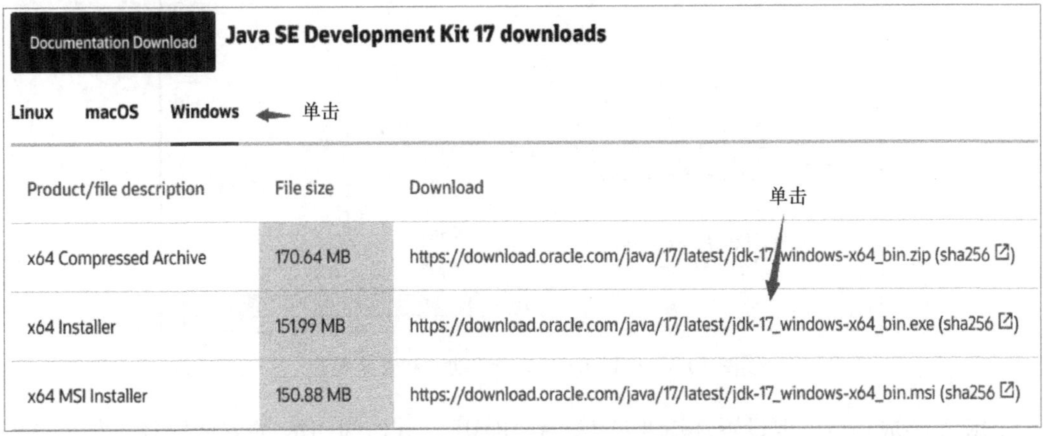

图 10-1　Java SE 17 下载（Java 17 属于 LTS 版本）

LTS（Long-Term Support）表示长期支持版本。Java 每隔三年发布一个 LTS 版，每隔半年发布一个临时版，临时版会停止支持。例如，Java SE 16 属于临时版，不要下载。

双击安装程序 jdk-17_windows-x64_bin. exe，进行 JDK（Java Development Kit，Java 开发工具包）的安装。注意：该文件在 Windows 10 或 Windows 7（64 位）可安装，不支持 Windows 7（32 位）。JDK 17 的安装比较简单，具体步骤如图 10-2~图 10-4 所示。

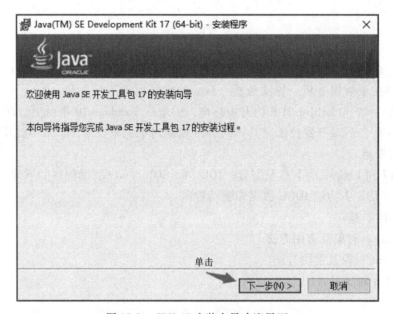

图 10-2　JDK 17 安装向导欢迎界面

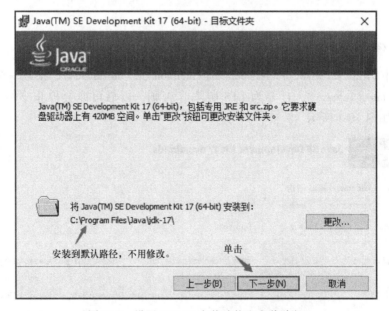

图 10-3　设置 JDK 17 安装功能和安装路径

JDK 安装成功后，要设置环境变量 JAVA_HOME，其值为 JDK 的安装路径，如 C：\Program Files\Java\jdk-17。

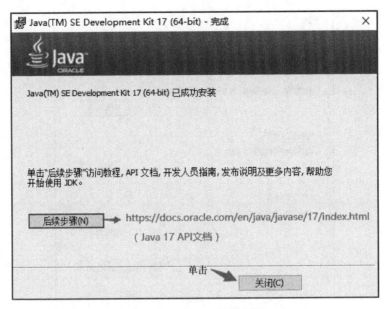

图 10-4　JDK 17 安装完成

　　然后，在系统变量 Path 中添加设置% JAVA_HOME \bin%。由于 JDK17 比以前版本更强大、更好用，故设置过程也更精简，比之前少了 class path 变量的设置。具体设置方法如下。

　　在桌面右击"此电脑"图标，单击"属性"命令，依次在图 10-5～图 10-9 所示的界面中进行操作。

图 10-5　进入"高级系统设置"

　　输入变量名 JAVA_HOME，并选择 JDK 的安装路径，如图 10-8 所示。

　　在"系统变量"列表框中找到"Path"变量，然后单击"编辑"按钮，如图 10-9 所示。

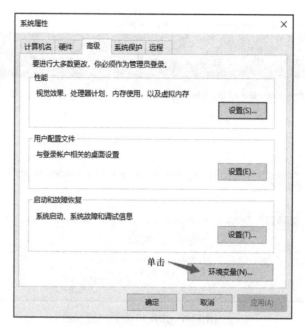

图 10-6 进入"环境变量"设置

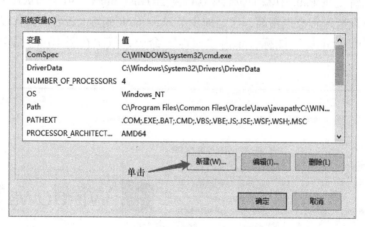

图 10-7 新建 Java 环境变量

图 10-8 Java 环境变量的设置

在随后出现的界面中单击"新建"按钮，输入"%JAVA_HOME%\bin"，然后按图 10-10 所示操作。至此，Java 环境变量设置完成。

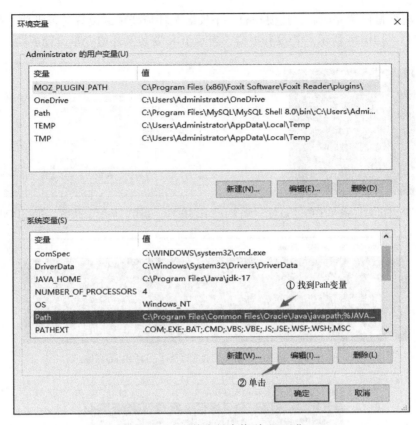

图 10-9　在系统变量中找到"Path"

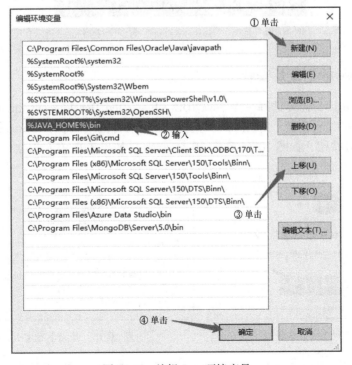

图 10-10　编辑 Java 环境变量

Java 环境变量设置完成后，还要检查一下安装及环境变量的设置是否成功。具体检测方法如图 10-11~图 10-14 所示。若没有报错，表示 JDK 安装及环境变量设置成功。

图 10-11　单击"开始"菜单中的"运行"命令

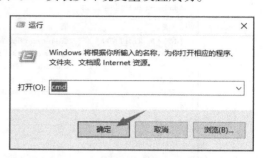

图 10-12　单击"确定"按钮，进入 DOS 命令界面

图 10-13　输入"java-version"命令，按<Enter>键

图 10-14　输入"javac-version"命令，按<Enter>键

10.1.2　Eclipse 的下载及安装

JDK 安装成功后，需要选择一个 Java IDE（Integrated Development Environment，集成开发环境）。Eclipse 由于免费、好用而成为首选。进入官网（https://www.eclipse.org/downloads），单击下载按钮，如图 10-15 和图 10-16 所示（如果出现美元捐款，则不用理会，随后会出现下载界面）。

图 10-15　选择下载版本

图 10-16　开始下载 Eclipse

双击安装程序 eclipse-inst-jre-win64.exe，按图 10-17~图 10-20 所示进行安装。

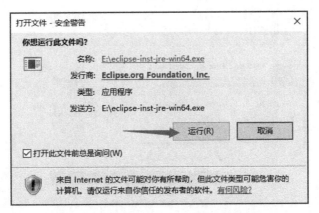

图 10-17　Eclipse 的安装：确认开始安装

图 10-18　Eclipse 的安装：选择安装类别

图 10-19　Eclipse 的安装：设置安装路径

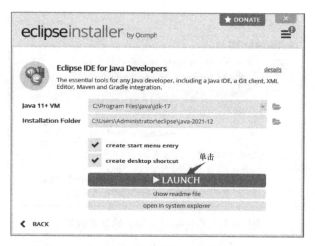

图 10-20　Eclipse 安装完成

10.1.3　Java 开发简单介绍

Java 可以开发各种主流的管理项目，常见的有下面三种：

1）Java 项目开发。Eclipse IDE for Java Developers 安装完成后，进入 Eclipse IDE，新建一个 Java Project（Java 项目）即可，如图 10-21 所示。

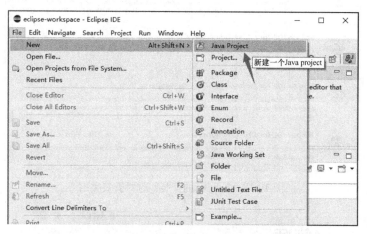

图 10-21　进入 Eclipse IDE，新建一个 Java Project

2）Java Web 开发。Eclipse IDE for Enterprise Java and Web Developers 安装完成后，进入 Eclipse IDE，新建一个 Dynamic Web Project（动态 Web 项目），如图 10-22 所示。

对于 Java Web 开发，必须通过一个 Web 服务器来访问后台数据库。目前，Java 常用的 Web 服务器是 Tomcat 服务器，通过服务器端 Servlet/JSP 技术构架访问数据库，详见第 11 章介绍。

3）移动 APP 开发。目前，比较常用的开发工具是 Android Studio，需要到官网（http://www. android-studio. org）下载最新的开发工具。

10.1.4　Java Project 开发示例

在一个 Java Project 中，可以新建多个 Class（类）、Package（包）、Interface（接口）

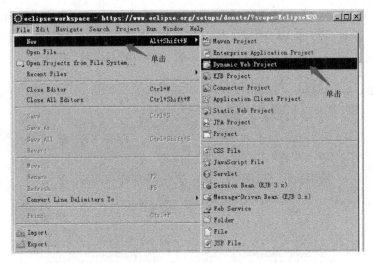

图 10-22　进入 Eclipse IDE，新建一个 Dynamic Web Project

等。其中，最重要的是 Class。

一个 Class 是一个独立的逻辑单元，它可以定义多个类变量（即类中的全局变量）、多个方法（或函数）。方法中的变量称为局部变量。其中，只有一个方法，它的名称与类名同名，Java 把这个与类名同名的方法称为构造器，也称为初始化方法。一个 Class 通过 new 声明一个实例化对象时，首先在内存中运行的就是这个初始化方法。

在一个 Java Project 中，允许一个 Class 含有 void main( )方法，这是程序的主入口。

例 10-1　创建一个简单的 Java 项目，计算圆的面积和周长。

1）进入 Eclipse IDE，单击 File→New→Java Project 命令，新建一个 Java Project，并命名为 my_test，如图 10-23 所示。

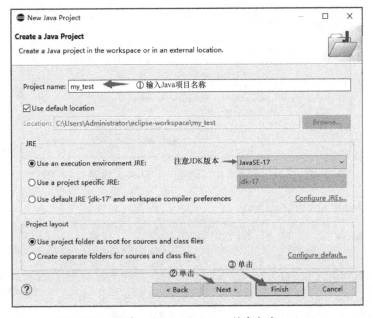

图 10-23　新建一个 Java Project，并命名为 my_test

2）新建一个 Class。右击新建的项目名 my_test，在弹出的快捷菜单中单击 New→Class 命令，新建一个不含主程序入口的类，并命名为 MyCircles，用于计算圆的面积和周长。Java 规定类的名称首写字母必须大写。具体操作步骤如图 10-24 和图 10-25 所示。

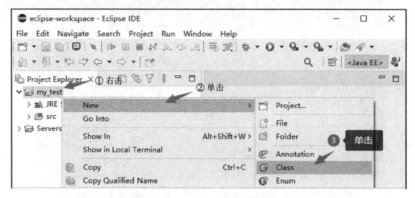

图 10-24　执行新建一个 Class 命令

图 10-25　在 Java Project 中，新建一个 Class 并设置 Class 的属性

下面是 MyCircles.java 的源代码。

```
1    package my_test;         // 包:一个包,相当于一个文件夹

2

3    public class MyCircles {  // -----定义一个类:通过圆的半径,求圆的面积和周长-----
4      int iRadius;                  // 类变量:圆的半径
5      double pi=3.1415926;          // 类变量:圆周率
```

```
6
7    MyCircles(int r){              // 构造器(初始化方法):名称与类名相同
8      iRadius=r;                   // 初始化类变量
9    }
10   public double getArea(){       // 定义一个函数,求圆的面积
11     double s=pi*iRadius*iRadius; // 计算面积:函数内定义的变量 s 为局部变量
12     return s;                    // 返回圆的面积
13 }
14   public double getPerimeter(){  // 定义一个函数,求圆的周长
15     double x=2*pi*iRadius;        // 计算圆的周长
16     return x;                    // 返回圆的周长
17   }
18 }
```

3）按同样的方法，新建一个类，并命名为 MyMain，含主程序入口，用于程序的运行和测试。下面是 MyMain.java 的源代码。

```
1    package my_test;       // 包
2
3    public class MyMain {
4      public static void main(String[]args){  // ----------- 主程序入口 -------------
5        MyCircles circles=new  MyCircles(3);
                                   // 通过 new 声明一个类的实例化:半径为 3 的圆
6        double x=circles.getArea();  // 对象变量调用类的公共方法:计算圆的面积
7        double y=circles.getPerimeter();      // 计算圆的周长
8        System.out.println("面积:"+ x);       // 输出变量的值
9        System.out.println("周长:"+ y);
10     }
11 }
```

输出结果如下：

```
面积:28.274333400000003
周长:18.849555600000002
```

10.2　JDBC 技术基础

10.2.1　JDBC for SQL Server 驱动程序的下载

Java 是通过 JDBC（Java DataBase Connectivity，Java 数据库连接）来操作各种主流数据库的。各种主流数据库都提供 Java API。Java for SQL Server 的驱动程序需要单独下载，进入

官网（https://docs. microsoft. com/zh-cn/sql/connect/jdbc/download-microsoft-jdbc-driver-for-sql-server?view＝sql-server-ver15&viewFallbackFrom＝sql-server-2019），选择一个合适的版本下载，如图 10-26 所示。

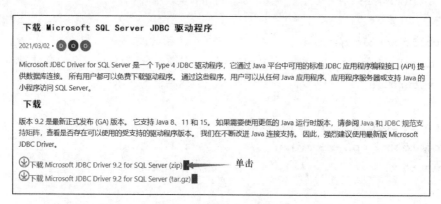

图 10-26　JDBC for SQL Server 驱动程序的下载

将下载的压缩文件 sqljdbc_9. 2. 1. 0_chs. zip 解压后，文件如图 10-27 所示。

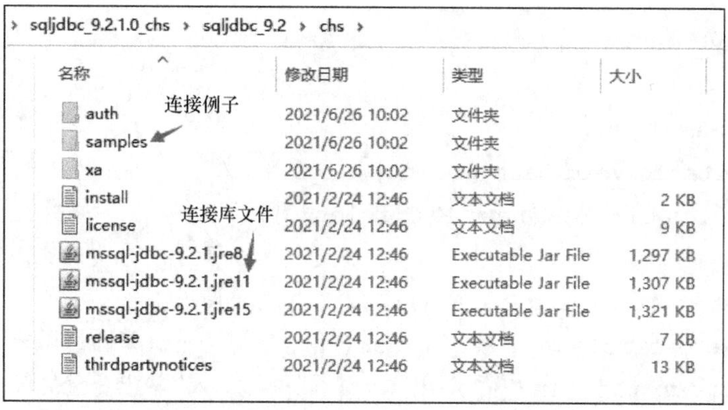

图 10-27　JDBC for SQL Server 驱动程序库文件

10. 2. 2　JDBC 简介

JDBC 是一种可以执行 SQL 语句的 Java API，它由一组用 Java 语言编写的类和接口组成。程序通过 JDBC API 连接到关系数据库，并使用 SQL 语句来完成对数据库的查询和更新等操作。

后台的数据库安装好之后，前台的 Java 程序是不能直接访问数据库的，必须要通过相应的数据库驱动程序。这个驱动程序就是数据库厂商的 JDBC 接口实现，即对 Connection 等接口的实现类的 ＊. jar 文件。JDBC 驱动数据库示意图如图 10-28 所示。

10. 2. 3　JDBC 常用接口及常用方法简介

1. Driver 接口

Driver 接口由数据库厂家提供。在编程中要连接数据库，必须先加载特定厂商的数据库

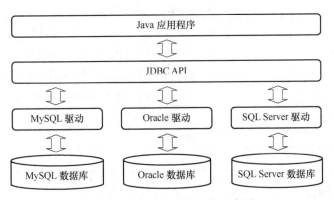

图 10-28　JDBC 驱动数据库示意图

驱动程序，不同的数据库有不同的装载方法。

1）加载 MySQL 驱动。

```
Class.forName("com.mysql.jdbc.Driver");
```

2）加载 Oracle 驱动。

```
Class.forName("oracle.jdbc.driver.OracleDriver");
```

3）加载 SQL Server 驱动。

```
Class.forName("com.microsoft.jdbc.sqlserver.SQLServerDriver");
```

2. Connection 接口

Connection 是数据库连接对象，每个 Connection 代表一个物理连接会话。要访问数据库，必须先建立数据库连接。客户端与数据库所有交互都是通过 Connection 对象完成的，其创建方法为

```
Connection conn=DriverManager.getConnection(url,user,pass);
```

不同的数据库有不同的连接参数，具体以对应版本为准。

1）连接 MySQL 数据库（默认端口号 3306）。

```
Connection conn=DriverManager.getConnection("jdbc:mysql://host:port/
database","user","password");
```

2）连接 Oracle 数据库（默认端口号 1521）。

```
Connection conn = DriverManager.getConnection ( " jdbc: oracle: thin: @
host:port:db","user","password");
```

3）连接 SQL Server 数据库（默认端口号 1433）。

```
Connection conn=DriverManager.getConnection("jdbc:sqlserver://host:
            port;databaseName=db","user","password");
```

Connection 对象的常用方法见表 10-1。

表 10-1　Connection 对象的常用方法

序号	方　法	方 法 说 明
1	createStatement( )	创建向数据库发送 SQL 的 Statement 对象
2	prepareStatement(sql)	创建向数据库发送预编译 SQL 的 PreparedStatement 对象
3	prepareCall(sql)	创建执行存储过程的 CallableStatement 对象
4	setAutoCommit(boolean autoCommit)	设置事务是否自动提交
5	commit( )	提交事务
6	rollback( )	回滚事务

3. Statement 接口

Statement 对象用于向数据库发送 SQL 语句并返回它所生成结果的对象，创建方法如下：

```
Statement stmt=conn.createStatement();
PreparedStatement stmt=conn.prepareStatement(sql);
                            /*返回预编译的 Statement*/
CallableStatement stmt=conn.prepareCall(sql);
                            /*返回执行存储过程的 Statement*/
```

Statement 对象的常用方法见表 10-2。

表 10-2　Statement 对象的常用方法

序号	方　法	方 法 说 明	返 回 类 型
1	execute(String sql)	执行任意 SQL 语句，返回值因 SQL 不同而异	boolean
2	executeQuery(String sql)	只能执行 select 语句，返回 ResultSet（结果集）	ResultSet
3	executeUpdate(String sql)	只能执行 insert/update/delete 操作，返回更新的行数	int
4	addBatch(String sql)	把多条 SQL 语句放到一个批处理中	void
5	executeBatch( )	向数据库发送一批 SQL 语句执行	int

方法 execute( )虽然可以执行任意的 SQL 语句，但是，在执行查询语句时，效率不如 executeQuery( )，在执行数据更新语句时，效率不如 executeUpdate( )。

由于 Statement 对象每次执行时都要编译，因此 Java 为 Connection 对象增加了两个新的方法，即 prepareStatement( )和 prepareCall( )，它们都是 Statement 对象的子接口。

1）prepareStatement( )方法：创建 PreparedStatement 对象，也就是预编译的 Statement 对象。PreparedStatement 对象执行时不需要每次都编译 SQL 语句，故性能更好。PreparedStatement 对象也有 execute( )、executeQuery( )、executeUpdate( )三个方法，但无须接收完整的 SQL 语句，传入已经编译好了的 SQL 语句中的参数即可。

下面用例子具体讲解一下 Statement 对象以及 PreparedStatement 对象的用法。

```
1  Statement stmt=conn.createStatement();   //创建一个 Statement 对象
2  String userNo="0001";
3  String sql="select * from users where userNo='"+userNo+"'";
                            // 带查询条件的 SQL 查询语句
4  ResultSet rs=stmt.executeQuery(sql);   // Statement 对象执行 SQL 查询语句
```

上述 SQL 语句是 Statement 对象的例子，每次执行时都要编译，可能造成数据库缓冲区溢出。而 PreparedStatement 对象可对 SQL 进行预编译，从而提高数据库的执行效率。例如：

```
1   String sql="select * from users where userNo=? and pass=?";
                                             // 带两个参数的 SQL 语句
2   PreparedStatement stmt=conn.prepareStatement(sql);
                                             // 传入 SQL 语句,进行预编译
3   stmt.setString(1,"1234");                // 设置第 1 个参数值
4   stmt.setString(2,"0000");                // 设置第 2 个参数值
5   stmt.executeQuery();        // 执行查询:这里不需要传入 SQL 语句
```

2）prepareCall()方法：创建 CallableStatement 对象，继承自 PreparedStatement 对象，该对象用于调用存储过程。具体用法见例 10-4。

4. ResultSet 接口

ResultSet 对象用于执行 Select 语句的结果集。它采用表格的方式，可以通过列索引或列名获得数据，并通过五种方法来移动结果集中的记录指针。ResultSet 根据查询不同类型字段，提供不同的方法获得数据。

ResultSet 对象的常用方法见表 10-3。

表 10-3　ResultSet 对象的常用方法

序号	方　　法	方法说明
1	beforeFirst()	移动到 ResultSet 的最前面
2	previous()	往前移一行，若成功，返回 true
3	next()	往后移一行，若成功，返回 true
4	afterLast()	移动到 ResultSet 的最后面
5	absolute(int row)	移动到指定行
6	getString(x)	获得指定索引列或列名 x 的值，其中该列的类型为字符型
7	getFloat(x)	获得指定索引列或列名 x 的值，其中该列的类型为数值型
8	getDate(x)	获得指定索引列或列名 x 的值，其中该列的类型为日期型
9	getBoolean(x)	获得指定索引列或列名 x 的值，其中该列的类型为布尔型
10	getObject(x)	获得指定索引列或列名 x 的值，其中该列的类型为任何类型

10.2.4　JDBC 编程步骤

JDBC 编程分六步：

1）加载数据库驱动（有的版本可以省略此步）。

2）通过 DriveManager 建立数据库连接，返回 Connection 对象。

3）通过 Connection 对象创建 Statement 对象。

4）通过 Statement 对象的 execute()、executeQuery()、executeUpdate() 方法执行 SQL 语句。

5）如果第 4）步执行的是查询语句，则对结果集（ResultSet）进行操作。

6）结束时，回收数据库资源，包括关闭 ResultSet、Statement 和 Connection 等资源。

在 Eclipse IDE 中，Java 如果要操作 SQL Server 数据库，必须要将对应的驱动程序文件如 mssql-jdbc-9.2.1.jre11.jar 添加到 Eclipse IDE 的环境中。操作步骤如下：

1）进入 Eclipse IDE，单击 File→New→Java Project 命令，新建一个 Java Project，并命名为 java_sqlserver，如图 10-29 所示。

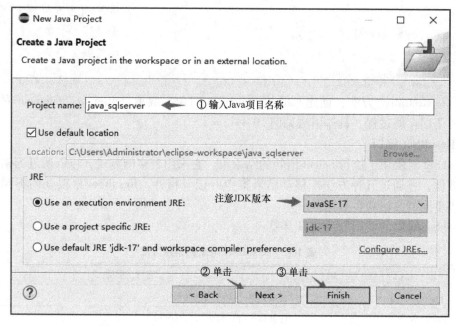

图 10-29　新建一个 Java 项目，命名为 java_sqlserver

2）将数据库驱动程序文件附加到项目中，如图 10-30 和图 10-31 所示。

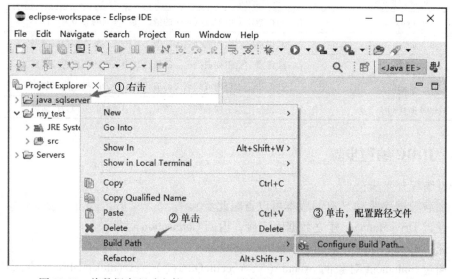

图 10-30　将数据库驱动文件（∗.jar）附加到 Java 项目中，执行添加命令

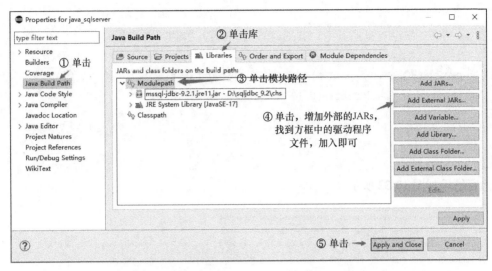

图 10-31　将数据库驱动文件（∗.jar）附加到 Java 项目中

例 10-2　在上面新建的 Java 项目 java_sqlserver 中，新建一个含 void main( )方法的 Class，并命名为 MyMain，根据 9.2 节中的学生信息表 S(sNo, sName, sex, dtBirthDate)，在 Java 中查询并显示学生信息。下面是 MyMain.java 的源代码。

```java
 1  import java.sql.Connection;
 2  import java.sql.DriverManager;
 3  import java.sql.ResultSet;
 4  import java.sql.SQLException;
 5  import java.sql.Statement;
 6
 7  public class MyMain {
 8    public static void main(String[]args){
 9      String connectionUrl="jdbc:sqlserver://localhost:1433;"
10        +"databaseName=student;user=sa;password=Sa123456"; // 连接字符串
11      try {
12        Connection conn=DriverManager.getConnection(connectionUrl);
                                                           // 建立连接
13        Statement stmt=conn.createStatement();  // 建立 Statement 对象
14        String SQL="select sNo,sName,sex from s";
15        ResultSet rs=stmt.executeQuery(SQL);     // 执行 SQL 语句查询
16        while(rs.next()){                         // ResultSet 访问
17          System.out.println(rs.getString("sNo")+" "+rs.getString
("sName"));                                       // 输出
18        }
19        rs.close();             // 关闭 ResultSet 对象
```

```
20        stmt.close();              // 关闭 Statement 对象
21        conn.close();              // 关闭 Connection 对象
22    }
23    catch(SQLException e){          // 捕获意外错误
24        e.printStackTrace();        // 输出错误信息
25    }
26  }
27 }
```

运行结果如图 10-32 所示。

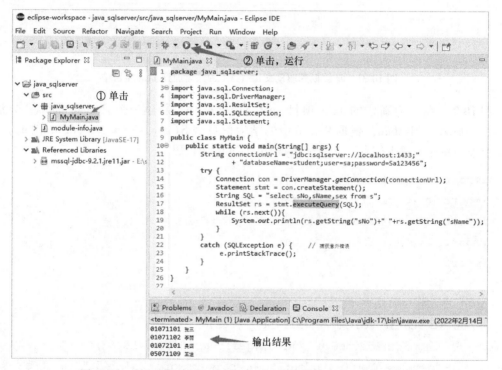

图 10-32   JDK17 连接 SQL Server2019，查询并输出学生信息表记录

10.2.5   Java Project 与 SQL Server 编程案例

下面以 Java 与 SQL Server 为例，开发一个 Java Project（Java 项目），采用 Swing 开发 Java 图形界面。Swing 是一种轻量级组件，它采用 MVC（Model-View-Controller，模型-视图-控制器）设计模式。其中，模型用于维护组件的各种状态，视图是组件的可视化表现，控制器用于各种组件对事件的响应。

例 10-3   根据用户信息表编写一个 Java Project，实现两个功能：一是输入用户编号和用户密码，进行界面登录；二是对用户进行注册，包括新增、修改、删除，以及上一条、下一条移动用户记录等功能。

1）先在 SQL Server 中新建一个空的数据库 MyTest，再创建一个用户表。

```
create table users
(
  userNo    char(4)      not null primary key,    /*用户编号*/
  userName  varchar(16)  not null,                /*用户姓名*/
  pass      varchar(10)  not null default '0000'  /*用户密码,默认为0000*/
);
```

然后，插入三条记录。

```
insert into users(userNo,userName)values('0001','张三');
insert into users(userNo,userName)values('0002','李四');
insert into users(userNo,userName)values('0003','李明');
```

2）进入 Eclipse IDE，新建一个 Java Project，并命名为 my_sqlserver。再通过 Build Path，把 JDBC 数据库驱动程序文件添加到该项目环境中，如图 10-33 所示。

图 10-33　新建 Java Project，并添加 JDBC 数据库驱动程序文件

3）新建一个 Class，不含入口主程序，并命名为 DButils，负责操作后台的 SQL Server 数据库，定义了三个方法：数据库连接、数据查询、数据更新（插入、修改、删除）。下面是 DButils. java 的源代码。

```
1   import java.sql.Connection;
2   import java.sql.SQLException;
3   import java.sql.Statement;
4   import java.sql.DriverManager;
5   import java.sql.ResultSet;
6
7   public class DButils {  // ---------- 数据库实用类:负责对数据库的所有操作 ---------
8     public static Connection getConnect()
9     { //定义一个静态方法,用于 SQL Server 数据库连接,返回一个 Connection 对象
10      String connectionUrl="jdbc:sqlserver://localhost:1433;"
11        +"databaseName=mytest;user=sa;password=Sa123456";
12      Connection conn=null;  // 数据库连接对象
```

```
13      try{
14        conn=DriverManager.getConnection (connectionUrl);
15      }catch(SQLException e){
16        e.printStackTrace();
17      }
18      return conn;
19    }
20    public static ResultSet executeQuery(String strSQL)
21    { //定义一个静态方法,参数 strSQL 为查询语句,返回一个执行查询的 ResultSet 对象
22      Connection conn=getConnect();
23      Statement stmt=null;
24      ResultSet rs=null;
25      try {
26        stmt=
27  conn.createStatement (ResultSet.TYPE_SCROLL_INSENSITIVE, ResultSet.
    CONCUR_READ_ONLY);
28          rs=stmt.executeQuery(strSQL);  // 执行查询的 SQL 语句
29      }catch(SQLException e){
30        e.printStackTrace();
31      }
32      return rs;
33    }
34    public static int executeUpdate(String strSQL)
35    { //定义方法,参数 strSQL 为数据更新语句,若执行 SQL 语句成功,返回 0,否则返回-1
36      Connection conn=getConnect();
37      Statement stmt=null;
38      int i=0;
39      try {
40        stmt=conn.createStatement();
41        i=stmt.executeUpdate(strSQL);  // 执行数据更新的 SQL 语句
42        conn.close();
43      }catch(SQLException e){
44        e.printStackTrace();
45        i=-1;    // 失败,返回-1
46      }
47      return i;     // 成功,返回影响记录的条数
48    }
49  }
```

4）新建一个 Class，不含入口主程序，并命名为 FrmUser，为"用户注册、修改、查看界面"，主要是利用 Swing 开发 Java 图形化界面，如图 10-34 所示。

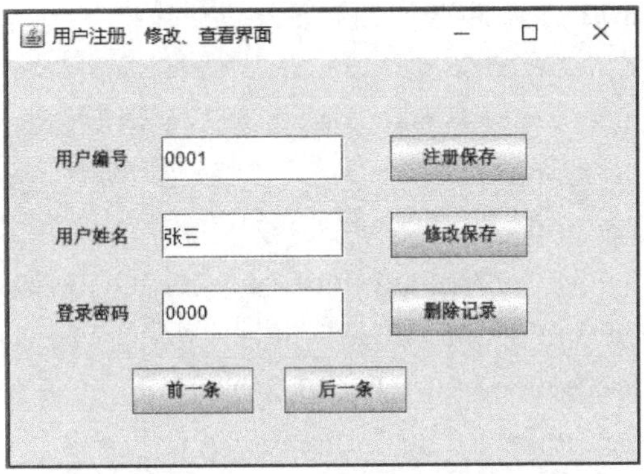

图 10-34　用户注册、修改、查看界面

下面是 FrmUser. java 的源代码。

```java
1    import java.awt.event.ActionEvent;
2    import java.awt.event.ActionListener;
3    import java.sql.ResultSet;
4    import java.sql.SQLException;
5
6    import javax.swing.JButton;
7    import javax.swing.JFrame;
8    import javax.swing.JLabel;
9    import javax.swing.JOptionPane;
10   import javax.swing.JPanel;
11   import javax.swing.JTextField;
12
13   public class FrmUser {   // ---------- 用户注册、修改、查看界面类 ----------------------
14     JFrame frm=new JFrame("用户注册、修改、查看界面"); // 这里都是类变量
15     JPanel jPanel=new JPanel();                        // 声明组件,相当于 Model
16     JLabel labUserNo=new JLabel("用户编号");
17     JLabel labUserName=new JLabel("用户姓名");
18     JLabel labPassword=new JLabel("登录密码");
19     JTextField txtUserNo=new JTextField(10);
20     JTextField txtUserName=new JTextField(16);
21     JTextField txtPassword=new JTextField(10);
22     JButton butPrevious=new JButton("前一条");
23     JButton butNext=new JButton("后一条");
24     JButton butNew=new JButton("注册保存");
```

```
25    JButton butUpdate=new JButton("修改保存");
26    JButton butDelete=new JButton("删除记录");
27    ResultSet rs=null;      //查询记录集
28
29    public FrmUser(){  // ---------- 类的构造器:初始化方法------------------
30      jPanel.setLayout(null);            // 设置组件的各种属性,相当于 View
31      labUserNo.setBounds(30,50,80,30);
                              // setBounds(x,y,width,height),其中 x,y 为位置坐标
32      txtUserNo.setBounds(100,50,120,30);   // x,y 及 w,h 的含义如图 10-35 所示
33      labUserName.setBounds(30,100,80,30);
34      txtUserName.setBounds(100,100,120,30);
35      labPassword.setBounds(30,150,80,30);
36      txtPassword.setBounds(100,150,120,30);
37      butNew.setBounds(250,50,90,30);
38      butUpdate.setBounds(250,100,90,30);
39      butDelete.setBounds(250,150,90,30);
40      butPrevious.setBounds(80,200,80,30);
41      butNext.setBounds(180,200,80,30);
42
43      jPanel.add(labUserNo);      // 将控件加入到面板中
44      jPanel.add(txtUserNo);
45      jPanel.add(labUserName);
46      jPanel.add(txtUserName);
47      jPanel.add(labPassword);
48      jPanel.add(txtPassword);
49      jPanel.add(butPrevious);
50      jPanel.add(butNext);
51      jPanel.add(butNew);
52      jPanel.add(butUpdate);
53      jPanel.add(butDelete);
54      // ---------- 每一个按钮都要先声明一个监听事件 -----------------------------------
55      butNew.addActionListener(new butNew_ActionListener());
                                          // 注册事件,相当于 Control
56      butUpdate.addActionListener(new butUpdate_ActionListener());// 修改
57      butPrevious.addActionListener(new butPrevious_ActionListener());
                                          // 前一条记录
58      butNext.addActionListener(new butNext_ActionListener()); // 后一条记录
59      butDelete.addActionListener(new butDelete_ActionListener());// 删除
```

图 10-35 坐标参数

```
60
61       frm.add(jPanel);              // 将整个面板加入到窗体中
62       frm.setSize(450,300);         // 设置窗体的宽(width)和高(height)
63       frm.setLocation(400,300);     // 设置窗体的位置坐标 x,y
64       frm.setVisible(true);
65
66       String strSQL="select userNo,userName,pass from users ";
67       rs=DButils.executeQuery(strSQL);
68       try {
69         if(rs.next()){   // 如果记录指针没有结束,将记录的值显示在界面上
70           txtUserNo.setText(rs.getString("userNo"));
71           txtUserName.setText(rs.getString("userName"));
72           txtPassword.setText(rs.getString("pass"));
73         }
74       }
75       catch(SQLException e1){
76         e1.printStackTrace();
77       }
78     }
79     public class butPrevious_ActionListener implements ActionListener
                                                         // 前一条记录
80     {
81       public void actionPerformed(ActionEvent e)
82       {
83         try {
84           if(rs.isFirst()==false){   // 当前不是第一条记录
85             rs.previous();      // 往前移动一条记录
86             txtUserNo.setText(rs.getString("userNo"));
87             txtUserName.setText(rs.getString("userName"));
88             txtPassword.setText(rs.getString("pass"));
89           }
90           else {
91             JOptionPane.showMessageDialog(null,"当前是第一条,无法再前移!");
92           }
93         }
94         catch(SQLException e1){
95           e1.printStackTrace();
96         }
```

```
97         }
98      }
99     public class butNext_ActionListener implements ActionListener
                                                      // 后一条记录
100    {
101      public void actionPerformed(ActionEvent e)
102       {
103        try {
104          if(rs.isLast()==false){   // 当前不是最后一条记录
105            rs.next();      // 往后移动一条记录
106            txtUserNo.setText(rs.getString("userNo"));
107            txtUserName.setText(rs.getString("userName"));
108            txtPassword.setText(rs.getString("pass"));
109          }
110          else {
111            JOptionPane.showMessageDialog(null,"最后一条记录,无法再往后移!");
112          }
113        }
114        catch(SQLException e1){
115          e1.printStackTrace();
116        }
117      }
118    }
119    public class butNew_ActionListener implements ActionListener{
                                                      // 注册按钮单击事件
120      public void actionPerformed(ActionEvent e){
121        String userNo=txtUserNo.getText().trim();        // 用户编号
122        String vcPass=txtPassword.getText().trim();       // 登录密码
123        String userName=txtUserName.getText().trim();     // 用户姓名
124        String strSQL =" select userNo,userName,pass from users where
     userNo='"+userNo+"'";
125        ResultSet rs2=null;  // 查询记录集
126        rs2=DButils.executeQuery(strSQL);
127        try {
128          if(rs2.next()){
129            JOptionPane.showMessageDialog(null,"用户编号不能重复!");
130            rs2.close();
131          }else {
```

```
132          strSQL=" insert into users(userNo,userName,pass)   "+
133            " values('"+userNo+"','"+userName+"','"+vcPass+"')";
134          int iReturn=DButils.executeUpdate(strSQL);
135          if(iReturn! =-1){
136            JOptionPane.showMessageDialog(null,"注册保存成功!");
137             rs.close();
138             strSQL="select userNo,userName,pass from users";
139             rs=DButils.executeQuery(strSQL);
140          }else {
141            JOptionPane.showMessageDialog(null,"注册保存失败!");
142          }
143        }
144      }
145    catch(SQLException e1){
146      e1.printStackTrace();
147        JOptionPane.showMessageDialog(null," 数 据 库 链 接 意 外 错 误!"
+e1.toString());
148      }
149    }
150  }
151  public class butUpdate_ActionListener implements ActionListener{
                                          // 修改按钮单击事件
152    public void actionPerformed(ActionEvent e){
153      String userNo=txtUserNo.getText().trim();        // 用户编号
154      String vcPass=txtPassword.getText().trim();       // 登录密码
155      String userName=txtUserName.getText().trim();   // 用户姓名
156      String strSQL="update users set userName='"+userName+"',
157        pass='"+vcPass+"'where userNo='"+userNo+"'";
158      int iReturn=DButils.executeUpdate(strSQL);
159      if(iReturn! =-1){
160        JOptionPane.showMessageDialog(null,"修改保存成功!");
161      }else {
162        JOptionPane.showMessageDialog(null,"修改保存失败!");
163      }
164      try {
165        rs.close();
166        strSQL="select userNo,userName,pass from users";
167        rs=DButils.executeQuery(strSQL);
```

```
168        } catch(SQLException e1){
169            e1.printStackTrace();
170        }
171    }
172  }
173  public class butDelete_ActionListener implements ActionListener
                                            // 删除一条记录
174  {
175    public void actionPerformed(ActionEvent e)
176    {
177        String userNo=txtUserNo.getText().trim();// 获得当前学号
178        String strSQL="delete from users where userNo='"+userNo+"'";
179        int iReturn=DButils.executeUpdate(strSQL);
180        if(iReturn! =-1){
181            JOptionPane.showMessageDialog(null,"记录删除成功!");
182        }else {
183            JOptionPane.showMessageDialog(null,"记录删除失败!");
184        }
185        try {
186            rs.close();
187            strSQL="select userNo,userName,pass from users";
188            rs=DButils.executeQuery(strSQL);
189        } catch(SQLException e1){
190            e1.printStackTrace();
191        }
192    }
193  }
194 }
```

5）新建一个 Class，含入口主程序，并命名为 FrmLogin，为登录界面，对输入的用户编号和登录密码进行确认，如图 10-36 所示。

图 10-36　登录界面

下面是 FrmLogin. java 的源代码。

```java
1   import java.awt.event.ActionEvent;
2   import java.awt.event.ActionListener;
3   import java.sql.ResultSet;
4   import java.sql.SQLException;
5   import javax.swing.JButton;
6   import javax.swing.JFrame;
7   import javax.swing.JLabel;
8   import javax.swing.JOptionPane;
9   import javax.swing.JPanel;
10  import javax.swing.JPasswordField;
11  import javax.swing.JTextField;
12
13  public class FrmLogin {
14    JFrame frm=new JFrame("登录界面");
15    JPanel jPanel=new JPanel();
16    JLabel labUserNo=new JLabel("用户编号");
17    JLabel labPassword=new JLabel("登录密码");
18    JTextField txtUserNo=new JTextField(10);
19    JPasswordField txtPassword=new JPasswordField(10);
20    JButton butOK=new JButton("确定");
21    JButton butNew=new JButton("注册");
22
23    public FrmLogin(){ // 在 Java 中,公共方法名与类同名的称为构造器,用于类的初始化
24      jPanel.setLayout(null);
25      labUserNo.setBounds(30,130,80,30);
                          // setBounds(x,y,width,height),其中 x,y 为位置坐标
26      txtUserNo.setBounds(100,130,120,30);
27      butOK.setBounds(250,130,80,30);
28      labPassword.setBounds(30,180,80,30);
29      txtPassword.setBounds(100,180,120,30);
30      butNew.setBounds(250,180,80,30);
31      jPanel.add(labUserNo);
32      jPanel.add(txtUserNo);
33      jPanel.add(butOK);
34      jPanel.add(butNew);
35      jPanel.add(labPassword);
36      jPanel.add(txtPassword);
```

```
37
38      butOK. addActionListener (new butOK_ActionListener());     // 登录
39      butNew. addActionListener (new butNew_ActionListener()); // 注册
40      frm. add(jPanel);
41      frm. setSize(400,300);       // 设置窗体的宽(width)和高(height)
42      frm. setLocation(400,300);  // 设置窗体的位置坐标x,y
43      frm. setVisible(true);
44    }
45    public class butOK_ActionListener implements ActionListener{
                                                         // 按钮单击事件
46    public void actionPerformed(ActionEvent e){
47       String userNo=txtUserNo. getText(). trim();     // 用户编号
48       String vcPass=txtPassword. getText(). trim(); // 登录密码
49       String strSQL = " select userNo, userName, pass from users where
      userNo='"+userNo+"'";
50       ResultSet rs=null;           // 查询记录集
51       rs=DButils. executeQuery(strSQL);
52       try {
53         if(rs. next()){
54           String ss=rs. getString("pass");
55           if(vcPass. equals(ss) ==false){
56             JOptionPane.showMessageDialog (null,"密码输入错误!");
57           }else {
58             JOptionPane.showMessageDialog (null,"用户登录验证成功!");
59             //frm. dispose();       // 关闭当前窗体
60           }
61         }else {
62           JOptionPane.showMessageDialog (null,"用户编号输入错误!");
63         }
64       }
65       catch(SQLException e1){
66         e1. printStackTrace();
67         JOptionPane.showMessageDialog (null,"数据库链接意外错误!"+
      e1. toString());
68       }
69     }
70   }
71   public class butNew_ActionListener implements ActionListener{ // 注册
```

```
72    public void actionPerformed(ActionEvent e){
73      FrmUser frmAdd=new FrmUser();   // 进入注册界面
74    }
75   }
76   public static void main(String[]args){
77     FrmLogin f=new FrmLogin();
78   }
79  }
```

10.2.6　Java 调用 SQL Server 存储过程案例

CallableStatement 的方法比较多，下面通过一个案例讲解如何用 CallableStatement 接口，来调用 SQL Server 2019 的存储过程。

例 10-4　Java 利用 CallableStatement 接口调用 SQL Server 2019 的存储过程。

基本思路：先进入 SQL Server Management Studio，根据第 9.2.2 小节中数据库 student 下的学生表 S(sNo,sName,sex,Age)的结构，编写如下一个存储过程，并命名为 cp_count。

```
1  Create Procedure cp_count @sex char(1),@age int,@iCount int out as
2  /*------ 输入参数:@sex 性别,@age 年龄,输出参数:@iCount 人数------- */
3  Begin
4  Select @iCount=count(*)from s where sex=@sex and age>@age
5  End
```

执行该存储过程 exec cp_count，结果如图 10-37 所示。

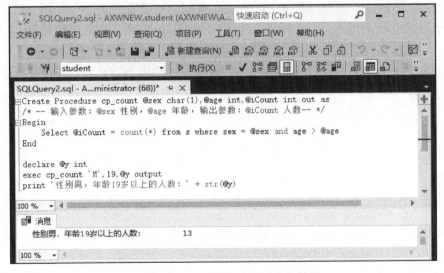

图 10-37　存储过程的定义及执行结果

再进入 Eclipse IDE，新建一个 Class，并命名为 CallStoreProc。通过 Java 编程，调用存储过程 cp_ count。下面是 CallStoreProc.java 的源代码。

```
1   import java.sql.CallableStatement;
2   import java.sql.Connection;
3   import java.sql.DriverManager;
4   import java.sql.SQLException;
5   import java.sql.Types;
6
7   public class CallStoreProc {
8     public static void main(String[]args){
9       String connectionUrl="jdbc:sqlserver://localhost:1433;"
10        +"databaseName=student;user=sa;password=Sa123456";  // 连接字符串
11      try {
12        Connection conn=DriverManager.getConnection(connectionUrl);
                                                         // 建立连接
13        String storedProc="{call cp_count(?,?,?)}"; // 调用存储过程的 SQL 语句
14        CallableStatement callableStmt=conn.prepareCall(storedProc);
15        callableStmt.setString(1,"M");              // 给第 1 个参数赋值,性别为 M
16        callableStmt.setInt(2,19);                  // 给第 2 个参数赋值,年龄为 19
17        callableStmt.registerOutParameter(3,Types.INTEGER);
18                                                    // 第 3 个输出参数,人数
19        callableStmt.execute();                     // 执行存储过程
20        int sexCount=callableStmt.getInt(3);        // 获得第 3 个参数的返回值
21        System.out.println(" 男生人数:"+sexCount);      // 输出
22        callableStmt.close();                  // 关闭 Statement 对象
23        conn.close();                          //关闭 Connection 对象
24      }
25      catch(SQLException e){                    // 捕获意外错误
26        e.printStackTrace();                    // 输出错误信息
27      }
28    }
}
```

输出:

男生人数:13

有关 CallableStatement 的进一步使用说明,可参考网页（https://www.cnblogs.com/noteless/p/10307273.html）上的相关内容。

习 题 10

根据本章内容,完成相关软件的安装、运行及例题。

第*11*章 / Java Web与MySQL数据库编程

Java Web 开发技术非常丰富。在第 10 章介绍的技术的基础上，本章从最基础的 Web 开发技术出发，以 Java 17.0.2、Tomcat 10.0.16、Eclipse 2021-12 为开发环境，讲解在 Windows 10 平台上，基于 MySQL 8.0.25 的数据库前、后端开发技术。

本章学习要点：

- Java Web 开发环境搭建：JDK 17+Tomcat 10.0+Eclipse IDE+MySQL 8.0.25。
- Servlet/JSP 工作原理。
- Eclipse IDE 中构建 JDBC 数据库驱动程序。
- Java Web 开发：Tomcat10.0+Servlet/JSP 技术构架。

11.1 Java Web 开发基础

Java Web 开发中，必须通过一个 Web 服务器来访问后端数据库。为了便于开发，一些主流框架如 Springboot 集成了很多开发工具，这样可大大提高开发效率。而初学者对这么多技术的来龙去脉，就会感到茫然。因此，为初学者考虑，本节从最基础的技术入手，以 E-clipse+Tomcat+Servlet/JSP 为技术构架，用 Java 17 访问后端 MySQL 8.025 数据库，讲解 Java Web 开发的一些基础知识。

11.1.1 Java Web 开发环境搭建

环境搭建分下面三个步骤：

1）安装 JDK 17，设置环境变量 JAVA_HOME，并在系统变量 Path 中进行设置，具体见第 10.1.1 小节。如果计算机上已经安装了 JDK 17，则可以跳过这一步。

2）进入 Tomcat 官网（http://tomcat.apache.org/），选择一个最新稳定版下载。例如，以 Windows 10 为例，下载 Tomcat 10.0.16 版本，如图 11-1 所示。

将下载的压缩文件 apache-tomcat-10.0.16-windows-x64.zip 解压缩，解压路径为 "D:\apache-tomcat-10.0.16"。在 Windows 的环境变量中，增加一个系统变量 CATALINA_HOME，变量值是 Tomcat 的解压路径 "D:\apache-tomcat-10.0.16"，如图 11-2 所示。

然后，在系统变量 Path 中添加% CATALINA_HOME% \bin 和% CATALINA_HOME% \lib 两个环境变量，如图 11-3 所示。

图 11-1 下载 Tomcat

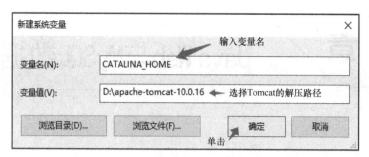

图 11-2　增加一个系统变量 CATALINA_HOME

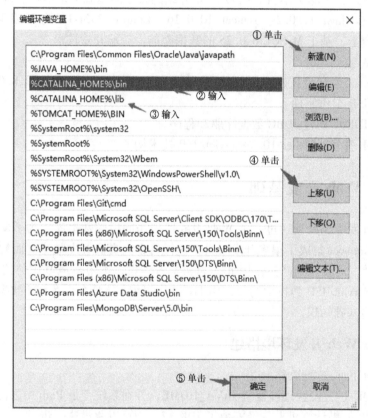

图 11-3　在系统变量 Path 中添加%CATALINA_HOME%\bin 和%CATALINA_HOME%\lib

至此，Tomcat 环境变量设置完成。下面，还要检查一下 Tomcat 安装及环境变量设置是否成功。方法如下：双击路径"D:\apache-tomcat-10.0.16\bin"下的文件 startup. bat（批处理）。不要关闭随后出现的界面，然后在浏览器中输入"localhost:8080/"，按<Enter>键。结果若如图 11-4 所示，表示 Tomcat 设置成功。

最后，如果要实现 Tomcat 服务器自动响应客户端的请求，则必须安装 Tomcat 服务，且启动类型为自动。方法如下：进入命令行，切换到 Tomcat 所在的路径，并运行命令：

```
service.bat install
```

结果如图 11-5 所示。（说明：卸载 Tomcat 服务的命令是 service. bat uninstall）

图 11-4 Tomcat 设置成功

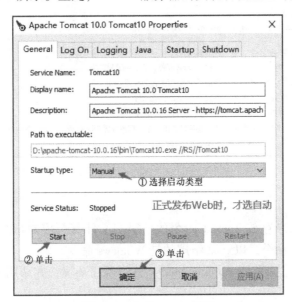

图 11-5 安装 Tomcat 服务

再双击路径"D：\apache-tomcat-10.0.16\bin"下的程序文件 tomcat10w.exe，启动 Tomcat 服务，如图 11-6 所示。至此，Tomcat 服务器的安装和设置全部完成。

图 11-6 启动 Tomcat 服务

3）双击第 10.1.2 小节中的下载程序文件 eclipse-inst-jre-win64.exe，并选择安装 Eclipse IDE for Enterprise Java and Web Developers（简称 Eclipse J2EE），如图 11-7 所示。按提示操作直至安装完成。

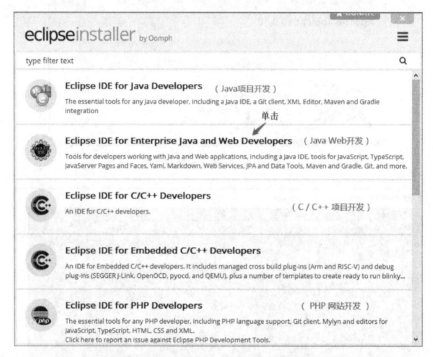

图 11-7　安装 Eclipse IDE for Enterprise Java and Web Developers

11.1.2　Tomcat 目录及主要文件说明

Tomcat 目录如图 11-8 所示。

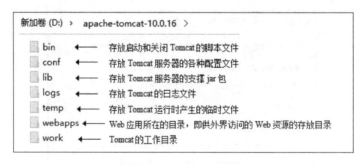

图 11-8　Tomcat 目录

1. bin 目录

bin 目录主要是用来存放 Tomcat 命令的。很多文件都是成对出现的，作用是一样的，以 .sh 结尾的是 Linux 命令，以 .bat 结尾的是 Windows 命令。

1）startup 文件：主要检查 catalina.bat/sh 执行所需环境，并调用 catalina.bat 批处理文件，启动 Tomcat。

异常 1：打开后出现闪退的问题。原因可能有以下两点：

① 缺少环境变量配置，startup 会检查计算机环境变量是否有 JAVA_HOME。

② 已经开启了 Tomcat 容器，再次开启端口号会被占用。

```
java.net.BindException:Address already in use:JVM_Bind
```

异常 2：Tomcat 出现中文乱码问题。解决方法：在/conf/logging.properties 添加语句

```
java.util.logging.ConsoleHandler.encoding=GBK
```

2）catalina 文件：真正启动 Tomcat 文件，可以在里面设置 JVM 参数。

异常：可能出现内存溢出错误，可以考虑修改它。

① java.lang.OutOfMemoryError：Java heap space。

Tomcat 默认可以使用的内存为 128MB，在较大型的应用项目中，这些内存是不够的，从而导致客户端显示 500 错误。解决方法如下：

在 Windows 环境下修改 catalina.bat 文件，在文件开头增加

```
set JAVA_OPTS=-Xms256m -Xmx512m
```

在 Linux 环境下修改 catalina.sh 文件，在文件开头增加

```
JAVA_OPTS='-Xms256m -Xmx512m'
```

其中，-Xms 用于设置初始化内存大小；-Xmx 用于设置可以使用的最大内存。

② java.lang.OutOfMemoryError：PermGen space。

PermGen space 的全称是 Permanent Generation space，是指内存的永久保存区域。这块内存主要是被 JVM 用于存放 Class 和 Meta 信息的。Class 在被导入时就会被放到 PermGen space 中，它和存放类实例（Instance）的 Heap 区域不同，GC（Garbage Collection，垃圾回收）不会在主程序运行期间对 PermGen space 进行清理，所以如果应用中有很多 Class 的话，就很可能出现 PermGen space 错误，这种错误常见于 Web 服务器对 JSP 进行预编译（pre compile）时。如果 Web App 用了大量的第三方 JAR，其大小超过了 JVM 默认的大小（4MB），那么就会产生此错误信息。

解决方法：（Windows）在 catalina.bat 的第一行增加

```
set JAVA_OPTS=-Xms64m -Xmx256m -XX:PermSize=128M -XX:MaxNewSize=256m -
   XX:MaxPermSize=256m
```

（Linux）在 catalina.sh 的第一行增加

```
JAVA_OPTS=-Xms64m -Xmx256m -XX:PermSize=128M -XX:MaxNewSize=256m -
   XX:MaxPermSize=256m
```

3）shutdown 文件：关闭 Tomcat。

4）Tomcat10 文件：相当于控制台直接输入 startup。

5）Tomcat10w 文件：图像化控制 Tomcat。

异常：单击 Tomcat10 或 Tomcat10w 时出现错误。

解决方法：在命令行中执行命令 service.bat install（必须在 bin 文件目录下执行），再单

击就可以了。

2. conf 目录

1）catalina 目录：用于存储自定义部署 Web 的应用程序文件。

2）文件 server. xml：可以设置端口号，设置域名或 IP，默认加载的项目，请求编码。

3）文件 tomcat-users. xml：用来配置管理 Tomcat 的用户与权限。

```
1  <? xml version="1.0" encoding="UTF-8"? >
2  <tomcat-users xmlns="http://tomcat.apache.org/xml"
3    xmlns:xsi="http://www.w3.org/2001/XMLSchema-instance"
4    xsi:schemaLocation="http://tomcat.apache.org/xml tomcat-users.xsd"
5    version="1.0">
6  <role rolename="manager-gui"/>
7  <user username="manager" password="manager" roles="manager-gui"/>
8  </tomcat-users>
```

4）文件 context. xml：可以用来配置数据源之类的。

5）文件 web. xml：可以设置 Tomcat 支持的文件类型。

3. lib 目录

lib 目录用于存放 Tomcat 运行需要的库文件。

4. logs 目录

1）catalina. 日期 . log：控制台日志。

2）commons-daemon. 日期 . log：启动、重启和停止对 Tomcat 的操作日志。

3）host-manager. 日期 . log：Tomcat 管理页面中的 host-manager 的操作日志。

4）localhost. 日期 . log：Web 应用的内部程序日志。

5）localhost_access_log. 日期：用户请求 Tomcat 的访问日志（这个文件在 conf/server. xml 里配置）。

6）manager. 日期 . log：Tomcat 管理页面中的 manager app 的操作日志。

5. temp 目录

temp 目录用于存放 Tomcat 在运行过程中产生的临时文件（清空不会对 Tomcat 运行带来影响）。

6. webapps 目录

webapps 目录用来存放应用程序，当 Tomcat 启动时会加载 webapps 目录下的应用程序。可以以文件夹、war 包、jar 包的形式发布应用。

当然，也可以把应用程序放置在磁盘的任意位置，在配置文件中映射即可。

7. work 目录

work 目录用来存放 Tomcat 在运行时编译后的文件，如 JSP 编译后的文件。清空 work 目录，然后重启 Tomcat，可以达到清除缓存的目的。

11.1.3 Servlet/JSP 工作原理

1. Servlet/JSP 概述

在 Web 应用程序的开发中，有一个中间逻辑层，专门负责处理客户端与服务器端之间的数据交互。Servlet 就是一个这样的中间层，它是一种独立于平台和协议、在服务器端运行的 Java 应用程序，可以生成动态 Web 页面，其名称来自于 Service + Applet，表示小服务程序。

编写好的 Servlet 源文件并不能响应用户请求，还必须将其编译成 Class 文件，将编译好的 Class 文件放到 WEB-INF/classes 路径下，如果 Servlet 有包，则还需要将 Class 文件放到包路径下。

Sun 公司早期开发出 Servlet，其功能比较强大，但是，它编写和修改 HTML 很不方便。Java Server Pages（JSP）是一种实现静态 HTML 和动态 HTML 混合编码的技术，在编写静态 HTML 时更加方便。更重要的是，借助内容和外观的分离，页面制作中不同性质的任务可以方便地分开。例如，由页面设计者进行 HTML 设计，同时留出供 Servlet 程序员插入动态内容的空间。

因此，JSP 是对 Servlet 的补充，JSP 源程序编译后就是一个 Servlet。

2. Servlet/JSP 工作模式

Servlet/JSP 工作模式如图 11-9 所示。

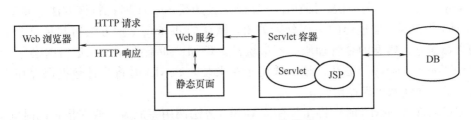

图 11-9　Servlet/JSP 工作模式

在 JSP 中，调用 Servlet 的方式有两种：

1）通过 form 的 action，格式为< form action = "Servlet 类名" method = "post" >。

2）设置超级链接，访问 Servlet，格式为< a href = "Servlet 类名"/a >。

3. Servlet 编程接口

Servlet 的框架由两个 Java 包组成：jakarta. servlet 和 jakarta. servlet. http。在 jakarta. servlet 包中定义了所有的 Servlet 类都必须实现或扩展的通用接口和类，在 jakarta. servlet. http 包中定义了采用 HTTP 通信协议的 HttpServlet 类。

HttpServlet 使用一个 HTML 表单来发送和接收数据。HttpServlet 类包含了下面七种方法，其中 init( ) 和 destroy( ) 方法是继承的。

（1）init( ) 方法

在 Servlet 的生命期中，仅执行一次 init( ) 方法。它是在服务器装入 Servlet 时执行的，可以配置服务器，使得服务器启动或客户机首次访问 Servlet 时加载 Servlet。一个 Servlet 类一旦加载，就停留在 Servlet 容器池中，后面的客户机访问 Servlet，都不会重复执行 init( )。

（2）service( ) 方法

service( ) 是 Servlet 的核心方法。每当客户请求一个 HttpServlet 对象时，该对象的 service( ) 方法即被调用，而且传递给这个方法一个"请求"（ServletRequest）对象和一个"响应"（ServletResponse）对象作为参数。在 HttpServlet 中已存在 service( ) 方法。默认的服务功能是调用与 HTTP 请求的方法相应的 do 功能。例如，如果 HTTP 请求方法为 GET，则默认情况下就调用 doGet( )。Servlet 应该为 Servlet 支持的 HTTP 方法覆盖 do 功能。因为 HttpServlet. service( )方法会检查请求方法是否调用了适当的处理方法，不必要覆盖 service( )方法，只需覆盖相应的 do 方法就可以了。

Servlet 的响应可以是下列几种类型：一个是输出流，浏览器根据它的内容类型（如 Text/HTML）进行解释；一个是 HTTP 错误响应，重定向到另一个 URL、Servlet、JSP。

（3）doGet( )方法

当一个客户通过 HTML 表单发出一个 HTTP GET 请求或直接请求一个 URL 时，doGet( )方法被调用。它将与 GET 请求相关的参数添加到 URL 的后面，并与这个请求一起发送。当不修改服务器端的数据时，应该使用 doGet( )方法。

（4）doPost( )方法

当一个客户通过 HTML 表单发出一个 HTTP POST 请求时，doPost（ ）方法被调用。它将与 POST 请求相关的参数作为一个单独的 HTTP 请求从浏览器发送到服务器。当需要修改服务器端的数据时，应该使用 doPost（ ）方法。

（5）destroy( )方法

destroy( )方法仅执行一次，即在服务器停止且卸载 Servlet 时执行该方法。典型的示例是将 Servlet 作为服务器进程的一部分来关闭。默认的 destroy（ ）方法通常是符合要求的，但也可以覆盖它，典型的是管理服务器端资源。例如，如果 Servlet 在运行时会累计数据，则可以编写一个 destroy( )方法，该方法用于在未装入 Servlet 时将累计数据保存在文件中。另一个示例是关闭数据库连接。

当服务器卸载 Servlet 时，将在所有 service( )方法调用完成后，或在指定的时间间隔过后调用 destroy( )方法。一个 Servlet 在运行 service( )方法时可能会产生其他的线程，因此请确认在调用 destroy( )方法时，这些线程已中止或完成。

（6）getServletConfig( )方法

getServletConfig( )方法返回一个 ServletConfig 对象，该对象用来返回初始化参数和 ServletContext。ServletContext 接口提供有关 Servlet 的环境信息。

（7）getServletInfo( )方法

getServletInfo( )方法是可选的，它提供有关 Servlet 的信息，如作者、版本、版权等。

11.1.4　Tomcat 服务原理

Tomcat 服务器是一个免费的开放源代码的 Web 应用服务器。它也是运行 JSP 页面和 Servlet 的容器。

1. Tomcat 服务器的组成部分

（1）Server

Server 表示整个 Catalina Servlet 容器。Tomcat 提供了 Server 接口的一个默认实现，在 Server 容器中可以包含一个或多个 Service 组件。

（2）Service

Service 是一个集合，它由一个或者多个 Connector（连接器）以及一个 Engine（引擎）组成，负责处理所有 Connector 所获得的客户请求。

Service 是存活在 Server 内部的中间组件，它将一个或多个 Connector 组件绑定到一个单独的 Engine 上。在 Server 中，可以包含一个或多个 Service 组件。

（3）Connector

一个 Connector 在某个指定端口上侦听客户的请求，并将获得的请求交给 Engine 处理，从 Engine 处获得回应并返回客户。Tomcat 有两个典型的 Connector：一个直接侦听来自 Browser 的 HTTP 请求；一个侦听来自其他 WebServer 的请求。Coyote Http/1.1 Connector 在端口 8080 处侦听来自客户 Browser 的 HTTP 请求，Coyote JK2 Connector 在端口 8009 处侦听来自其他 WebServer（Apache）的 Servlet/JSP 代理请求。

（4）Engine

Engine 可以配置多个虚拟主机（Virtual Host），每个虚拟主机都有一个域名。当 Engine 获得一个请求时，它把该请求匹配到某个 Host（主机）上，然后把该请求交给该 Host 来处理。Engine 有一个默认虚拟主机，当请求无法匹配到任何一个 Host 上的时候，将交给该默认虚拟主机来处理。

在 Tomcat 中，每个 Service 只能包含一个 Servlet 引擎。引擎表示一个特定的 Service 的请求处理流水线。作为一个 Service 可以有多个连接器，引擎通过连接器接收和处理所有的请求，将响应返回给适合的连接器，通过连接器传输给用户。

（5）Host

每个 Host 代表一个 Virtual Host，每个虚拟主机和某个网络域名（Domain Name）相匹配，每个虚拟主机下都可以部署一个或者多个 Web App（Web 应用程序），每个 Web App 对应一个 Context，有一个 Context Path，当 Host 获得一个请求时，将把该请求匹配到某个 Context 上，然后把该请求交给该 Context 来处理。

（6）Context

一个 Context 对应一个 Web App，一个 Web App 是由一组 Servlet、HTML 页面、类，以及其他的资源组成的运行在 Web 服务器上的完整的应用程序。它可以在多个供应商提供的实现了 Servlet 规范的 Web 容器中运行。

Context 在创建时将根据配置文件 $ CATALINA_HOME/conf/web. xml 和 $ WEBAPP_ HOME/WEB-INF/web. xml 载入 Servlet 类。当 Context 获得请求时，将在自己的映射表（Mapping Table）中寻找相匹配的 Servlet 类。如果找到，则执行该类，获得请求的回应，并返回。

一个 Host 可以包含多个 Context（代表 Web 应用程序），每一个 Context 都有一个唯一的路径，并运行在特定的虚拟主机中。

2. 关于 Context 的部署配置文件 web. xml 的说明

当一个 Web App 被初始化时，它首先载入在 $ CATALINA_HOME/conf/web. xml 中部署的 Servlet 类，然后加载到自己的 Web App 根目录下的 WEB-INF/web. xml 中部署的 Servlet 类。

web. xml 文件有两部分：Servlet 类定义和 Servlet 映射定义。

每个被载入的 Servlet 类都有一个名字，且被填入该 Context 的映射表中，和某种 URL PATTERN 对应。

当该 Context 获得请求时，将查询映射表，找到被请求的 Servlet 并执行，以获得请求回应。

3. Tomcat Server 处理一个 HTTP 请求的过程

下面以来自客户的请求为例，说明 HTTP 请求的过程。

```
http://localhost:8080/myWeb/index.jsp
```

1）请求被发送到本机端口 8080，被那里的 Coyote HTTP/1.1 Connector 侦听获得。

2）Connector 把该请求交给它所在的 Service 的 Engine 来处理，并等待来自 Engine 的回应。

3）Engine 获得请求 localhost/myWeb /index. jsp，匹配它所拥有的所有虚拟主机。

4）Engine 匹配到名为 localhost 的 Host（即使匹配不到也把请求交给该 Host 处理，因为该 Host 被定义为该 Engine 的默认主机）。

5）localhost Host 获得请求/myWeb/index. jsp，匹配它所拥有的所有 Context。

6）Host 匹配到路径为/myWeb 的 Context（如果匹配不到，就把该请求交给路径名为 "" 的 Context 去处理）。

7）path="/myWeb" 的 Context 获得请求/index. jsp，在它的映射表中寻找对应的 Servlet。

8）Context 匹配到 URL PATTERN 为 *. jsp 的 Servlet，对应于 JSPServlet 类。

9）构造 HttpServletRequest 对象和 HttpServletResponse 对象，作为参数调用 JSPServlet 的 doGet 或 doPost 方法。

10）Context 把执行完了之后的 HttpServletResponse 对象返回给 Host。

11）Host 把 HttpServletResponse 对象返回给 Engine。

12）Egine 把 HttpServletResponse 对象返回给 Connector。

13）Connector 把 HttpServletResponse 对象返回给客户。

11. 1. 5　在 Eclipse 中配置 Servlet：导入 Servlet 包

在编写代码过程中，需要引入 jakarta. servlet 这个包。但是，在 JDK 里没有包含这个包，需要手动引入。它位于 Tomcat 安装路径、lib 目录中的文件 servlet-api. jar 这个压缩包里。导入方法如下：

进入 Eclipse，在菜单栏上依次单击 Window→Preferences→Server→Runtime Environments 命令，然后单击窗口右侧的 Add 按钮，选择安装路径和对应的 JDK 版本后进行导入，如图 11-10~图 11-13 所示。

这样，每当新建一个 Java Web 项目时，都会自动包含 jakarta. servlet 这个包，并在新建一个 Servlet 类时自动引入（说明：在 Java17 以前，这个包名叫 javax. servlet）。

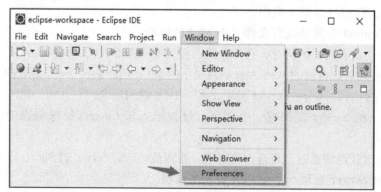

图 11-10　Window→Preferences 命令

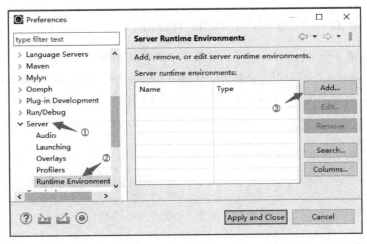

图 11-11　Server→Runtime Environments 命令

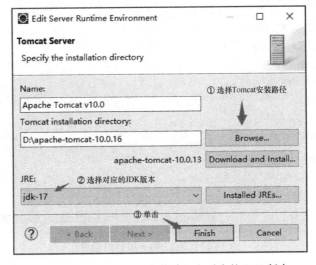

图 11-12　选择 Tomcat 安装路径和对应的 JDK 版本

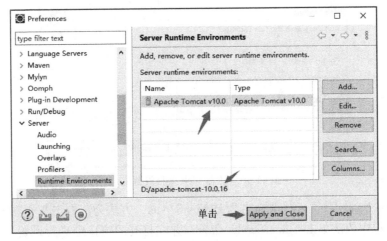

图 11-13　完成 Servlet 包的导入

11.1.6 第一个 Java Web 程序：Hello World

例 11-1 创建一个 Java Web 项目，实现在 JSP 中调用 Servlet 的功能。

1）进入 Eclipse，在菜单栏上依次单击 File→New→Dynamic Web Project 命令，新建一个动态 Web 项目，并命名为 MyWeb，如图 11-14~图 11-16 所示。

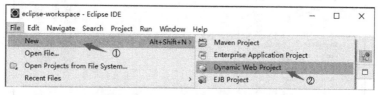

图 11-14 新建一个动态 Web 项目

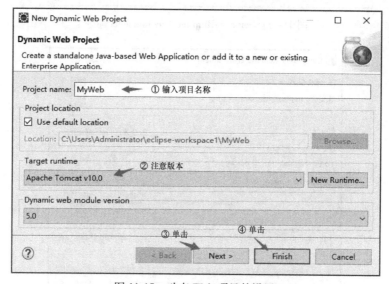

图 11-15 动态 Web 项目的设置

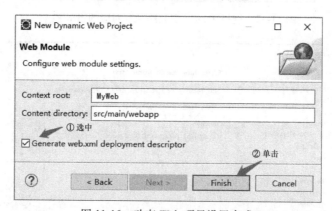

图 11-16 动态 Web 项目设置完成

2）新建一个 Servlet 文件，并命名为 MyFirstServlet，方法为：右击 Web 项目 MyWeb，在弹出的快捷菜单中依次单击 New→Servlet 命令，并在打开的窗口中进行设置，如图 11-17 和图 11-18 所示。

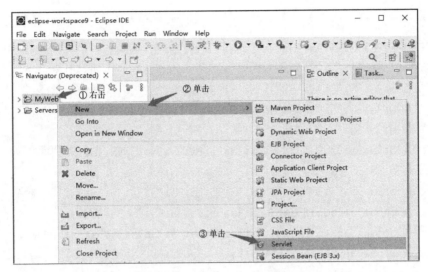

图 11-17　新建一个 Servlet 类

图 11-18　将新建的 Servlet 类命名为 MyFirstServlet

下面是 MyFirstServlet. java 的源代码。

```
1   import jakarta. servlet. ServletException;
    import jakarta. servlet. http. HttpServlet;
2   import jakarta. servlet. http. HttpServletRequest;
3   import jakarta. servlet. http. HttpServletResponse;
    import java. io. IOException;
4   public class MyFirstServlet extends HttpServlet {
5     private static final long serialVersionUID =1L;
6     public MyFirstServlet(){
7       super();
```

```
8        }
9      protected void doGet(HttpServletRequest request,HttpServletResponse
10   response)throws ServletException,IOException {    // 没有第 11 行,网页会出现
     乱码
11       response.setContentType("text/html;charset=UTF-8");    // 设置响
     应内容类型
12       response.getWriter().append("Hello World! 这是我的第一个 Servlet
     小程序。");
13       response.getWriter().write("<br>"+"位于:"+
         request.getContextPath());
14       response.getWriter().write("<br>"+"请求的 URL 地址:"+
         request.getRequestURL());
15       response.getWriter().write("<br>"+"JSP 页面的参数:"+
         request.getParameter("userNo"));
16   }
17     protected void doPost(HttpServletRequest request,HttpServletRe-
18   sponse response)throws ServletException,IOException {
19       doGet(request,response);
20   }
21   }
```

右击要运行的类 "MyFirstServlet",在弹出的菜单中单击 Run as→Run on Server 命令,在打开的窗口中选择要运行的 Tomcat 服务,如图 11-19 所示。运行结果如图 11-20 所示。注意请求的 URL 地址。

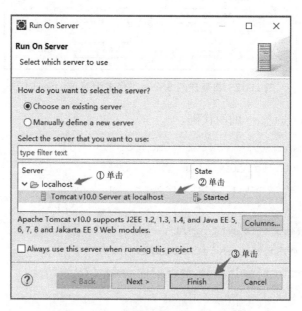

图 11-19　选择要运行的 Tomcat 服务

图 11-20 Servlet 类运行结果

3）新建一个 JSP 文件，并命名为 MyFirstJSP，方法为：右击 Web 项目"MyWeb"，在弹出的菜单中依次单击 New→JSP File 命令，在打开的窗口中按图 11-21 所示进行设置。

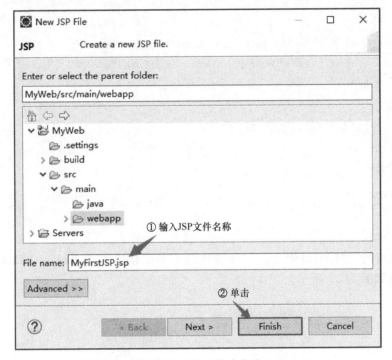

图 11-21 将新建的 JSP 文件命名为 MyFirstJSP

下面是 MyFirstJSP. jsp 的源代码。

```
1  <%@ page language="java" contentType="text/html;charset=UTF-8" pag-
   eEncoding="UTF-8"%>
2  <!DOCTYPE html PUBLIC "-//W3C//DTD HTML 4.01 Transitional//EN" "http://
3  www.w3.org/TR/html4/loose.dtd">
4  <html>
5  <head>
6    <meta http-equiv="Content-Type" content="text/html;charset=UTF-8">
7    <title>这是我的第一个 JSP</title>
8  </head>
```

```
9    <body bgcolor=white>
10     <div align="left">
11     <H3>Hello World</H3>
12       <form  action=MyFirstServlet method="post" onsubmit=" return true ">
13       <table width="320px" bgcolor="LightBlue" height="80px" >
14        <tr  height="20px"></tr>
15        <tr>
16          <td width="20%" height="20px" align="right">用户编号</td>
17          <td width="20%" height="20px" align="left">
18            <input type="text" name="userNo" size=20 value="">
19          </td>
20          <td width="20%" height="20px" align="left" >
21            <input type="submit" name="sub" value="确 定">
22          </td>
23        </tr>
24        <tr  height="20px"></tr>
25       </table>
26       </form>
27     </div>
28   </body>
29   </html>
```

单击页面"确定"按钮时，会调用MyFirstServlet.java

若设置为"false"，则单击按钮无效

右击要运行的"MyFirstJSP. jsp"，在弹出的菜单中依次单击 Run as→Run on Server 命令。运行结果如图 11-22 所示。

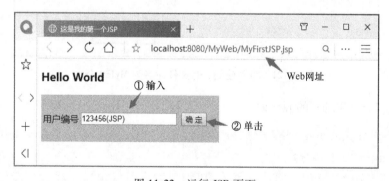

图 11-22　运行 JSP 页面

单击"确定"按钮，调用 MyFirstServlet，输出如下。

```
Hello World! 这是我的第一个 Servlet 小程序。
位于:/MyWeb
请求的 URL 地址:http://localhost:8080/MyWeb/MyFirstServlet
JSP 页面的参数:123456(JSP)
```

在 MyFirstServlet 中，通过 "request. getParameter(" userNo")" 获得 JSP 页面输入的参数。

11. 1. 7　JDBC for MySQL 驱动程序的下载

使用 Java 17 与 MySQL 8. 0. 25 编程，需要一个对应的数据库程序驱动包。进入官网（https://downloads. mysql. com/archives/c-j/），按图 11-23 所示进行下载。

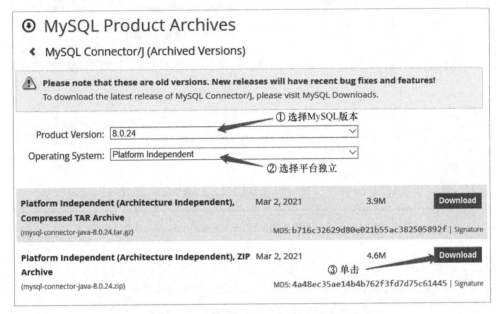

图 11-23　JDBC for MySQL 驱动程序的下载

下载的压缩文件为 mysql-connector-java-8. 0. 24. zip。解压后，里面有一个库文件 mysql-connector-java-8. 0. 24. jar。每新建一个 Java Web 项目，若要连接 MySQL 数据库，都需要引入这个库文件。引入方法如下：

1）进入 Eclipse，在菜单栏上依次单击 File→New→Dynamic Web Project 命令，新建一个动态 Web 项目，并命名为 MyTest。

2）右击新建的 Web 项目 "MyTest"，在弹出的菜单中依次单击 Build Path→Configure Build Path 命令，配置构建路径，将库文件 mysql-connector-java-8. 0. 24. jar 添加到项目中，如图 11-24 所示。

例 11-2　在 MySQL 中新建一个空的数据库 MyTest，并新建一个如下的用户表。

```
create table users
(
  userNo    char(4)      not null primary key,   /*用户编号*/
  userName  varchar(16)  not null,               /*用户姓名*/
  pass      varchar(10)  not null default'0000' /*用户密码,默认为0000*/
);
```

插入三条记录：

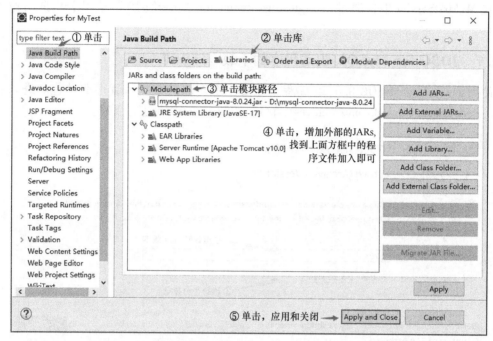

图 11-24　向项目中增加外面的库 mysql-connector-java-8. 0. 24. jar

```
insert into users(userNo,userName)values('0001','张三');
insert into users(userNo,userName)values('0002','李四');
insert into users(userNo,userName)values('0003','李明');
```

　　然后，用之前新建的动态 Web 项目 MyTest 访问该数据库。

　　基本思路：先新建一个带 main( )主程序入口的 Java 类 DBMySQL. java，用于 Java 访问 MySQL 数据库测试（方法如图 11-25 所示）。在类 DBMySQL. java 中，新建了三个函数，分别用于连接数据库、执行数据查询以及数据更新。

　　再新建一个 Servlet 类，用于调用 DBMySQL. java 的方法，访问 MySQL 数据库。

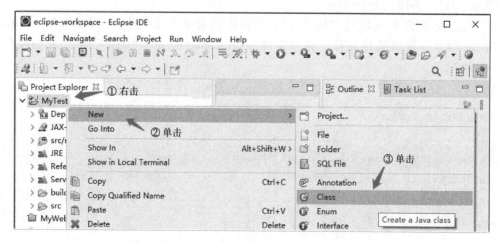

图 11-25　在动态 Web 项目中，新建一个 Java 类

下面是 DBMySQL. java 的源代码。

```
1   import java.sql.Connection;            import java.sql.DriverManager;
2   import java.sql.ResultSet;
3   import java.sql.SQLException;
4   import java.sql.Statement;
5   public class DBMySQL {
6     public static Connection getConnection()
7     { // ----定义一个静态函数,用于 MySQL 数据库的连接,返回一个 Connection 对象 ----
8       String url=
9   "jdbc:mysql://localhost:3306/MyTest?characterEncoding=utf-8&useSSL=
    false&serverTimezone=UTC";
10      String userNo="root";
11      String passWord="Sa12345678";
12
13      Connection conn=null;
14      try {
15        Class.forName("com.mysql.cj.jdbc.Driver");
16        conn=DriverManager.getConnection(url,userNo,passWord);
17      } catch(Exception  e){
18        e.printStackTrace();
19      }
20      return conn;
21    }
22    public static ResultSet executeQuery(String strSQL)
23    { //定义一个静态函数,参数 strSQL 为查询语句,返回一个执行查询的 ResultSet 对象
24      Connection conn=getConnection();
25      Statement  stmt=null;
26      ResultSet rs=null;
27      try {
28        stmt=conn.createStatement();
29        rs=stmt.executeQuery(strSQL);
30      }catch(SQLException e){
31        e.printStackTrace();
32      }
33      return rs;
34    }
35    public static int executeUpdate(String strSQL)
36    { // 定义一个静态函数,参数 strSQL 为数据更新语句,若执行成功,返回 0,否则返回-1
```

```
37    Connection conn=getConnection();
38    Statement stmt=null;
39    try {
40      stmt=conn.createStatement();
41      stmt.executeUpdate(strSQL);  // 执行数据更新的 SQL 语句
42      conn.close();
43    }catch(SQLException e){
44      e.printStackTrace();
45      return -1;     // 失败,返回-1
46    }
47    return 0;        // 成功,返回 0
48    }
49  public static void main(String[]args){
50    String strSQL="select * from users;";
51    try {
52      ResultSet rs=DBMySQL.executeQuery(strSQL);
53      while(rs.next()){
54        System.out.println("用户编号:"+rs.getString(1)+",姓名:"+
rs.getString(2));
55      }
56      rs.close();
57    } catch(SQLException e){
58      System.out.println("数据库连接失败");
59      e.printStackTrace();
60    }
61    }
62  }
```

右击要运行的 DBMySQL.java，在弹出的菜单中，依次单击 Run as→Run as Java Application 命令，结果输出如下：

```
用户编号:0001,姓名:张三
用户编号:0002,姓名:李四
用户编号:0003,姓名:李明
```

下面来讲 Servlet 类。右击 Web 项目 MyTest，在弹出的菜单中依次单击 New→Servlet 命令，新建一个 Servlet 类，并命名为 MyServlet.java，如图 11-26 所示。

下面是 MyServlet.java 的源代码。

```
1  import jakarta.servlet.ServletException;
2  import jakarta.servlet.http.HttpServlet;
```

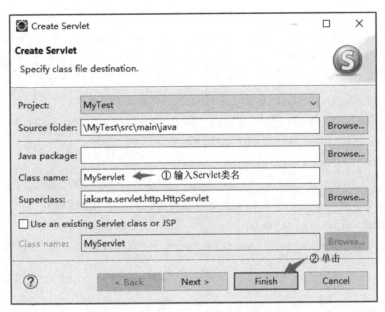

图 11-26　新建一个 Servlet 类 MyServlet. java

```
3   import jakarta. servlet. http. HttpServletRequest;
4   import jakarta. servlet. http. HttpServletResponse;
5   import java. io. IOException;
6   import java. sql. ResultSet;
7   import java. sql. SQLException;
8   import java. text. SimpleDateFormat;
9   import java. util. Date;
10  public class MyServlet extends HttpServlet {
11    private static final long serialVersionUID =1L;
12    public MyServlet(){
13      super();
14    }
15    protected void doGet (HttpServletRequest request,HttpServletResponse
16  response)throws ServletException,IOException {
17      response. setContentType("text/html;charset=UTF-8"); //设置响应内容类型
18      Date date=new Date();
19      SimpleDateFormat sdf=new SimpleDateFormat("yyyy-MM-dd HH:mm:ss");
20      String toDay=sdf. format(date);
21        response. getWriter(). append("现在的时间是:"+toDay+",这是我的第一个
22  Web 小程序,位于:"). append(request. getContextPath());
23        response. getWriter(). write("<br>"+"请求的 URL 地址:"+
    request. getRequestURL());
```

```
24
25        String strSQL="select userNo,userName,pass from users;";
26    ResultSet rs=DBMySQL.executeQuery(strSQL);
27    try {
28        response.getWriter().write("<br>"+"用户表记录:");
29          while(rs.next()){
30            response.getWriter().write("<br>"+"姓名:"+rs.getString(
"userName"));
31          }
32        rs.close();  // 完成后要把记录集关闭,否则,容易导致锁表
33      } catch(SQLException e){
34        response.getWriter().write("<br>"+"数据库连接失败!");
35      }
36    }
37    protected void doPost(HttpServletRequest request,HttpServletResponse
38  response) throws ServletException,IOException {
39      doGet(request,response);
40    }
41  }
```

右击要运行的类 MyServlet,在弹出的菜单中依次单击 Run as→Run on Server 命令。运行结果如图 11-27 所示（注意：正确的网址为 localhost:8080/MyTest/MyServlet）。

需要说明的是,在运行 MyServlet 前,要把库文件 mysql-connector-java-8.0.24.jar 复制到 Tomcat 的安装路径所在的 lib 目录下（D:\apache-tomcat-10.0.16\lib）,否则会报错。

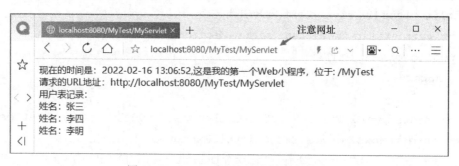

图 11-27 Servlet 类调用数据库运行结果

11.1.8 几个常见的技术问题

1. Java Class 获取不到 MySQL 数据库中的数据

在用 Java Class 连接数据库 MySQL 8.0 时,可能出现"数据库连接成功,但查询返回的记录集是空的"的情况。表 users 明明是有记录的,为什么会出现这个问题呢？原因是：在 MySQL 8.0 中,表的 charset 编码格式默认为 UTF-8,如果不是这个,必须将其修改为 UTF-8。

因为 Java、网页的字符集编码格式一般均为 UTF-8，如图 11-28 所示。

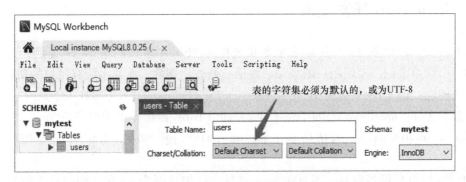

图 11-28　在 MySQL 8.0 中，表的字符集编码格式默认为 UTF-8

2. 用普通 Java 类访问数据库是成功的，而用 Servlet 类访问数据库则出现异常

```
ClassNotFoundException
```

原因及解决办法：产生这个问题是因为 Servlet 类在服务器端运行，Servlet 在连接数据库时没有找到 JDBC 的包。需要把 JDBC 的 *.jar 库文件复制到 Tomcat 安装路径的 lib 目录下，这个问题就解决了。

3. JSP 以及 Servlet 中文乱码的问题

（1）JSP 中文乱码的问题

JSP 的第一行必须设置网页字符的编码格式。字符的编码格式有多种，例如，charset = ISO-8859-1 是欧洲国家的编码，charset = GB2312 是中文的编码，charset = UTF-8 是国际化的编码，所有国家都支持。因此，在 Eclipse 中新建一个 JSP，第一行默认为

```
<%@ page language="java" contentType="text/html;charset=UTF-8" pag-
eEncoding="UTF-8"%>
```

其中，charset 和 pageEncoding 是指服务器发往客户端显示时的编码，pageEncoding 用于设置 JSP 页面本身的编码。

JSP 在部署后提供给用户使用，会经过三个阶段：

1）JSP 生成 Java 文件：这个阶段会使用 pageEncoding 所定义的编码格式进行转换。

2）Java 文件生成 class 文件：这个阶段由 Tomcat 服务器自动使用 UTF-8 编码把 Java 文件转换成字节码 class 文件。

3）通过读取 class 文件展现给用户。这个阶段由 Tomcat 服务器获取字节码内容，通过使用 contentType 所定义的编码格式展现给用户。

（2）JSP 页面通过 request. getParameter 调用时出现乱码

解决办法：设置 request 获取请求内容的数据编码。

```
request.setCharacterEncoding("utf-8");
```

（3）response 输出页面元素内容时出现乱码

解决办法：设置 response 输出的编码格式。

```
response.setContentType("text/html;charset=utf-8");
```

11.2　Java Web 开发案例

例 11-3　下面以例 11-2 中 MySQL 8.0 数据库 MyTest 里面的表 users 为例，开发 Java Web 的一个简单案例，实现用户的登录、注册、修改、删除，及显示所有用户的功能。

开发环境：Java 17+Tomcat 10.0.16+Servlet/JSP+Eclipse J2EE（2021-12）。

外部库文件：mysql-connector-java-8.0.24.jar（JDBC 数据库驱动程序）；

jakarta.servlet.jsp.jstl-2.0.0.jar、jakarta.servlet.jsp.jstl-api-2.0.0.jar（JSP 标准标签库）。

JSP 使用 jstl 的标签库时，需要在 Web 项目中添加这两个 jar 包，同时还要将这两个包文件复制到 Tomcat 安装路径的 lib 文件夹下（如 D:\apache-tomcat-10.0.16\lib）。然后，在 JSP 源文件的首部需要加入如下声明语句（一般放在 page 语句之后）：

```
<%@ taglib uri="http://java.sun.com/jsp/jstl/core" prefix="c"%>
```

Web 项目创建步骤如下：

1）进入 Eclipse，新建一个动态 Web 项目（Dynamic Web Project），并命名为 MyWeb3。新建项目时，要单击 Next 按钮，而不要直接单击 Finish 按钮；最后，有一个创建 web.xml 文件的复选框，选中该复选框。

2）右击"MyWeb3"项目名，在弹出的快捷菜单中依次单击 Build Path→Configure Build Path 命令，添加 JDBC 驱动程序库到项目中。

3）将 jakarta.servlet.jsp.jstl-2.0.0.jar、jakarta.servlet.jsp.jstl-api-2.0.0.jar 这两个库文件复制到 Tomcat 安装路径的 lib 文件夹下。

4）新建两个包（Package），相当于文件夹，用于存放 Web 项目的类文件。

java_class 包：用于存放标准的 Java Class 源代码文件；

servlet_class 包：用于存放 Servlet Class 源代码文件。

5）在 java_class 包下，新建 2 个 Java Class：DBMySQL.java、User.java。在 servlet_class 包下，新建 4 个 Servlet 类：LoginServlet.java、RegisterServlet.java、DeleteServlet.java、EditUserServlet.java。

6）新建 5 个 JSP 文件：Login.jsp、user_list.jsp、EditUser.jsp、ReturnPage.jsp、Register.jsp。

整个 Web 项目文件结构如图 11-29 所示。

右击"Login.jsp"文件，在弹出的快捷菜单中依次单击 Run as→Run on Server 命令，登录界面如图 11-30 所示。

登录成功后，显示所有的用户信息，如图 11-31 所示。

单击用户信息列表最下面的"添加联系人（注册）"命令，依次打开用户注册和注册成功界面，如图 11-32 和图 11-33 所示。

单击用户信息列表"操作"栏中的"删除"命令，弹出删除确认对话框，如图 11-34 所示。

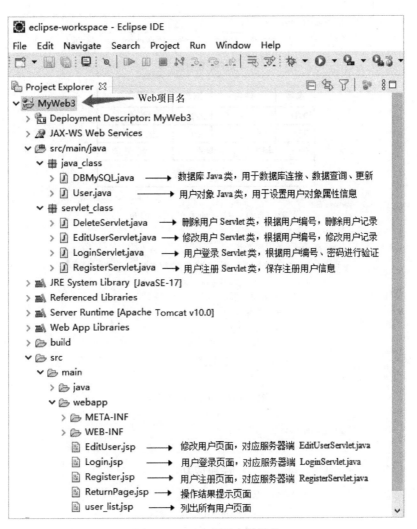

图 11-29　Web 项目文件结构

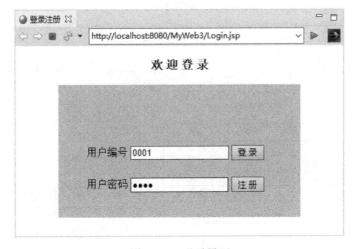

图 11-30　登录界面

图 11-31　显示所有的用户信息

图 11-32　用户注册界面

图 11-33　用户注册成功提示

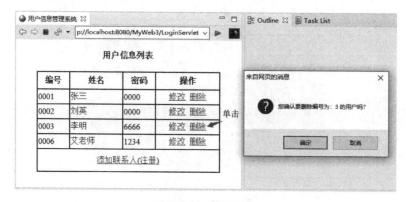

图 11-34　删除用户

下面是 11 个文件的源代码。

1）DBMySQL. java：数据库连接、数据查询、数据更新的 Java 类。

```
1   package java_class;
2   import java.sql.Connection;
3   import java.sql.DriverManager;
4   import java.sql.ResultSet;
5   import java.sql.SQLException;
6   import java.sql.Statement;
7   public class DBMySQL {
8     private static final String driver ="com.mysql.cj.jdbc.Driver";
                                                              //数据库驱动
9     private static final String url=
10  "jdbc:mysql://localhost:3306/mytest?characterEncoding=utf-8&useSSL=
    false&serverTimezone=UTC";
11    private static final String userNo="root";
12    private static final String passWord="Sa12345678";
13
14    static {   // 静态代码块:加载数据库驱动
15      try {
16        Class.forName(driver);
17      } catch(Exception e){
18        e.printStackTrace();
19      }
20    }
21    public static Connection getConnection(){   //单例模式返回数据库连接对象
22      Connection conn=null;
                   //这个不能设为 static,否则,第一次运行正常,第二次运行就会报错
23      if(conn==null){
24        try {
25          conn=DriverManager.getConnection(url,userNo,passWord);
26        } catch(SQLException e){
27          e.printStackTrace();
28        }
29      }
30      return conn;
31    }
32    public static ResultSet executeQuery(String strSQL)
33    {  //定义一个静态函数,参数 strSQL 为查询语句,返回一个执行查询的 ResultSet 对象
```

```
34      Connection conn2=getConnection();
35      Statement   stmt=null;
36      ResultSet rs=null;
37      try {
38          stmt=conn2.createStatement();
39          rs=stmt.executeQuery(strSQL);   //执行查询的 SQL 语句
40      }catch(SQLException e){
41          e.printStackTrace();
42      }
43      return rs;
44  }
45  public static int executeUpdate(String strSQL)
46  { //定义静态函数,strSQL 为数据更新语句,若执行成功,返回影响记录条数,否则返回-1
47      Connection conn6=getConnection();
48      Statement stmt=null;
49      int i=0;
50      try {
51          stmt=conn6.createStatement();
52          i=stmt.executeUpdate(strSQL);   //执行数据更新的 SQL 语句
53          stmt.close();
54          conn6.close();
55      }catch(SQLException e){
56          e.printStackTrace();
57          i=-1;                           //失败,返回-1
58      }
59      return i;                           //成功,返回影响记录条数
60  }
61  public static void close(Connection conn,Statement st,ResultSet rs){
62      try {                               //关闭数据库对象资源
63          if(conn ! =null)
64          conn.close();
65      } catch(SQLException e){
66          e.printStackTrace();
67      }
68      try {
69          if(st ! =null)
70          st.close();
71      } catch(SQLException e){
```

```
72        e.printStackTrace();
73      }
74      try {
75        if(rs !=null)
76          rs.close();
77      } catch(SQLException e){
78          e.printStackTrace();
79      }
80    }
81    public static void main(String[]args){ //主程序入口:作为 Java Applica-
      tion 运行,用于测试
82      String strSQL="select userNo,userName,pass from users;";
83      try {
84        ResultSet rs=DBMySQL.executeQuery(strSQL);
85        while(rs.next()){
86          System.out.println("数据库连接正常!"+rs.getString(2));
87        }
88        rs.close();
89      } catch(SQLException e){
90          System.out.println("数据库连接失败");
91          e.printStackTrace();
92      }
93    }
94  }
```

2) User.java:用于用户对象属性值的设定。

```
1   package java_class;
2   public class User {
3     private String userNo;     //定义 User 的三个私有属性(变量)
4     private String userName;
5     private String pass;
6     public User(String userNo,String userName,String pass){ //构造器(对象
      初始化)
7       super();
8       this.userNo=userNo;
9       this.userName=userName;
10      this.pass=pass;
11    }
12    public User(){
```

```
13      super();
14    }
15    public String getUserNo(){
16      return userNo;
17    }
18    public void setUserNo(String userNo){
19      this.userNo=userNo;
20    }
21    public String getUserName(){
22      return userName;
23    }
24    public void setUserName(String userName){
25      this.userName=userName;
26    }
27    public String getPass(){
28      return pass;
29    }
30    public void setPass(String pass){
31      this.pass=pass;
32    }
33    @Override
34    public String toString(){
35      return "user[userNo="+userNo+",userName="+userName+",pass=
"+pass+"]";
36    }
37  }
```

3）Login.jsp：用户登录页面。

```
1   <%@ page language="java" contentType="text/html;charset=UTF-8" pag-
    eEncoding="UTF-8"%>
2   <!DOCTYPE html PUBLIC "-//W3C//DTD HTML 4.01 Transitional//EN" "http://
3   www.w3.org/TR/html4/loose.dtd">
4   <html>
5   <head>
6    <meta http-equiv="Content-Type" content="text/html;charset=UTF-8">
7    <title>登录注册</title>
8    <script type="text/javascript">
9    function check(form){
10     with(form){
```

```
11        if(userNo.value==""){
12          alert("用户编号不能为空");
13          userNo.focus();
14          return false;
15        }
16        if(pass.value==""){
17          alert("请输入密码!");
18          pass.focus();
19          return false;
20        }
21        return true;
22      }
23    }
24    </script>
25  </head>
26  <body bgcolor=white>
27    <div align="center">
28    <H3>欢 迎 登 录</H3>
29      <form  action=LoginServlet method="post" onsubmit=" return check
    (this)">
30      <table width="380px" bgcolor="LightBlue" height="200px" >
31       <tr  height="70px"></tr>
32       <tr>
33         <td width="20%" height="40px" align="right">用户编号</td>
34         <td width="20%" height="40px" align="left">
35           <input type="text" name="userNo" size=20 value="">
36         </td>
37         <td width="20%" height="40px" align="left" >
38           <input type="submit" name="sub" value="登 录">
39         </td>
40       </tr>
41       <tr>
42         <td width="20%" height="40px" align="right">用户密码</td>
43         <td width="20%" height="40px" align="left">
44           <input type="password" name="pass" size=21 value="">
45         </td>
46         <td width="20%" height="42px" align="left" >
47           <a href="Register.jsp"><input type="button" value="注 册"></a>
```

```
48        </td>
49      </tr>
50      <tr  height="20px"></tr>
51    </table>
52    </form>
53  </div>
54  </body>
55 </html>
```

4）LoginServlet.java：用于登录页面后台数据库处理。

```
1  package servlet_class;
2  import jakarta.servlet.ServletException;
3  import jakarta.servlet.http.HttpServlet;
4  import jakarta.servlet.http.HttpServletRequest;
5  import jakarta.servlet.http.HttpServletResponse;
6
7  import java.io.IOException;
8  import java.sql.ResultSet;
9  import java.sql.SQLException;
10 import java.util.ArrayList;
11 import java.util.List;
12
13 import java_class.DBMySQL;
14 import java_class.User;
15 public class LoginServlet extends HttpServlet {
16   private static final long serialVersionUID=1L;
17
18   public LoginServlet(){
19     super();
20   }
21   protected void doGet(HttpServletRequest request,HttpServletResponse
22 response)throws ServletException,IOException {
23       response.setContentType("text/html;charset=UTF-8");//设置响应内容
   类型
24       String userNo=request.getParameter("userNo"); //获取登录页面的参数
25     String pass=request.getParameter("pass");
26     String strSQL="select * from users where userNo='"+userNo+"' and
   pass='"+pass+"';";
27     try {
```

```
28        ResultSet rs=DBMySQL.executeQuery(strSQL);
29        response.getWriter().write(strSQL);
30        if(rs.next()){   //如果登录成功,则显示所有的用户
31          List<User> userList=new ArrayList<>();
32          strSQL="select userNo,userName,pass from users;";
33          rs=DBMySQL.executeQuery(strSQL);
34          while(rs.next()){
35            User user=new User();
36            user.setUserNo(rs.getString("userNo"));
37            user.setUserName(rs.getString("userName"));
38            user.setPass(rs.getString("pass"));
39            userList.add(user);
40            //response.getWriter().write("<br>"+"姓名:"+rs.getString
   ("userName"));
41          }
42          request.setAttribute("user",userList);
43          //服务器端跳转。请求转发到指定 URL 是带着原页面 request 和 response 跳转
44          request.getRequestDispatcher("/user_list.jsp").forward(request,
   response);
45        }
46        else {
47          response.getWriter().write("用户编号或密码错误!");
48        }
49        DBMySQL.close(null,null,rs);   //关闭记录集
50      } catch(SQLException e){
51        response.getWriter().write("数据库连接意外!");
52        e.printStackTrace();
53      }
54    }
55    protected void doPost(HttpServletRequest request,HttpServletResponse
56  response)throws ServletException,IOException {
57      doGet(request,response);
58    }
59  }
```

　　5）user_list.jsp：用于登录成功后，显示所有的用户信息，含修改和删除命令按钮。

```
1  <%@ page contentType="text/html;charset=UTF-8" language="java"
   import="java.util.*"%>
2  <%@ taglib uri="http://java.sun.com/jsp/jstl/core" prefix="c"%>
```

```
3   <!DOCTYPE html PUBLIC "-//W3C//DTD HTML 4.01 Transitional//EN" "http://
4   www.w3.org/TR/html4/loose.dtd">
5   <html lang="zh-CN">
6   <head>
7     <meta http-equiv="Content-Type" content="text/html;charset=UTF-8">
8     <meta http-equiv="X-UA-Compatible" content="IE=edge">
9     <meta name="viewport" content="width=device-width,initial-scale=1">
10    <title>用户信息管理系统</title>
11  </head>
12  <body>
13  <div class="container"  align="center">
14    <h4 style="text-align:center">用户信息列表</h4>
15    <table border="1" cellspacing="0" cellpadding="1">
16      <tr class="success">
17        <th width="60px" height="30px" align="center">编号</th>
18        <th width="100px" height="30px" align="center">姓名</th>
19        <th width="60px" height="30px" align="center">密码</th>
20        <th>操作</th>
21      </tr>
22      <c:forEach items="${user}" var="user">
23      <tr>
24        <td width="60px" height="25px" align="left">${user.userNo}</td>
25        <td width="80px" height="25px" align="left">${user.userName}</td>
26        <td width="60px" height="25px" align="left">${user.pass}</td>
27        <td width="120px" height="25px" align="center">
28          <a  href="EditUser.jsp? userNo=${user.userNo}">修改</a> 
29          <a  href="DeleteServlet? userNo=${user.userNo}" onclick=
30  "javascript:return confirm('您确认要删除编号为:'+${user.userNo}+'的用户
    吗?');">删除</a></td>
31        </tr>
32      </c:forEach>
33      <tr>
34        <td height="40px" colspan="8" align="center">
35        <a class="btn btn-primary" href="Register.jsp">添加联系人(注册)</a>
    </td>
36      </tr>
37    </table>
38  </div>
```

| 39 | `</body>` |
| 40 | `</html>` |

6) Register. jsp：用户注册页面。

1	`<%@ page language="java" contentType="text/html;charset=UTF-8" pag-eEncoding="UTF-8"%>`
2	`<!DOCTYPE html PUBLIC "-//W3C//DTD HTML 4.01 Transitional//EN" "http://`
3	`www. w3. org/TR/html4/loose. dtd">`
4	`<html>`
5	`<head>`
6	`  <meta http-equiv="Content-Type" content="text/html;charset=UTF-8">`
7	`  <title>注册界面</title>`
8	`  <style type="text/css">`
9	`    body{`
10	`      background-repeat:no-repeat;`
11	`      background-position:center;`
12	`    }`
13	`  </style>`
14	`</head>`
15	`<body>`
16	`<div style="text-align:center;margin-top:120px">`
17	`  <form action="RegisterServlet" method="post">`
18	`    <table style="margin-left:40%">`
19	`      <caption>用户注册</caption>`
20	`      <tr>`
21	`        <td>用户编号</td>`
22	`        <td><input name="userNo" type="text" size="20" maxlength='4'></td>`
23	`      </tr>`
24	`      <tr>`
25	`        <td>用户姓名</td>`
26	`        <td><input name="userName" type="text" size="20" maxlength='16'></td>`
27		
28	`      <tr>`
29	`        <td>登录密码</td>`
30	`        <td><input name="pass" type="password" size="21" maxlength='10'></td>`
31	`      </tr>`

```
32      </table>
33      <input type="submit" value="注册">
34      <input type="reset" value="重置">
35    </form>
36    <p> </p>
37    <a href="Login.jsp">返回登录</a>
38  </div>
39  </body>
40  </html>
```

7）RegisterServlet.java：用户注册保存，Servlet 类。

```java
1   package servlet_class;
2   import jakarta.servlet.ServletException;
3   import jakarta.servlet.http.HttpServlet;
4   import jakarta.servlet.http.HttpServletRequest;
5   import jakarta.servlet.http.HttpServletResponse;
6   import jakarta.servlet.http.HttpSession;
7
8   import java.io.IOException;
9   import java.sql.ResultSet;
10  import java.sql.SQLException;
11
12  import java_class.DBMySQL;
13  public class RegisterServlet extends HttpServlet {
14    private static final long serialVersionUID=1L;
15    public RegisterServlet(){
16      super();
17    }
18    protected void doGet(HttpServletRequest request,HttpServletResponse
19  response)throws ServletException,IOException {
20      response.setContentType("text/html;charset=UTF-8"); //设置响应内容类型
21      request.setCharacterEncoding("utf-8");
22      String userNo=request.getParameter("userNo");  //获取登录页面的参数
23      String userName=request.getParameter("userName");
24      String pass=request.getParameter("pass");
25      if(pass.equals("")){ pass="0000";}  //
26      String strSQL="select * from users where userNo='"+userNo+"';";
27      HttpSession session=request.getSession();   //设置会话变量信息
28      session.setAttribute("p1","您注册的用户编号是:"+userNo);
```

```
29        session.setAttribute("p2","您注册的用户姓名是:"+userName);
30        session.setAttribute("p3","您注册的登录密码是:"+pass);
31        try {
32          ResultSet rs=DBMySQL.executeQuery(strSQL);
33          if(rs.next()==false){
34            strSQL=
35   " insert into users (userNo,userName,pass) values ('" + userNo +" ',
     '"+userName+"','"+pass+"');";
36            session.setAttribute("p4",strSQL);
37            int i=DBMySQL.executeUpdate(strSQL);
38            if(i>0){
39              session.setAttribute("h1","注册成功");
40            }
41            else {
42              session.setAttribute("h1","注册失败:保存不成功");
43            }
44          }
45          else {
46            session.setAttribute("h1","用户编号重复,请返回注册界面,重新输入!");
47            session.setAttribute("p4",strSQL);
48          }
49          DBMySQL.close (null,null,rs);
50          response.sendRedirect("ReturnPage.jsp");   //重定向到指定 URL,是客户
     端跳转
51        } catch(SQLException e){
52          e.printStackTrace();
53        }
54      }
55    protected void doPost(HttpServletRequest request,HttpServletResponse
56   response)throws ServletException,IOException {
57      doGet(request,response);
58    }
59  }
```

8）ReturnPage.jsp：操作提示返回页面。

```
1  <%@ page language="java" contentType="text/html;charset=UTF-8" pag-
   eEncoding="UTF-8"%>
2  <!DOCTYPE html PUBLIC "-//W3C//DTD HTML 4.01 Transitional//EN" "http://
3  www.w3.org/TR/html4/loose.dtd">
```

```
4   <html>
5   <head>
6     <meta http-equiv="Content-Type" content="text/html;charset=UTF-8">
7     <title>欢迎重新登录</title>
8   </head>
9   <body>
10  <div align="center">
11    <h2> ${sessionScope.h1}</h2>
12    <%--通过 sessionScope 得到信息--%>
13    <p> ${sessionScope.p1}</p>
14    <p> ${sessionScope.p2}</p>
15    <p> ${sessionScope.p3}</p>
16    <p> ${sessionScope.p4}</p>
17    <a href=" ${pageContext.request.contextPath}/Login.jsp">重新登录</a>
18  </div>
19  </body>
20  </html>
```

9）EditUser.jsp：修改用户信息页面。

```
1   <%@ page language="java" contentType="text/html;charset=UTF-8" pag-
2   eEncoding="UTF-8" import="java.util.*" %>
3   <!DOCTYPE html PUBLIC "-//W3C//DTD HTML 4.01 Transitional//EN" "http://
4   www.w3.org/TR/html4/loose.dtd">
5   <html>
6   <head>
7     <meta http-equiv="Content-Type" content="text/html;charset=UTF-8">
8     <title>用户修改</title>
9     <style type="text/css">
10      body{
11        background-repeat:no-repeat;
12        background-position:center;
13      }
14    </style>
15  </head>
16  <body>
17  <div style="text-align:center;margin-top:120px">
18    <form action="EditUserServlet" method="post">
19      <table style="margin-left:40%">
20        <caption>用户信息修改</caption>
```

```
21        <tr>
22          <td>用户编号</td>
23          <td><input name="userNo" type="text" size="20" maxlength="4"
24  value="<%=request.getParameter("userNo")%>" readonly="readonly"
25  style="BACKGROUND-COLOR:#F3F3FF"></td>
26        </tr>
27        <tr>
28          <td>用户姓名</td>
29          <td><input name="userName" type="text" size="20" maxlength=
    "16" value=""></td>
30        </tr>
31        <tr>
32          <td>登录密码</td>
33          <td><input name="pass" type="password" size="21" maxlength=
    "10" value=""></td>
34        </tr>
35      </table>
36      <input type="submit" value="保存">
37      <input type="reset" value="重置">
38    </form>
39    <p> </p>
40    <a href="Login.jsp">返回登录</a>
41  </div>
42  </body>
43  </html>
```

10）EditUserServlet.java：用户修改保存，Servlet 类。

```java
1   package servlet_class;
2   import jakarta.servlet.ServletException;
3   import jakarta.servlet.http.HttpServlet;
4   import jakarta.servlet.http.HttpServletRequest;
5   import jakarta.servlet.http.HttpServletResponse;
6   import jakarta.servlet.http.HttpSession;
7
8   import java.io.IOException;
9   import java_class.DBMySQL;
10
11  public class EditUserServlet extends HttpServlet {
12    private static final long serialVersionUID=1L;
```

```
13
14    public EditUserServlet(){
15      super();
16    }
17    protected void doGet(HttpServletRequest request,HttpServletResponse
18 response)throws ServletException,IOException {
19      response.setContentType("text/html;charset=UTF-8"); //设置响应内容类型
20      request.setCharacterEncoding("utf-8");
21      String userNo=request.getParameter("userNo");        //获取页面的参数
22      String userName=request.getParameter("userName");
23      String pass=request.getParameter("pass");
24      if(pass.equals("")){ pass="0000";}                   //密码默认为0000
25      String strSQL=
26 "update users set userName='"+userName+"',pass='"+pass+"'where userNo
='"+userNo+"';";
27      HttpSession session=request.getSession();
28
29      session.setAttribute("p1","您修改的用户编号是:"+userNo);
30      session.setAttribute("p2","修改后的用户姓名是:"+userName);
31      session.setAttribute("p3","修改后的登录密码是:"+pass);
32      session.setAttribute("p4",strSQL);
33      int i=DBMySQL.executeUpdate(strSQL);
34      if(i>0){
35        session.setAttribute("h1","修改保存成功");
36      }
37      else {
38        session.setAttribute("h1","修改保存失败!");
39      }
40      response.sendRedirect("ReturnPage.jsp"); //重定向到指定 URL 是客户端跳转
41    }
42    protected void doPost(HttpServletRequest request,HttpServletResponse
43 response)throws ServletException,IOException {
44      doGet(request,response);
45    }
46 }
```

11）DeleteServlet.java：删除用户保存，Servlet 类。

```
1  package servlet_class;
2  import jakarta.servlet.ServletException;
```

```
3    import jakarta.servlet.http.HttpServlet;
4    import jakarta.servlet.http.HttpServletRequest;
5    import jakarta.servlet.http.HttpServletResponse;
6    import jakarta.servlet.http.HttpSession;
7
8    import java.io.IOException;
9    import java_class.DBMySQL;
10
11   public class DeleteServlet extends HttpServlet {
12     private static final long serialVersionUID =1L;
13     public DeleteServlet(){
14       super();
15     }
16     protected void doGet(HttpServletRequest request,HttpServletResponse
17   response)throws ServletException,IOException {
18       response.setContentType("text/html;charset=UTF-8"); //设置响应内容类型
19       request.setCharacterEncoding("utf-8");
20       String userNo=request.getParameter("userNo");       //获取页面的参数
21       String strSQL="delete from users where userNo='"+userNo+"';";
22       HttpSession session=request.getSession();
23       session.setAttribute("p1","您删除的用户编号是:"+userNo);
24       session.setAttribute("p2","");
25       session.setAttribute("p3","");
26       session.setAttribute("p4",strSQL);
27       int i=DBMySQL.executeUpdate(strSQL);
28       if(i > 0){
29         session.setAttribute("h1","删除成功");
30       }
31       else {
32         session.setAttribute("h1","删除失败{!");
33       }
34       response.sendRedirect("ReturnPage.jsp");       //重定向到指定 URL
35     }
36     protected void doPost(HttpServletRequest request,HttpServletResponse
37   response)throws ServletException,IOException {
38       doGet(request,response);
39     }
40   }
```

　　如果要让外网可以访问 Tomcat 服务器上的 Web 项目，则可找到 Tomcat 安装路径下的文件 conf\ server. xml 中的如下内容：

```
<Host name="localhost"  appBase="webapps"
  unpackWARs="true" autoDeploy="true">
```

　　将上面中的"localhost"修改为对应的"域名"或"公网 IP"即可。

例11-3
Java Web项目
运行演示

习　题　11

　　根据本章教学内容，完成相关软件的安装、运行及例题。

*第12章　NoSQL与MongoDB数据库

进入 21 世纪后，随着 Web 2.0 互联网技术的发展，关系数据库技术遇到了一些问题，并出现了一些非关系型数据库技术，其中影响较大的就是 NoSQL 数据库。

本章主要讲述进入大数据时代后，数据库领域出现的一些新技术和新方法。

本章学习要点：

- 传统关系数据库的不足。
- NoSQL 数据库产生的背景及三大理论基石。
- NoSQL 数据库的四大种类及主要代表。
- MongoDB 数据库概述。
- Python 与 MongoDB 数据库编程。

12.1　NoSQL 概述

2008 年 8 月，维克托·迈尔-舍恩伯格提出"大数据"的概念。2012 年，他的书《大数据时代》的出版开创了大数据研究的先河。

12.1.1　传统关系数据库的不足

受数据库模式、事务一致性等技术的限制，传统关系型数据库存在以下几个不足：

1）大数据环境下 I/O 较高。由于数据是按行存储，即使只针对其中某一列进行运算，也会将整行记录从存储设备中读入内存，导致 I/O 较高。

2）维护索引的成本高。为了提高数据的查询能力，对查询频繁的表会建有多个索引。这样一来，数据的更新必然伴随所有索引的更新，从而降低数据库的读/写能力。且索引越多，读/写能力越差。

3）维护数据一致性的代价大。数据一致性是关系数据库的核心，为此，SQL 为事务提供了不同的隔离级别。对于并发控制，其方式就是加锁。对数据库的任何读/写，都被划分在不同的隔离级别中。隔离级别越高，其维护的代价就越大，数据读/写能力越差。

4）表结构模式（Schema）扩展不方便。由于数据库存储的是结构化数据，因此表结构模式是固定的，扩展不方便。如果需要修改表结构，需要执行 DDL（Data Definition Language）语句修改，修改期间会导致锁表，部分服务不可用。

5）全文搜索功能较弱。关系型数据库只能进行子字符串的匹配查询，不具备分词能力，当表的数据量增大时，like 查询的匹配效率会很低。由于无法对文本字段进行索引，like 查询可能需要将整个表的记录读入内存。

6）存储和处理复杂关系型数据的功能较弱。许多应用程序需要了解和导航关联度较高的数据，如社交网络服务（Social Networking Services，SNS）、推荐系统、欺诈检测、知识图谱、生命科学等案例。

归纳起来，在数据量大的情况下，关系型数据库处理高并发的能力是有瓶颈的。正是在这样的背景下，非关系型数据库技术 NoSQL 诞生了。

12.1.2　NoSQL 的含义及其由来

NoSQL（Not Only SQL），中文翻译为"不仅仅是 SQL"，它泛指这样一类数据库和数据存储——它们不遵循诸如模式、数据一致性、事务等经典 RDBMS 原理，而是与 Web 规模的大型数据集有关。NoSQL 不单指一个产品或一种技术，它代表的是一族产品，以及一系列新的数据存储及处理的理念。

Google 的 BigTable 和 Amazon 的 Dynamo 就属于 NoSQL 型数据库。

NoSQL 一词最早出现在 1998 年，是 Carlo Strozzi 开发的一个轻量、开源、不提供 SQL 功能的关系型数据库。

2009 年，Last.fm 的 Johan Oskarsson 发起了一次关于分布式开源数据库的讨论，来自 Rackspace 的 Eric Evans 再次提出了 NoSQL 的概念，这时的 NoSQL 主要指非关系型、分布式、不提供 ACID 的数据库设计模式。

2009 年，在亚特兰大举行的"no:SQL(east)"讨论会是一个里程碑，其口号是"select fun,profit from real_world where relational=false；"。因此，对 NoSQL 最普遍的解释是"非关联型的"，强调键值存储（Key-value Store）和文档数据库的优点，而不是单纯的排斥 RDBMS。

12.1.3　NoSQL 的产生背景

随着互联网 Web 2.0 网站的兴起，传统的关系数据库在处理 Web 2.0 网站，特别是超大规模和高并发的 SNS 类型的 Web 2.0 纯动态网站已经显得力不从心，出现了很多难以克服的问题，而非关系型的数据库则由于其自身的特点得到了迅速的发展。NoSQL 数据库的产生是为了解决大规模数据集、多重数据种类带来的挑战，尤其是大数据应用难题。例如：

（1）对数据库高并发读/写的需求

Web 2.0 网站要根据用户个性化信息来实时生成动态页面和提供动态信息，所以基本上无法使用动态页面静态化技术，因此数据库并发负载非常高，往往要达到每秒上万次读/写请求。关系型数据库应对上万次 SQL 查询还勉强可以，但是应对上万次 SQL 写数据请求、硬盘 I/O 就力不从心了。

（2）对海量数据的高效率存储和访问的需求

对于大型的 SNS 网站，每天用户产生海量的用户动态，对于关系型数据库来说，在一张诸如数亿条记录的表里进行 SQL 查询，效率是极其低下，甚至是不可忍受的。

（3）对数据库的高可扩展性和高可用性的需求

在基于 Web 的架构当中，数据库是最难进行横向扩展的，当一个应用系统的用户量和访问量与日俱增时，数据库却没有办法像 Web Server 和 App Server 那样简单地通过添加更多的硬件和服务节点来扩展性能和负载能力。对于很多需要提供 24h 不间断服务的网站来说，对数据库系统进行升级和扩展是非常痛苦的事情，往往需要停机维护和数据迁移。为什么数据库不能通过不断地添加服务器节点来实现扩展呢？

在上面提到的"三高"需求面前，关系型数据库遇到了难以克服的障碍，而对于 Web 2.0 网站来说，关系型数据库的很多主要特性却往往无用武之地，例如：

（1）数据库事务一致性需求

很多 Web 实时系统并不要求严格的数据库事务，对读一致性的要求很低，有些场合对写一致性要求也不高。因此，数据库事务管理成了数据库高负载下一个沉重的负担。

（2）数据库的写实时性和读实时性需求

对关系型数据库来说，插入一条数据之后立刻查询，是肯定可以读出来这条数据的。但实际上，并不要求这么高的实时性。

（3）对复杂的 SQL 查询，特别是多表关联查询的需求

任何大数据量的 Web 系统都非常忌讳多个大表的关联查询，以及复杂的数据分析类型的复杂 SQL 报表查询，特别是 SNS 类型的网站，从需求以及产品设计角度就避免了这种情况的产生。往往更多的只是单表的主键查询以及单表的简单条件分页查询，SQL 的功能被极大地弱化了。

12.1.4　NoSQL 数据库的理论基础

在计算机科学领域，分布式一致性是一个非常重要的理论与实证问题。下面先看三个例子：

1）网购火车票。假设旅客 A、B 都要购买同一车次的南昌至北京的高铁票。他们几乎在同一时刻登录购票系统，并购票成功。假如售票系统没有对数据一致性进行控制，他们两人可能购买了相同的座位号，等到 A、B 两人进站验票时，B 被告知票是无效的，这对 B 来说是不公平的。因此，售票系统无论多么繁忙，都必须保证产生的数据是一致的。

2）银行跨行转账。假设客户 A 要将自己在工行的 100 元转入客户 B 在建行的账户。客户 A 在手机上登录了工行的 APP，完成了转账操作。系统提示："您的转账要到明天才能到账！"此时，A 可能会有点郁闷，但也只能接受。因为，虽然操作时数据是不一致的，但12h 后数据一定是一致的。

3）网上购物。顾客 A 在网上看到了一件心仪商品，库存量显示只有 5 件。他立即决定购买，却在"下单"时，系统提示："您购买的商品，库存量不足！"此时，客户 A 只是抱怨自己下单太慢，而不会在意库存量数据显示的真实性。

从上面三个例子可以看出，在分布式系统中，用户对数据一致性的需求是不一样的：

1）有的系统需要快速响应，并保证数据是完全一致的，像火车购票系统。

2）有的系统需要为数据保证绝对安全，在数据一致性方面可以延时，但最终保证数据一致性，像银行转账系统。

3）有的系统虽然为用户显示了"过时"的数据，但整个系统中，为用户进行了最终检查，保证了数据最终一致性，避免了用户的损失，像网购系统。

随着分布式计算的发展，传统的关系型事务 ACID 特性已经无法满足海量数据处理的要求。新的数据库理论被提了出来。其中，最终一致性、CAP 和 BASE 是 NoSQL 数据库存在的三大基石。

1. 最终一致性（Eventual Consistency）：**分布式一致性原则**

在分布式系统中要解决的一个重要问题就是数据的复制。因为在不同的节点之间，数据库复制存在延时。

分布式系统之所以存在数据的延时复制，是出于下面两点考虑：

1）可以增加系统的可用性，以防止单点故障引起的系统不可用。

2）通过负载均衡技术，可以让分布在不同地方的数据副本都可为用户服务，从而可以提高系统的整体性能。

数据的延时复制虽然为分布式系统带来了便利，但同时也为系统提出了巨大的挑战——如何保证数据的一致性？

这里所说的分布式一致性与 RDBMS 的数据一致性不是同一个概念。

所谓分布式一致性问题，是指在分布式系统中引入数据复制机制之后，不同数据节点之间可能出现的、依靠计算机应用程序自身无法解决的数据不一致的情况。当一个副本数据进行更新时，必须确保其他的副本数据也能更新，否则，不同副本之间的数据将不一致。

在分布式系统中，还没有一个方案既能保证数据一致性，又能保证系统的高可靠运行。目前，比较可行的方法就是对一致性进行分级：

1）强一致性。对于关系型数据库，要求更新过的数据能被后续的访问都能看到，这是强一致性。

2）弱一致性。对于更新过的数据，如果能容忍后续的部分或者全部访问不到，则是弱一致性。

3）最终一致性。最终一致性是弱一致性的一个特例，系统会保证在一定时间内，能够达到一个数据一致的状态。

2. CAP 定理

CAP 定理又称作布鲁尔定理（Brewer's Theorem），是指对于一个分布式系统来说，不可能同时满足以下三点：

1）**一致性**（Consistency）：所有节点在同一时间具有相同的数据。

对于一个将数据副本分布在不同节点上的系统来说，如果对第一个节点的数据进行了更新，却没有使得第二个节点上的数据得到相应的更新，于是在读取第二个节点的数据时还是老数据，这就是分布式数据不一致。在分布式系统中，如果能够做到针对一个数据项的更新，所有节点的用户都可以读取到其最新的值，那么，这样的系统就被认为具有强一致性。

2）**可用性**（Availability）：保证每个请求不管成功或者失败都有响应。

可用性是指系统提供的服务必须一直处于可用的状态，对于用户的每一个操作请求总是能够在有限的时间内返回结果。

"有限的时间内"是指系统设计时的一个运行指标，对于用户的一个操作请求，系统必须能够在该时间内返回对应的处理结果。时间范围一旦超过，就被认为是不可用的。

"返回结果"是指系统在完成对用户的请求处理后，返回一个正常的响应结果，要么成功，要么失败，而不能是一个让用户感到困惑的返回结果。

3）**分隔容忍**（Partition Tolerance）：分布式系统中存在网络分区的情况下，任意信息的丢失或失败不会影响系统的继续运行。

网络分区是指在分布式系统中，不同的节点被分布在不同的子网络中，由于某些特殊的原因导致这些子网络之间出现网络不连通的状况，但各个子网络的内部是正常的，从而导致整个系统的网络环境被切分成若干个孤立的区域。需要注意的是，组成一个分布式系统的每个节点的加入与退出都可以看作是一个特殊的网络分区。

CAP 理论的核心是：一个分布式系统不可能同时很好地满足一致性（C）、可用性（A）和分区容错性（P）这三个需求，最多只能同时较好地满足其中两个，如图 12-1 所示。

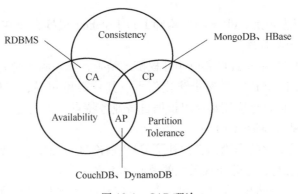

图 12-1　CAP 理论

早在 1985 年，Nancy Lynch 教授提出了一个观点，她认为：在一个不稳定的网络环境里（如分布式异步模型），要想始终保持数据一致是不可能的。

2000 年，Eric Brewer 教授提出了 CAP 命题。2002 年，Seth Gilbert 和 Nancy Lynch 理论上证明了 CAP 命题。CAP 理论成为分布式系统理论的基础。CAP 理论的证明见文献［8］。这个定理说明在分布式系统中需要妥协。

因此，根据 CAP 原理将 NoSQL 数据库分成了满足 CA 原则、满足 CP 原则和满足 AP 原则三大类，见表 12-1。

表 12-1　CAP 理论中，NoSQL 数据库三选二

类　别	说　明	典型代表
CA	放弃分区容错性，加强一致性和可用性	传统的 RDBMS
CP	放弃可用性，追求一致性和分区容错性，通常性能不是特别高	MongoDB、HBase、Redis
AP	放弃强一致性，追求分区容错性和可用性	CouchDB、DynamoDB

不同系统对于一致性的要求是不同的。例如，在大型网站中，用户评论对不一致是不敏感的，可以容忍相对较长时间的不一致，这种不一致并不会影响交易和用户体验。而产品价格数据则是非常敏感的，通常不能容忍超过 10s 的价格不一致。

需要明确的一点是，对于一个分布式系统而言，分区容错性（P）是一个最基本的要求。同一数据副本被复制在不同的节点上，系统只能根据业务特点在 C（一致性）和 A（可用性）之间寻求平衡。

从工程角度看，CAP 理论也存在几点不足。

CAP 定理本身没有考虑网络延迟问题，它认为一致性是立即生效的，但是，要保持一致性是需要时间成本的，这就导致分布式系统很多选择 AP 方式。

在实践中，以及后来 Brewer 本人也承认，一致性和可用性并不仅仅是二选一的问题，

只是一些重要性的区别。当强调一致性的时候，并不表示可用性是完全不可用的状态；而强调可用性的时候，也可以采用一些技术手段去保证数据最终是一致的。

CAP 理论从工程角度来看只是一种状态的描述，它告诉人们当系统出错时，分布式系统可能处在什么状态。但是，状态是可变化的。状态间如何转换、如何修补以及如何恢复，CAP 定理并没有提供进一步的说明。

3. BASE 理论

由于 CAP 存在以上不足，ePay 的架构师 Dan Pritchett 根据自身在大规模分布式系统的实践经验，总结出了 BASE 理论。

BASE 理论是对 CAP 中一致性和可用性权衡的结果，其来源于对大规模互联网分布式系统实践的总结，是基于 CAP 定理逐步演化而来。其核心思想是，即使无法做到强一致性（Strong Consistency），但每个应用都可以根据自身业务特点，采用适当的方式来使系统达到最终一致性（Eventual Consistency）。

BASE 理论是实践工程的理论，它弥补了 CAP 理论过于抽象的问题，也同时解决了 AP 系统的总体工程实践思想，是分布式系统的核心理论之一。

BASE 是 Basically Available（基本可用）、Soft State（软状态）和 Eventually Consistent（最终一致性）三个短语的缩写。这三项也称为 BASE 理论的三要素。

1）基本可用。它是指分布式系统在出现不可预知故障时，允许损失部分可用性。相比较正常的系统而言，还是能用的。

2）软状态。相对于原子性而言，要求多个节点的数据副本都是一致的，这是一种“硬状态”。软状态是指允许系统中的数据存在中间状态，并认为该状态不影响系统的整体可用性，即允许系统在多个不同节点的数据副本存在数据延时。

3）最终一致性。它是指所有的数据副本，在经过一段时间的同步之后，最终都能够达到一个一致的状态。其本质是需要系统保证最终数据能够达到一致，而不需要实时保证系统数据的强一致性。

上面说的软状态必须有个时间期限，不可能一直是软状态。在期限过后，应当保证所有副本保持数据一致性，从而达到数据的最终一致性。这个时间期限取决于网络延时、系统负载、数据复制方案设计等因素。

总之，BASE 理论面向的是大型高可用、可扩展的分布式系统，和传统的事务 ACID 特性是相反的，它完全不同于 ACID 的强一致性模型，而是通过牺牲强一致性来获得可用性，并允许数据在一段时间内是不一致的，但最终达到一致状态。

12.1.5　NoSQL 数据库的优点与缺点

NoSQL 数据库的优点主要有：

1）高可扩展性。

2）分布式计算。

3）低成本。

4）架构的灵活性，半结构化数据。

5）没有复杂的关系。

NoSQL 数据库的缺点主要表现在：

1）没有标准化。

2）有限的查询功能（到目前为止）。

3）最终一致是不直观的。

归纳起来讲，NoSQL 数据库是分布式系统中高性能的数据存储选择，它不是对传统 RD-BMS 的取代，而是一种补充。NoSQL 在性能方面大大优于关系型数据库的同时，往往也伴随着一些特性的缺失，比较常见的就是事务功能的缺失。

12.1.6　NoSQL 数据库的分类

目前，市场上 NoSQL 数据库产品比较多，按照其数据存储方式的不同，一般分为四大类：键值存储、文档存储、列式存储、图式存储。

1. 键值存储

键值存储是指以键值对（key-value）形式存储和查询数据。其设计理念来自于哈希表，表中有一个特定的键和一个指针指向特定的数据，在 key 与 value 之间建立映射关系，通过 key 来访问 value。其中，表中的 key 不允许重复，value 没有限定，可以是任意 BLOB 数据，如图片、网页、文档或视频等。一个普通的键值存储实例如图 12-2 所示。

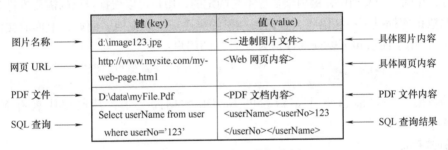

图 12-2　一个键值存储的实例

键值存储数据库的特点是模型简单、易于实现、读/写效率较高；其缺点是不支持条件查询。

键值存储型数据库的典型代表是 Redis。2020 年 4 月 17 日，Redis 5.0.9 发布，其官网下载地址为 http://redis.io/download。

Redis（Remote Dictionary Server）的中文名称为远程字典服务，是一个开源的使用 ANSI C 语言编写、支持网络、基于内存亦可持久化的日志型、键值数据库，它提供了 Java、C/C++、C#、PHP、JavaScript、Perl、Object-C、Python、Ruby 等客户端支持。

Redis 主要作为内存数据库使用，同时支持数据的持久化，可以将内存中的数据保存在磁盘中，重启时可以再次加载进行使用。

2. 文档存储

文档存储是指以文档的形式存储和查询数据。其存储数据的方式与键值数据库类似，但更灵活。这里所说的文档是一种半结构的实体，其数据一般是以标准的 JSON（JavaScript Object Notation，基于 JavaScript 语言的轻量级的数据交换格式）或 XML（Extensive Markup Language，可扩展标示语言）格式来存储数据的。

文档数据库不是把实体的每个属性都单独与某个键相关联，而是把多个属性存储到同一份文档里面。一个典型的 JSON 格式文档数据如下：

```
1   {User:{
2       姓名:李明,
3       性别:男,
4       出生日期:2002-01-08,
5       专业:应用数学
6   }}
7   {User:{
8       姓名:张三,
9       单位:华为公司,
10      出生日期:1992-08-08,
11      兴趣爱好:爬山,
12      email:zhangsan@huawei.com.cn
13  }}
```

文档数据库一个重要特点是：用户在向数据库里添加数据之前，不需要预先定义固定的模式；而且，在同一个文档中，键值项目也不是固定的，用户可以根据自己的需要进行定制。

文档数据库提供了一些语句，根据文档里的属性来查询文档。例如，上面的文档被命名为"User"，用下面语句可以查询性别为"男"的用户：

```
db.User.find({性别:男})
```

文档数据库是目前 Web 上最流行的 NoSQL 数据库之一，其典型代表有 MongoDB、CouchDB。

3. 列式存储

列式存储是目前最复杂的一种 NoSQL 数据库，它围绕"列"（Cloumn）而不是按关系数据库围绕"行"（Row）来存储数据。这样，属于同一列的数据会尽可能地存储在磁盘的同一个页（Page）中，而不是将属于同一行的数据存放在一起。其特点是当要查询海量数据时，由于每次涉及的列不会很多，可以大大节省读/写磁盘的时间。

列是列族数据库的基本存储单元，如果列数较多，可以把相关的列分成组，称为"列族"。

与文档数据库类似，列族数据库也不需要预先定义固定的模式，用户可以根据需要来添加列。

列式存储数据库的典型代表有 BigTable、Cassandra、HBase。

4. 图式存储

图式存储是指以节点和关系（即顶点和边）来存储数据。其中，节点（Node）是具有标识符和一系列属性的对象；关系（Relationship）是两个节点之间的链接，它是有权重的有向边，可以表示节点之间的联系。

例如，用节点表示城市，用关系（边）表示城市之间的距离及飞行时间，如图 12-3 所示。

图式数据库的典型代表是 Neo4j。

上述四种 NoSQL 数据库的比较见表 12-2。

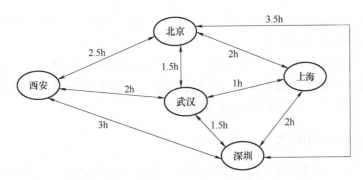

图 12-3　图式存储表示城市及其之间的飞行时间

表 12-2　四种 NoSQL 数据库的比较

类型	存储模型	典型应用	优点	缺点
键值存储	以键值对（key-value）形式存储和查询数据	内容缓存，主要用于大量数据的高访问负载	查找迅速	数据无结构化
文档存储	以文档的形式存储和查询数据，其存储数据的方式与键值数据库类似	Web 应用	数据模式简单，不需要预先定义结构	查询性能不高，缺乏统一查询语法
列式存储	按列存储，将同一列的数据存储在一起	分布式文件系统	查找迅速，可扩展性强	功能相对有限
图式存储	利用节点和边存储数据	社交网络、推荐系统、关系图谱	利用图结构相关算法提高性能	功能相对有限，不适合用作分布式系统

12.2　MongoDB 数据库

12.2.1　大数据与云计算

　　大数据是指无法在可承受的时间范围内，用常规软件工具进行捕捉、管理和处理的数据集合，是需要新处理模式才能具有更强的决策力、洞察发现力和流程优化能力的海量、高增长率和多样化的信息资产。

　　大数据不仅仅在于掌握了海量的数据资源，更重要的是对这些数据进行专业化的分析，以满足用户多方面的需求。

　　海量数据的产生一般来自于分布式网络，而不是一个封闭的网络。对其分析需要新的技术。云计算就是其中之一。

　　云计算是一种按使用量付费的模式。这种模式提供可用的、便捷的、按需的网络访问。它将计算机技术（或产品）以一种虚拟化的技术形式为用户提供服务。按照服务的形式，目前的云计算主要分为三种：

　　1）IaaS（Infrastructure as a Service，基础设施即服务）。消费者通过 Internet 从完善的计算机基础设施获得服务，如网上租用服务器。

　　2）SaaS（Software as a Service，软件即服务）。用户无须一次性购买昂贵的软件，通过网络租用供应商的软件即可。

3）PaaS（Platform as a Service，平台即服务）。它是指将软件研发的平台作为一种服务，以 SaaS 的方式提供给用户使用。

从技术上讲，大数据与云计算密不可分。大数据无法在单台计算机上进行处理，必须采用分布式计算构架。对大数据的存储、挖掘、分析，都离不开云计算。因此，本节介绍的 MongoDB，可以被看作一个分布式的云存储系统。

12.2.2 MongoDB 的概念

MongoDB 是由 C++语言编写的，一个基于分布式文件存储的、可扩展的、开源的、面向文档的数据库系统。它旨在为 Web 应用提供高性能、高可用性且易于扩展的数据存储解决方案。

MongoDB 是一个介于关系数据库与非关系数据库之间的产品，是非关系数据库中功能最丰富、最像关系数据库的 NoSQL 数据库。

MongoDB 的特点有：

1）模式自由：可以把不同结构的文档存储在同一个数据库里。

2）面向集合的存储：MongoDB 将数据存储为一个文档，数据结构由键值对组成。MongoDB 文档类似于 JSON 对象。字段值可以包含其他文档、数组及文档数组。

JSON（JavaScript Object Notation，JavaScript 对象记号）不止是一种数据交换格式，也是一种存储数据的良好方式。

3）完整的索引支持：对任何属性可索引。

4）复制和高可用性：支持服务器之间的数据复制，支持主/从模式及服务器之间的相互复制。复制的主要目的是提供冗余及自动故障转移。

5）自动分片：支持云级别的伸缩性，自动分片功能支持水平的数据库集群，可动态添加额外的机器。

6）丰富的查询：支持丰富的查询表达方式，查询指令使用 JSON 形式的标记，可轻易查询文档中内嵌的对象及数组。

7）快速就地更新：查询优化器会分析查询表达式，并生成一个高效的查询计划。

8）高效的传统存储方式：支持二进制数据及大型对象。

MongoDB 是目前最受欢迎的 NoSQL 数据库之一。据官方资料，当数据量达到 50GB 时，MongoDB 的数据访问速度是 MySQL 的 10 倍以上。

12.2.3 MongoDB 的下载和安装

关于 MongoDB 的版本，有两点需要注意：根据业界规则，偶数为稳定版，如 4.2.X；奇数为开发版，如 4.3.X。32bit 的 MongoDB 最大只能存放 2GB 的数据，64bit 就没有限制。

MongoDB 有社区版（Community）和企业版（Enterprise）。学习 MongoDB，建议到官网下载最新的稳定版。下面以 Windows 10 为例，讲解社区版的下载及安装方法。其官网下载地址为 https://www.mongodb.com/try/download/community，如图 12-4 所示。

双击安装文件 mongodb-windows-x86_64-5.0.0-signed.exe，进入安装向导，按提示进行安装，如图 12-5 所示。

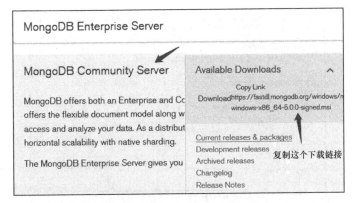

图 12-4　MongoDB 社区版下载

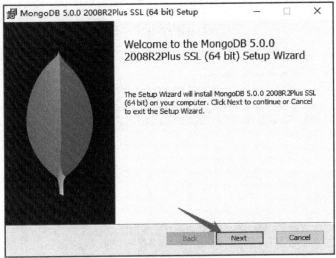

a) 安装向导欢迎界面

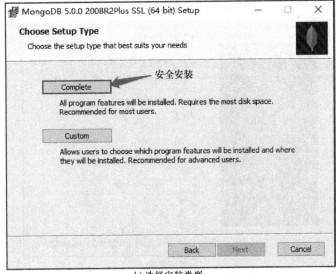

b) 选择安装类型

图 12-5　MongoDB 的安装

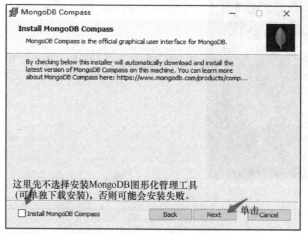

c) 设置文件路径

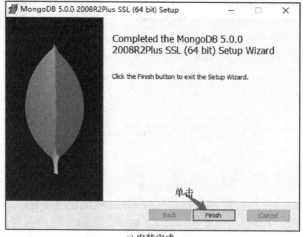

d) 选择不安装MongoDB图形化管理工具

e) 安装完成

图 12-5　MongoDB 的安装（续）

为验证 MongoDB 安装是否成功，可进入 cmd 并切换到安装目录的 bin 路径，如 c:\Program Files\MongoDB\Server\5.0\bin。然后，输入 "mongo"，若显示如图 12-6 所示，表示安装成功。这是 MongoDB Shell 环境，可以输入 MongoDB 的基础语法命令。

图 12-6　MongoDB Shell

同时，进入计算机管理，找到 MongoDB Server(MongoDB) 服务，可以看到该服务已经启动。

12.2.4　MongoDB 的语法基础

1. MongoDB 的数据逻辑结构对象

MongoDB 的数据逻辑结构对象主要有数据库（Database）、集合（Collection）、文档（document）、字段（Field）、索引（Index）、视图（View）等。这些术语与关系数据库中术语的对照见表 12-3。

表 12-3　关系数据库 SQL 术语与 MongoDB 术语对照

SQL 术语	MongoDB	MongoDB 使用说明
DataBase	DataBase	使用 use db_name 切换数据库，若 db_name 不存在，则创建之
Table	Collection	Collection 无须事先定义模式（schema）
row	document	Document 内可包含多个 key-value，每个 key 就是一个字段
Column	Field	在文档内，Field 可以弹性增减，不需要事先定义
Index	Index	与 SQL 含义相同
View	View	与 SQL 含义相同
primary key	primary key	MongoDB 中存储的文档必须有一个_id 键，它自动将_id 字段设置为主键

2. MongoDB 的主要数据类型

MongoDB 的主要数据类型见表 12-4。

表 12-4　MongoDB 的主要数据类型

数据类型	描　　述
String	字符串，在 MongoDB 中，UTF-8 编码的字符串才是合法的
Integer	整型
Boolean	逻辑型
Double	双精度浮点型
Array	用于将数组或列表或多个值存储为一个键
Timestamp	时间戳。记录文档修改或添加的具体时间

（续）

数 据 类 型	描　　述
Object	用于内嵌文档
Symbol	符号。基本上等同于字符串类型，但不同的是，它一般用于采用特殊符号类型的语言
Date	日期时间。用 UNIX 时间格式来存储当前日期或时间
Object ID	对象 ID。用于创建文档的 ID
Binary Data	二进制数据。用于存储二进制数据
Code	代码类型。用于在文档中存储 JavaScript 代码

下面简单讲一下在 MongoDB Shell 环境下，MongoDB 数据对象的创建。

（1）数据库（Database）

创建、切换数据库的语法为

```
use  Database_name
```

如果输入的数据库名不存在，则自动创建该数据库；否则，切换为当前数据库。例如：

```
> use MyTest
switched to db MyTest
```

如果想查看所有数据库，可以使用 show dbs 命令：

```
> show dbs
admin     0.000GB
config    0.000GB
local     0.000GB
```

可以看到，只有 3 个系统默认的数据库，刚建的数据库 MyTest 并不在数据库的列表中，要显示它，需要向 MyTest 数据库插入一条记录。例如：

```
> db.MyTest.insert({"name":"MongoDB 数据库"})
> show dbs
MyTest    0.000GB
admin     0.000GB
config    0.000GB
local     0.000GB
```

MongoDB 中默认的数据库为 test，如果没有创建新的数据库，集合将存放在 test 数据库中。

删除数据库的语法为 db.dropDatabase()。它删除当前数据库，默认为 test。可以使用 db 命令查看当前数据库名。

注意：在 MongoDB 中，集合只有在内容插入后才会创建。也就是说，创建集合（数据表）后要再插入一个文档（记录），集合才会真正创建。

（2）集合（Collection）

创建集合的语法格式为

```
db.createCollection(name,options)
```

表示在当前数据库中，创建一个名称为 name 的集合，options 为可选项。例如，在 MyTest 数据库中，创建一个 student 集合：

```
> use MyTest
> db.createCollection("student")
```

如果要查看已有集合，可以使用 show collections 或 show tables 命令：

```
> show collections
```

在 MongoDB 中，可以不需要创建集合。当插入一些文档时，MongoDB 会自动创建集合。
删除集合的语法为

```
db.集合名.drop()
```

（3）插入文档

文档的数据结构和 JSON 基本一样，所有存储在集合中的数据都是 BSON 格式。BSON 是一种类似 JSON 的二进制形式的存储格式，是 Binary JSON 的简称。

向集合中插入文档的语法格式为

```
db.集合名.insert(document)、db.集合名.insertOne(document)、
db.集合名.insertMany(document)
```

插入文档时，如果没有指定主键，MongoDB 会自动创建主键"_id"。同时，如果语句中的集合名不存在，MongoDB 也会自动创建该集合。

例如，创建一个数据库 student，并在集合中插入两个文档，如图 12-7 所示。

图 12-7　创建数据库 student，并在集合中插入两个文档

查询文档的语法为

```
db.collection_nme.find()
```

例如，查询图 12-7 插入的文档：

```
> db.s.find()
{"_id":ObjectId("60fa36720b1f9da7f69c91e2"),"sNo":"18071101","sName":
"张三"}
{"_id":ObjectId("60fa36760b1f9da7f69c91e3"),"sNo":"18071102","sName":
"李四"}
```

```
{"_id":ObjectId("60fa44820b1f9da7f69c91e4"),"sNo":"18071102","sName":
"李四","Age":20}
```

更多的 MongoDB 语句，可参见官网 https://docs. mongodb. com/manual/reference/。

12.2.5 MongoDB Compass 的下载及使用

若要方便使用，可安装 MongoDB 官方提供的免费客户端软件 MongoDB Compass。这是一个 GUI 工具，利用它可以方便管理数据库。其官网下载地址为 https://www. mongodb. com/try/download/compass。

单击一个对应版本，复制链接。例如：

https://downloads. mongodb. com/compass/mongodb-compass-1. 28. 1-win32-x64. zip

该软件免安装，将下载文件解压，直接双击解压目录下的文件 MongoDB Compass. exe，打开如图 12-8 所示的窗口，单击 Connect 按钮即可。

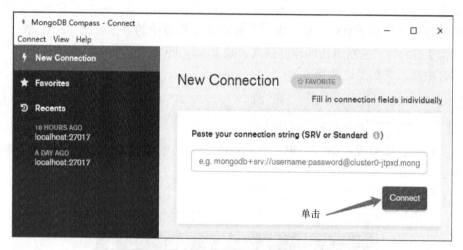

图 12-8　MongoDB Compass

12.3　Python 与 MongoDB 数据库编程

MongoDB 在本地安装后，默认 host 为 localhost，默认本地 IP 为 127. 0. 0. 1，同时有一个超级用户 root。MongoDB 数据库启动后，默认情况下权限认证是关闭的，任何用户都可以连接到任何数据库进行操作。

为简单起见，本节只介绍没有权限认证情况下，Python 与 MongoDB 的操作。

由于 Python 操作 MongoDB 数据库主要用于大数据分析，因此，下面以 Python 3.9+Anaconda 3+MongoDB 5.0 开发环境为例进行讲解。

学习本节内容前，需要把 Python 3.9 及 Anaconda 3 安装好。其中，Anaconda 是 Python 生态下集成的数据分析开发环境，具体请参考 8.4 节。

PyMongo 是在 Python 3. x 版本中用于连接 MongoDB 服务器的一个第三方库，需要另外安装。在 Anaconda 环境下的安装方法：单击计算机屏幕左下角的开始按钮，进入 Anaconda

Prompt（Anaconda 3），输入下面语句直接进行安装，如图 12-9 所示。

```
pip install pymongo
```

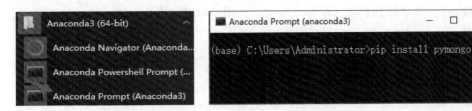

图 12-9 Anaconda 环境下 PyMongo 库的安装

如果直接安装比较慢，也可以利用豆瓣镜像安装，输入如下语句：

```
pip install-i https://pypi.douban.com/simple pymongo
```

12.3.1　Python 操作 MongoDB 的步骤

操作数据库主要分以下五步：

1）建立数据库连接：client = pymongo. MongoClient(host = 'localhost', port = 27017)。

2）指定数据库：db = client. get_database("数据库名")。如果指定的数据库不存在，则会自动创建。

3）指定集合：collection = db. get_collection("集合名")，如果指定的集合不存在，则会自动创建。

4）对集合进行数据查询（find）、插入（insert）、修改（update）、删除（delete）。

5）关闭连接：client. close( )。

12.3.2　MongoDB 主要数据操作语句使用说明

1）语句：collection. insert_one（item）。

说明：插入一条记录，其中 item 为字典变量。

2）语句：collection. insert_many(item_list)。

说明：一次插入多条记录，其中 item_list 为字典组成的列表。

3）语句：collection. update_one({"字段名 1":"值1"},{$ set:{"字段名 2":"值2"}})。

说明：将第一条字段名 1 为"值1"的记录，修改为字段名 2，且值修改为"值1"。

4）collection. update_many({"字段名 1":"值1"},{$ set:{"字段名 2":"值2"}})。

说明：将所有字段名 1 为"值1" 的记录，修改为字段名 2，且值修改为"值2"。

5）语句：collection. delete_one({"字段名 1":"值1"})。

说明：删除字段名 1 的 Value 为"值1" 的记录，默认为第一条。

6）语句：collection. delete_many({"字段名 1":"值1"})。

说明：删除所有字段名 1 的 Value 为"值1" 的记录。

7）语句：collection. find_one({"字段名 1":"值1"})。

说明：查询字段名 1 的 Value 为"值1"的记录，默认为第一条。

8）语句：collection. find(｛"字段名 1"："值 1"｝)。

说明：查询字段名 1 的 Value 为"值 1"的所有记录，返回可迭代的 cursor。

例 12-1 用 Python 操作 MongoDB 数据库 myDB，包含一个学生集合 S(sNo,sName,Sex, Age,BirthDate)，其字段分别表示学号、姓名、性别、年龄、出生日期。然后插入三条记录，最后显示所插入的记录。

```
 1  import pymongo
 2  client=pymongo. MongoClient (host = 'localhost',port =27017)
 3  db=client. get_database ("myDB",)        # 指定数据库,若不存在,则自动创建
 4  collection=db. get_collection ("S")      # 指定数据库中的集合,若不存在,则自动创建
 5
 6  item={"sNo":"18071101",
 7         "sName":"张三",
 8         "Sex":"男",
 9         "Age":20,
10         "BirthDate":"2001-06-02"
11         }                                # 文档: 一条学生记录
12  collection. insert_one (item)           # 一次插入一条记录
13
14  item2={"sNo":"18071102",
15         "sName":"李明",
16         "Sex":"男",
17         "Age":21,
18         "BirthDate":"2000-08-12",
19         "phone":"18103001234"
20         }                                # 文档: 一条学生记录
21  item3={"sNo":"18071103",
22         "sName":"刘小英",
23         "Sex":"女",
24         "Age":20,
25         "BirthDate":"2001-05-22",
26         "vcMemo":"爱好读书"
27         }                                # 文档:一条学生记录
28  item_list =[item2,item3]
29  collection. insert_many (item_list)     # 一次插入多条记录
30
31  for x in collection. find ():           # 查询记录,返回可迭代的 cursor
32      print(x)                            # x 为字典
33
```

```
34  collection.update_one({"sName":"李明"},{"$set":{"sName":"李小明"}})
                                                # 将李明改为李小明
35  collection.update_many({"Sex":"男"},{"$set":{"Age":19}})
                                                # 将男同学的年龄全改为 19
36  collection.delete_one({"sName":"张三"})      # 删除第一条姓名为张三的学生记录
37  for x in collection.find({"Sex":"男"}):      # 查询性别为男的所有记录
38      print(x)
39  client.close()
```

头一个输出结果如下：

```
{'_id':ObjectId('60facc9feb69084310e0a508'),'sNo':'18071101','sName':
'张三','Sex':'男','Age':20,'BirthDate':'2001-06-02'}
{'_id':ObjectId('60facc9feb69084310e0a509'),'sNo':'18071102','sName':
'李明','Sex':'男','Age':21,'BirthDate':'2000-08-12','phone':'18103001234'}
{'_id':ObjectId('60facc9feb69084310e0a50a'),'sNo':'18071103','sName':
'刘小英','Sex':'女','Age':20,'BirthDate':'2001-05-22','vcMemo':'爱好读书'}
```

12.3.3　Python 操作 MongoDB 综合案例——数据迁移

例 12-2　将 MySQL 股票数据迁移到 MongoDB 数据库中。

在例 8-2 中，利用第 8 章提供的压缩数据文件"stock_20210630. zip"，解压后，可恢复 MySQL 数据库 stock。该数据库收录了沪深 A 股 4300 多只股票在 2021-05-05 至 2021-06-30 之间 16800 多条日交易数据。其中，股票日交易表结构参见例 8-1。用 Python 编程，将股票基本信息表、股票日交易信息表中的数据，迁移到 MongoDB 数据库 stock 中。

编程思路：先引入 pymysql 模块，读取 MySQL 数据库中要迁移的数据，生成列表，再通过引入的 pymongo 模块，一次性把生成的列表数据插入到 MongoDB 数据库中。最后，查看迁移的数据。

```
1   import pymongo
2   import pymysql                # 引入 pymysql 模块
3   client = pymongo.MongoClient(host = 'localhost',port =27017)
4
5   IP = "127.0.0.1"              # 连接 MySQL 数据库的 IP 地址
6   ps = "Sa12345678"            # 数据库用户 root 的密码
7   conn = pymysql.connect(host = IP,user = "root",password = ps,database =
8   "stock",port =3306)
9   cur =conn.cursor()           # 定义游标
10  strSQL = "select cStockNo,vcStockName,vcIndustry,vcArea from smstock
    where vcStockName<>'';"
```

```
11  cur.execute(strSQL)          #查询股票名称非空格的所有股票语句
12  rows=cur.fetchall()          #获取游标所有行记录,返回元组变量
13  item_list=[]                 #定义一个列表:股票代码,股票名称,行业,地域
14  for r in rows:
15    cStockNo=r[0]              #股票代码
16    vcStockName=r[1]           #股票名称
17    vcIndustry=r[2]            #行业
18    vcArea=r[3]                #地区
19
20    x={"_id":cStockNo,"StockName":vcStockName,"Industry":vcIndustry,
    "Area":vcArea}              #字典
21    item_list.append(x)        #将所有股票基本信息添加到列表中
22
23  db=client.get_database("stock")           #指定数据库
24  collection=db.get_collection("smStock")   #指定数据库中的集合
25  collection.insert_many(item_list)         #一次插入多条记录
26
27  for x in collection.find().limit(10):     #显示所有股票中前10条记录
28    print(x)
29
30  strSQL="select cDay,cStockNo,mOpen,mHigh,mLow,mClose,dcChange,dcRate
    from trDay "
31  strSQL=strSQL+" where cStockNo in(select cStockNo from smStock where
    vcStockName<>");"
32  cur.execute(strSQL)          #查询所有股票的日交易数据
33  rows=cur.fetchall()          #获取游标所有行记录,返回元组变量
34  trDay_list=[]                #定义一个列表
35  for r in rows:
36    cDay=r[0]                  #交易日期
37    cStockNo=r[1]              #股票代码
38    mOpen=float(r[2])          #开盘价
39    mHigh=float(r[3])          #最高价
40    mLow=float(r[4])           #最低价
41    mClose=float(r[5])         #收盘价
42    dcChange=float(r[6])       #换手率
43    dcRate=float(r[7])         #涨幅
44
45    x={"cDay":cDay,
```

```
46          "cStockNo":cStockNo,
47          "mOpen":mOpen,
48          "mHigh":mHigh,
49          "mLow":mLow,
50          "mClose":mClose,
51          "dcChange":dcChange,
52          "dcRate":dcRate}                    # 股票日交易数据字典
53      trDay_list.append(x)                    # 股票日交易数据字典,添加到列表中
54
55   collection=db.get_collection("trDay")      # 数据库中的集合
56   collection.insert_many(trDay_list)         # 一次插入多条记录
57
58   print("股票代码","交易日期","收盘价","涨幅%")
59   for x in collection.find({"cStockNo":"SH600000"}):
60      print(x["cStockNo"],x["cDay"],x["mClose"],x["dcRate"])
61   client.close()
```

输入前 10 条股票基本信息:

```
{'_id':'SH600000','StockName':'浦发银行','Industry':'银行','Area':'上海'}
{'_id':'SH600004','StockName':'白云机场','Industry':'机场','Area':'广东'}
{'_id':'SH600006','StockName':'东风汽车','Industry':'汽车整车','Area':'湖北'}
{'_id':'SH600007','StockName':'中国国贸','Industry':'园区开发','Area':'北京'}
{'_id':'SH600008','StockName':'首创股份','Industry':'环境保护','Area':'北京'}
{'_id':'SH600009','StockName':'上海机场','Industry':'机场','Area':'上海'}
{'_id':'SH600010','StockName':'包钢股份','Industry':'普钢','Area':'内蒙古'}
{'_id':'SH600011','StockName':'华能国际','Industry':'火力发电','Area':'北京'}
{'_id':'SH600012','StockName':'皖通高速','Industry':'路桥','Area':'安徽'}
{'_id':'SH600015','StockName':'华夏银行','Industry':'银行','Area':'北京'}
```

输入股票代码为 SH600000 的日交易部分数据:

股票代码	交易日期	收盘价	涨幅%
SH600000	20210506	10.1	0.5
SH600000	20210507	10.03	-0.69
SH600000	20210510	9.95	-0.8
SH600000	20210511	10.05	1.01
...			

习　题　12

根据本章教学内容,完成相关软件的安装、运行及例题。

参 考 文 献

［1］施伯乐，丁宝康，汪卫. 数据库系统教程［M］. 3 版. 北京：高等教育出版社，2008.

［2］苏仕华，贾伯琪，顾为兵. 数据库技术与应用［M］. 合肥：中国科学技术大学出版社，2013.

［3］王珊，萨师煊. 数据库系统概论［M］. 5 版. 北京：高等教育出版社，2014.

［4］孙泽军，刘华贞. MySQL 8 DBA 基础教程［M］. 北京：清华大学出版社，2020.

［5］李春，罗小波，董红禹. MySQL 性能优化金字塔法则［M］. 北京：电子工业出版社，2019.

［6］西尔伯沙茨，科思，苏达尔. 数据库系统概念：第 6 版［M］. 杨冬青，李红燕，唐世渭，译. 北京：
机械工业出版社，2012.

［7］陆嘉恒. 大数据挑战与 NoSQL 数据库技术［M］. 北京：电子工业出版社，2013.

［8］BROWNE J. Brewer's CAP theorem：the kool aid Amazon and Ebay have been drinking［EB/OL］.（2009-
01-11）［2021-12-20］. http：//www.julianbrowne.com/article/brewers-cap-theorem.

［9］董健全，郑宇，丁宝康. 数据库实用教程［M］. 4 版. 北京：清华大学出版社，2020.

［10］艾小伟. Python 程序设计：从基础开发到数据分析［M］. 北京：机械工业出版社，2021.